"十二五"国家重点图书出版规划项目

材料科学研究与工程技术系列

功 能 材 料
Function Materials

李长青 张宇民 张云龙 胡 明 编著

U0223447

哈尔滨工业大学出版社

内 容 简 介

本书重点介绍磁性材料、导电功能材料、形状记忆合金、储氢材料、光学功能材料、非晶态合金、超导材料及生物医学功能材料等各类新材料,并系统阐述材料的成分、组织、性能特点及其生产应用。

本书可作为材料专业、土木工程专业和其他相关专业本科生和研究生的教材,也可供从事材料研究和生产的技术人员参考,还可作为材料工程技术方面的工具书。

图书在版编目(CIP)数据

功能材料/李长青编著. —哈尔滨:哈尔滨工业
大学出版社,2014.6(2025.1 重印)
ISBN 978 - 7 - 5603 - 4195 - 8

Ⅰ.①功… Ⅱ.①李… Ⅲ.①功能材料 Ⅳ.①TB34

中国版本图书馆 CIP 数据核字(2013)第 186197 号

材料科学与工程
图书工作室

责任编辑	刘瑶 何波玲
封面设计	卞秉利
出版发行	哈尔滨工业大学出版社
社　　址	哈尔滨市南岗区复华四道街 10 号　邮编 150006
传　　真	0451-86414749
网　　址	http://hitpress.hit.edu.cn
印　　刷	哈尔滨圣铂印刷有限公司
开　　本	787mm×1092mm　1/16　印张 12.75　字数 289 千字
版　　次	2014 年 6 月第 1 版　2025 年 1 月第 5 次印刷
书　　号	ISBN 978 - 7 - 5603 - 4195 - 8
定　　价	48.00 元

前　言

科学技术是推动经济发展和社会进步的重要因素,而材料是科学技术得以发展和应用的物质基础与先导。一个国家生产材料的品种、数量和质量是衡量其科技和经济发展水平的重要标志。因此,现在称材料、信息和能源为现代文明的三大支柱,又把新材料、信息技术和生物技术作为新技术革命的重要标志。

20 世纪 60 年代以来,各种现代技术如微电子、光电、空间、能源、计算机、机器人、信息、生物医学等技术的兴起,强烈促进了新材料的发展。同时,由于各种制备和检测分析材料的新技术在材料研究和生产中的实际应用,许多新材料被研制出来,并应用到国民经济建设、现代科学技术和社会生活的各个领域。功能材料对电子信息、生物技术、航空、航天等一大批高科技产业发展起着支撑和先导作用,大大推动了机械、能源、化工、纺织等传统产业的发展和产品调整。

功能材料是新出现的或具有传统材料所不具备的优异性能和特殊性能的材料。其种类和范围主要包括:信息、光电、超导材料;能源、生物功能、生态环境材料;微、纳米材料及微孔材料;高性能陶瓷材料及新型高分子材料;先进复合材料;智能材料;性能优异的新型结构材料等。面对繁多的新材料,如何正确地认识、选择或者设计材料是每个工程技术人员和工科类本科学生应该具有的知识,以便更好地捕捉今后发展的机遇。

正是出于上述考虑,我们编写了本书。本书重点介绍磁性材料、导电功能材料、形状记忆合金、贮氢材料、光学功能材料、非晶态合金、超导材料及生物医学功能材料等各类新材料,并系统阐述材料的成分、组织、性能特点及其生产应用。此外,对某些工作条件特殊或出现新性能、新应用的传统材料,本书也给予了简单介绍。

本书具体分工如下:第 1、8 章由黑龙江科技大学李长青编写,第 2、3 章由哈尔滨工业大学张宇民编写,第 4、5 章由佳木斯大学张云龙编写,第 6、7 章由佳木斯大学胡明编写。全书由李长青负责统稿。

该书的出版得到国家自然基金项目(51271088)、科技部重大专项研究子课题(2009ZX02207)、黑龙江省教育厅科学技术研究项目(12531586)、黑龙江科技大学教学研究项目(JY13-90)、中国博士后科学基金(2012M520754)和黑龙江省高等教育教学改革项目(GJZ201301060)的支持。此外,哈尔滨工业大学的周玉锋老师和黑龙江科技大学的毕建聪、高丽敏等老师为该书的出版给予了大力支持并付出许多辛勤的劳动,提出了许多宝贵的意见,在此一并表示衷心感谢。同时对本书在编写过程中所参考和引用文献资料的作者致以诚挚的谢意。

由于新型材料种类繁多,发展日新月异,加之编者学术水平有限,因此在章节安排、内容取舍方面难免有不妥之处,恳请读者不吝指正。

编　者

2013 年 1 月

目　　录

第0章　绪论 ……………………………………………………………………… 1

　0.1 功能材料在材料科学与工程中的地位 ……………………………………… 1

　0.2 功能材料发展概况 …………………………………………………………… 2

第1章　非晶态合金 ……………………………………………………………… 4

　1.1 非晶态合金的发展概况 ……………………………………………………… 4

　1.2 非晶态合金的结构及特征 …………………………………………………… 6

　1.3 非晶态合金的形成 ………………………………………………………… 11

　1.4 非晶态合金的性能 ………………………………………………………… 17

　1.5 非晶态合金的制备方法 …………………………………………………… 23

　1.6 非晶态合金的应用 ………………………………………………………… 29

　1.7 非晶态合金的研究现状 …………………………………………………… 32

第2章　磁性材料 ……………………………………………………………… 34

　2.1 磁性材料的发展概况 ……………………………………………………… 34

　2.2 磁性材料的基本原理 ……………………………………………………… 34

　2.3 物质的磁性分类 …………………………………………………………… 37

　2.4 磁性材料的基本性质 ……………………………………………………… 39

　2.5 磁性材料的分类及其制备 ………………………………………………… 42

　2.6 磁性材料的应用 …………………………………………………………… 46

第3章　导电材料 ……………………………………………………………… 49

　3.1 导电材料的发展概况 ……………………………………………………… 49

　3.2 导电材料的导电机理 ……………………………………………………… 49

　3.3 导电材料的分类 …………………………………………………………… 52

　3.4 金属导电材料 ……………………………………………………………… 52

　3.5 导电陶瓷材料 ……………………………………………………………… 55

　3.6 导电碳素材料 ……………………………………………………………… 64

　3.7 导电高分子材料 …………………………………………………………… 67

第4章　形状记忆合金 ………………………………………………………… 72

　4.1 形状记忆合金的发展概况 ………………………………………………… 72

　4.2 形状记忆合金的原理 ……………………………………………………… 72

　4.3 形状记忆合金的性质及其制备 …………………………………………… 82

　4.4 形状记忆材料的应用 …………………………………………………… 100

第5章　储氢材料 …………………………………………………………… 104

　5.1 储氢材料的发展概况 …………………………………………………… 104

5.2 储氢材料的定义及分类 ┈┈┈┈┈┈┈┈┈┈┈┈┈┈┈┈ 105

5.3 储氢原理 ┈┈┈┈┈┈┈┈┈┈┈┈┈┈┈┈┈┈┈┈┈┈┈ 107

5.4 储氢材料的制备方法 ┈┈┈┈┈┈┈┈┈┈┈┈┈┈┈┈┈ 115

5.5 典型的储氢材料 ┈┈┈┈┈┈┈┈┈┈┈┈┈┈┈┈┈┈┈ 117

5.6 储氢材料的应用 ┈┈┈┈┈┈┈┈┈┈┈┈┈┈┈┈┈┈┈ 120

第6章 光学材料 ┈┈┈┈┈┈┈┈┈┈┈┈┈┈┈┈┈┈┈┈ 123

6.1 光学材料的发展概况 ┈┈┈┈┈┈┈┈┈┈┈┈┈┈┈┈┈ 123

6.2 光学材料的分类 ┈┈┈┈┈┈┈┈┈┈┈┈┈┈┈┈┈┈┈ 124

6.3 光学材料的透明机理及影响因素 ┈┈┈┈┈┈┈┈┈┈┈ 125

6.4 光学材料的制备方法 ┈┈┈┈┈┈┈┈┈┈┈┈┈┈┈┈┈ 129

6.5 光学材料的应用 ┈┈┈┈┈┈┈┈┈┈┈┈┈┈┈┈┈┈┈ 140

第7章 超导材料 ┈┈┈┈┈┈┈┈┈┈┈┈┈┈┈┈┈┈┈┈ 143

7.1 超导材料的发展概况 ┈┈┈┈┈┈┈┈┈┈┈┈┈┈┈┈┈ 143

7.2 超导现象、超导理论及超导性质 ┈┈┈┈┈┈┈┈┈┈┈ 147

7.3 低温超导材料制备 ┈┈┈┈┈┈┈┈┈┈┈┈┈┈┈┈┈┈ 154

7.4 高温超导材料 ┈┈┈┈┈┈┈┈┈┈┈┈┈┈┈┈┈┈┈┈ 157

7.5 超导材料的应用 ┈┈┈┈┈┈┈┈┈┈┈┈┈┈┈┈┈┈┈ 161

第8章 生命医学材料 ┈┈┈┈┈┈┈┈┈┈┈┈┈┈┈┈┈ 165

8.1 生命医学材料的发展概况 ┈┈┈┈┈┈┈┈┈┈┈┈┈┈ 165

8.2 生物医学材料的基本要求和分类 ┈┈┈┈┈┈┈┈┈┈┈ 166

8.3 生物医学材料的应用 ┈┈┈┈┈┈┈┈┈┈┈┈┈┈┈┈┈ 167

8.4 生物医学材料的制备 ┈┈┈┈┈┈┈┈┈┈┈┈┈┈┈┈┈ 188

参考文献 ┈┈┈┈┈┈┈┈┈┈┈┈┈┈┈┈┈┈┈┈┈┈┈┈ 194

第0章 绪 论

0.1 功能材料在材料科学与工程中的地位

材料是现代科技和国民经济的物质基础。一个国家生产材料的品种、数量和质量是衡量其科技和经济发展水平的重要标志。因此,现在称材料、信息和能源为现代文明的三大支柱,新材料、信息和生物技术是新技术革命的主要标志。

材料的发展最早是从结构材料(Structural Materials)开始的。结构材料是指能承受外加载荷而保持其形状和结构稳定的材料,如建筑材料、机器制造材料等,它具有优良的力学性能,在物件中起着"力能"的作用。材料发展的第一阶段是以结构材料为主,为此把结构材料称为第一代材料。

1. 功能材料的定义、特点及分类

(1)定义

尽管功能材料具有悠久的历史,但其概念在近几十年才被人们逐渐确认、接受并采用。功能材料的概念最初由美国贝尔实验室的 J. A. Morton 博士于 1965 年首先提出的。后来经材料界的大力提倡,逐渐为各国普遍接受。目前,将功能材料定义为"具有优良的电学、磁学、光学、热学、声学、力学、化学和生物学等功能及其相互转换的功能,被用于非结构目的的高技术材料"。

(2)特点

从广义来看,结构材料实际上是一种具有力学功能的材料,因此也是一种功能材料。但是由于对应于力学功能的机械运动是一种宏观物体的运动,它与对应于其他功能的微观物体的运动有着显著的区别。因此,习惯上不把结构材料包括在功能材料范畴之内。

与结构材料一样,功能材料也有着十分悠久的历史。例如,罗盘的使用在我国至少可追溯到公元2世纪,并在公元 13 世纪传到欧洲。随着工业革命的兴起,机器制造业、交通、航运、建筑等快速发展,结构材料的发展十分迅速,形成了庞大的生产体系,产量急剧增加。除了电工材料随电力工业的发展而有较大的增长外,功能材料的发展相对较为缓慢。但是,随着二战之后高科技的发展,微电子工业、信息产业、新能源、自动化技术、空间技术、海洋技术、生物和医学工程等高技术产业迅速兴起并飞速发展,在国民经济中占据了日益重要的地位。而功能材料则是支撑这些高技术产业的重要物质基础。因此,功能材料在近几十年来受到日益广泛的重视。功能材料的品种越来越多,功能材料的应用范围越来越广。尽管从产量上看,功能材料仍远远低于结构材料,但从其产生的经济效益和在国民经济中的作用看,功能材料已大有与结构材料并驾齐驱之势,尤其是在高技术领域,其作用与地位十分显著。

（3）分类

按用途将材料分为两大类：一类是结构材料；另一类是功能材料。随着新材料的不断出现，性能的日益提高，材料的种类十分繁多，它所涉及的领域也十分宽广。

按材料组成物质的同性特点将材料划分为三大类：①金属材料；②无机非金属材料及；③高分子材料。实质上，这种划分方法也体现了材料内部结合键的特征，金属材料的原子主要是以金属键相结合，无机非金属材料主要是以离子键和共价键相结合，而高分子材料则是以共价键和分子键相结合。随着复合材料的发展，复合材料已逐渐被提到与上述三大材料并列的地位，其组成由上述三类材料中的一种、两种或三种构成。

功能材料还可按材料的功能特性分类，功能材料可分为磁学功能材料、电学功能材料、光学功能材料、声学功能材料、热学功能材料、力学功能材料、生物医学功能材料等；基于材料的用途，功能材料可分为仪器仪表材料、传感器材料、电子材料、电信材料、储能材料、储氢材料、形状记忆材料等。在每一种分类方法下还可按一定的原则将材料进一步细分。

0.2 功能材料发展概况

功能材料的发展历史与结构材料一样悠久，最早的功能材料主要是满足电工行业的需求而发展的材料，如导电材料、磁性材料、电阻材料及触头材料等。但是其产量和产值远远少于结构材料。近几十年来，随着科学技术的进步和金属、高分子、陶瓷和复合材料的飞速发展，传统的以金属结构材料为主导地位的格局已被打破，新型功能材料的开发受到了高度重视，高性能的新功能材料不断涌现。

20世纪50年代随着微电子技术的发展，半导体电子功能材料得到了飞速发展，推动了光电转换、热电转换、半导体传感器等材料的出现；20世纪60年代出现的激光技术推动了一系列新型光学材料的发展；20世纪70年代的石油危机直接导致了发达国家投入大量的人力和财力开展新能源的研究，推动了太阳能电子材料、储氢材料等的发展和应用；近年来，信息产业的快速发展强有力地推动着信息功能材料，如磁记录材料、光记录材料、显示材料等的广泛使用和不断进步；随着现代人类对资源与环境保护的高度重视，智能材料、环境材料等相继出现。在具有新功能的材料随科学技术的发展不断涌现的同时，原有的功能材料也在不断发展。例如，20世纪60年代初，美国科学家首先发现近等摩尔比的 Ni-Ti 合金具有形状记忆效应，其后各国科学家相继开发出多种记忆合金，并使之应用于许多领域；超导材料研究的不断进步使超导温度达到了液氮温区；永磁材料的磁能积在20世纪50年代约为 $50 \ kJ/m^3$，到20世纪80年代日本科学家发现了具有优异磁性能的 Nd-Fe-B 合金，到了 2000 年，制备的 Nd-Fe-B 合金磁能积高达 $444 \ kJ/m^3$，这对于仪器仪表、电工设备、驱动装置等的小型化，降低能耗都有重要意义。

总体上看，功能材料的发展主要受到以下几方面的推动：①新的科学理论和现象的发现；②新的材料制造技术的出现；③新工程和技术的要求。目前，功能材料的发展速度仍然很快，它不仅是材料的一个重要组成部分，而且对人类社会发展和物质生活有着深远、重要的影响。

功能材料与结构材料相比有其自身的特点,主要表现在以下几个方面:在性能上,功能材料以材料的电、磁、声、光等物理、化学和生物学特性为主;在用途上,功能材料常被制成元器件,材料与器件一体化;在对材料的评价上,器件的功能常直接体现出材料的优劣;在生产制造上,功能材料常常是知识密集、多学科交叉、技术含量高的产品,具有品种多、生产批量小、更新换代快的特点;在微观结构上,功能材料具有超纯、超低缺陷密度、结构高度精细等特点。

为达到功能材料常需的结构高度精细化和成分高度精确的要求,常常需要采用一些先进的材料制备技术来制备功能材料。例如,真空镀膜技术(包括离子镀、电子束蒸发沉积、离子注入、激光蒸发沉积等)、分子束外延、快速凝固、机械合金化、单晶生长、极限条件下(高温、高压、失重)制备材料等。采用这些先进的材料制备技术,可以获得具有超纯、超低缺陷密度、微观结构高度精细(如超晶格、纳米多层膜、量子点等)、亚稳态结构等微观结构特征的材料。

基于目前材料科学发展的这种趋势和拓宽专业面的教学改革要求,本书运用材料物理、材料学、材料工艺学的知识,论述了一些重要的功能材料之所以具有特殊功能的基本原理、材料制备方法、材料的结构、性能特点和应用。值得指出的是,新的功能材料的发展与材料制备新工艺方法的发展是密切相关的。因此本书也适当介绍一些材料制备的新方法。

第1章　非晶态合金

1.1　非晶态合金的发展概况

在科学技术发展的漫长过程中,人们曾经一直认为在固体状态下具有一定的晶体结构是金属材料的一个重要特征。但是,直到 20 世纪 50 年代,人们从电镀的金属膜中发现了非晶态金属的存在,非晶态金属迅速发展为材料科学研究中一个重要的新领域。非晶态合金采用每秒百万摄氏度的快速凝固新工艺制备,将熔融的金属急速冷却成材,其微观结构完全不同于传统的金属和合金材料,是传统冶金工业和金属材料学的一项革命。非晶态合金具有一般晶态材料所不具备的很多卓越的力、热、光、电、磁等物理性质和其他很多独特的化学性质,如优异的磁性能、高强度、高硬度、耐磨性、良好的韧性、耐蚀性、高的电阻率、热传导性能及催化性能等。图 1.1 为 Zr-Al-Ni-Cu 非晶态合金板状件和异型件,其具有非常高的硬度,是一种绿色环保型的高效、节能的功能材料,备受各行业的青睐。

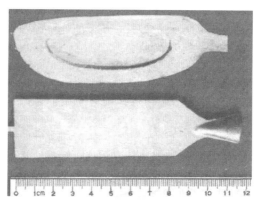

图 1.1　Zr-Al-Ni-Cu 非晶态合金板状件和异型件

随着材料制备技术的不断发展和固体物理学理论的不断成熟,人们逐渐开发出新的非晶态合金制备技术,并设计出新的非晶态合金。从传统的带状非晶发展到新型的块状非晶,从二元非晶体系发展到多元体系。表 1.1 是非晶态材料的重要发展历程。

世界上有关非晶态合金研究的最早报道是 1934 年德国人 Kramer 采用蒸发沉积法制备出的非晶态合金。1950 年,他的合作人 Brenner 首先采用化学沉积法制备了 Ni-P 非晶薄膜。1960 年,美国人 Duwez 等人发明了直接将熔融金属急冷就可制备出 $Au_{70}Si_{30}$ 非晶态合金薄带的方法。此后一段时间,人们主要通过提高冷却速率(大于等于 10^4 K/s)的方法来获得非晶态材料,基本得到非晶态薄膜、薄带或粉末。1969 年,庞德和马丁获取了制备一定连续长度条带的技术,为规模生产非晶态合金奠定了技术基础。1974 年,陈鹤寿等人通过石英管水淬法等抑制非均质形核的方法,在大于等于 10^3 K/s 淬火速率下制备出直径达 1 ~ 3 mm 的 Pd-Cu-Si、Pd-Ni-P 非晶态圆棒。此后人们开始致力于合金结晶行为的控制获得精细组织,以提高硬度和强度。

表 1.1 非晶态材料的重要发展历程

年份	重要发展历程
1947 年	A. Benner 等人用电解和化学沉积法获得了 Ni-P 和 Co-P 的非晶态薄膜,并用作金属表面的防护涂层,这是非晶态材料最早的工业应用之一
1954 年	W. BucRel 和 R. Hipscho 采用液氮冷底板真空蒸发,得到金属 Ga 的非晶态薄膜,并测量了它们的超导特性
1955 年	B. T. KolomZets 小组开始研究合 As、S 的玻璃半导体的电学特性,发现其能带处于红外波段
1958 年	P. W. Anderson 发表名为"扩散在一定的无规则点阵中消失"的著名论文,但在当时并没有引起人们的注意
1959 年	IA. N. Gubanov 用准化学方法预言非晶态材料有可能具有铁磁性,并用径向分布函数计算出非晶态材料的铁磁转变温度线,指出非晶态铁磁材料在不少实际应用中具有晶态铁磁材料所没有的优越性
1960 年	P. Duwez 小组采用液态喷雾淬冷法,以 10^6 K/s 的冷却速率从液态急冷获得金-硅($Au_{70}+Si_{30}$)非晶态合金,这种新工艺的研制成功地开创了非晶态合金的新纪元
1965 年	J. H. DeSSauer 和 H. E. clark 提出利用非晶态硒的光导特性,用于复印技术,并很快研制成功新型复印机,畅销国际市场
1968 年	R. R. Ovshinsky 发现硫系玻璃半导体的阈值开关效应
1967 ~ 1969 年	Mott 和 Cohen、Fritzsehe、Ovshinsky 提出 Mott-CFO 模型,以解释非晶态半导体的电子能态,但对其正确性至今仍有争议
1974 年	H. S. Chen(陈鹤寿)和 J. J. Gilman 等人采用快冷连铸轧辊法,以 1 830 m/min 的高速制成多种非晶态合金的薄带和细丝,并正式命名为"金属玻璃(Metglass)",以商品出售,在世界上引起很大的反响
1975 年	美国商用机器公司(IBM)的 P. Chaudhari 等人在非晶态 Gd-Co 合金膜中发现垂直膜面各向异性,并观察到磁泡
1976 年	W. E. Spear 等人利用硅烷分解的辉光放电技术,首次实现非晶态硅的掺杂效应,使其电导率增大 10 个数量级
1977 年	美国无线电公司(RCA)的 Carlson 和 Wronki 等人制成 PIN 型和 Schottky 势垒型的非晶硅太阳能电池,转换效率达 6%

20 世纪 80 年代初,人们尝试用不同的方法制取块状非晶态合金。最初,先用液相急冷法获得非晶态粉末(或用液相急冷法获得非晶态薄带再破碎成粉末),然后再用粉末冶

金法将粉末压制或黏结成型。但由于非晶态合金硬度高,因此粉末压制的致密度受到限制。烧结后的整体强度无法与非晶态颗粒本身的强度相比。与之类似的机械合金化、固相反应等制备非晶态合金的新方法虽有利于人们对非晶态合金机制的理解,但也没有根本解决这一难题。20 世纪 80 年代末期,日本东北大学的 Inoue 等人发现了一系列具有极低临界冷却速率(为 1 至几百 K/s)的多组元成分块体非晶态合金,块状非晶态合金的研究取得了突破性的进展。1993 年,A. peker 等人用水淬法制得直径为 14 mm,质量约达 20 kg 的 $Zr_{1.2}Ti_{13.8}Cu_{12.5}Ni_{10.0}Be_{22.5}$ 非晶态合金,临界冷却速率在 1 K/s 左右,其非晶态合金形成能力已接近传统氧化物玻璃。目前,这种大块非晶态合金已经在很多方面得到应用。同时人们开始尝试以磁性金属如 Fe、Co、Ni 为基体制备大块非晶态合金。

我国对非晶态合金材料的研究也得到了蓬勃发展。从 1976 年开始非晶态合金的研究工作,现已初步形成了非晶态合金科研开发和应用体系,并达到国际先进水平。为鼓励和支持新材料的研究与开发,国家已经设立了用于非晶态材料的研究与开发方面的国家自然科学基金重点项目、863 项目、国防科技项目等。随着"国家非晶微晶合金工程技术研究中心"的组建和"千吨级非晶带材生产线"的建立,非晶态合金的产业化进程也将大大加快,为我国新型材料的发展做出更大的贡献。

1.2 非晶态合金的结构及特征

1.2.1 非晶态合金的结构

非晶态金属合金是在超过几个原子间距范围以外,不具有长程有序晶体点阵排列的金属和合金,也称为玻璃态合金或非结晶合金。非晶态合金可由多种工艺制备,所有这些工艺都涉及将合金组成从气态或液态快速凝固,凝固过程非常快,以致将原子的液体组态冻结下来。非晶态合金凝固时跳过了形核、长大等结晶过程,避开了大尺度范围内的原子重排,从而形成与传统晶态材料完全不同的结构,如图 1.2 所示。

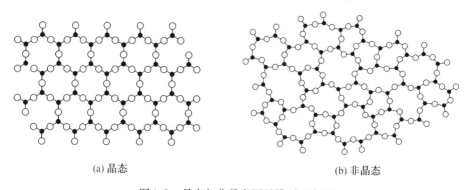

(a) 晶态   (b) 非晶态

图 1.2 晶态与非晶态原子排列示意图

非晶态合金的结构特点是:没有原子三维周期性排列,原子呈现致密、无序堆积状态,没有晶态那样的晶界、位错、滑移面等结构。但非晶态合金原子的排列也不像理想气体那样完全无序,其以金属键作为基本结构特征,虽然不存在长程有序,但在几个晶格常数范围内保持短程有序。通常定义非晶态合金的短程有序区小于 1.5 nm,即不超过 4 ~ 5 个原子间距,从而与纳米晶或微晶相区别。

如图 1.2(b)所示,这种模型也可设想为以理想的晶体结构为出发点,每个原子偏离其平衡位置,而移动的方向和距离是无规则的,同时所有的原子被松弛到由它和邻近原子间排斥作用所确定的新位置。这样所得到的非晶态金属结构可以认为已与原先晶态结构无关。

短程有序可分为化学短程有序和拓扑短程有序两类。化学短程有序合金中的每类合金元素的原子周围的原子化学组成均与合金的平均成分不同。实际获得的非晶态金属至少含有两个组元,除了不同类原子的尺度差别、稳定相结构和原子长程迁移率等因素以外,不同类原子之间的原子作用力在非晶态合金的形成过程中起着重要作用。化学短程有序的影响通常只局限于最近邻原子,因此一般用最近邻组分与平均值之差作为化学短程有序参数。拓扑短程有序指围绕某一原子的局域结构的短程有序,常用几种不同的结构参数描述非晶态合金的结构特征。

现在得到公认的有关非晶态合金的结构模型是无规则密堆硬球模型(Dense Random Packing of Hard Spheres,DRPHS)。这种结构是 1959 年伯纳尔(Bernal)首先把它作为金属液体的模型提出来的,然后由 Cohen 和 Turnbull 指出这种模型可以用来模拟非晶态合金。这个模型把原子假设为不可压缩的硬球,硬球可均匀地、连续地、无规则地紧密堆积,结构中没有容纳另一个硬球的空隙。图 1.3 为伯纳尔多面体模型。

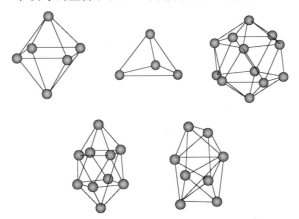

图 1.3　伯纳尔多面体模型

与晶体结构比较,在无规则密堆模型中原子平均配位数接近 12,这是密堆积晶体中原子配位数值,而且最近邻距离往往与计算出的晶体结构中的原子间距离一致。同时,在无规则密堆模型的原子间有一些不同类型的填隙空间,这在密堆积晶体中是不可能存在的,它的体积一般大于晶态密堆积结构中的四面体和八面体间隙。这些间隙在有些非晶态合金结构中可以容纳原子,如在过渡金属、类金属合金中容纳类金属原子。

1. 微晶模型

微晶模型认为非晶态合金结构是不均匀的,将非晶态合金看成是由晶粒非常细小的微晶组成,晶粒大小为零点几纳米到几纳米(几个至十几个原子间距)。微晶内部是高度有序的,结构与晶态基本相同;微晶之间是比较无序的"晶界"区。所以晶粒内的短程有序与晶态的完全相同,而长程无序是各个晶粒的取向散乱分布的结果。这种模型可以比较简单地定性说明非晶态散射实验的结果。

2. 拓扑无序模型

所谓拓扑无序模型是指模型中原子的相对位置是随机地无序排布的,无论是原子相互间的距离或是各对原子连线间的夹角都没有明显的规律性,由于非晶态有接近于晶态的密度,这种无规则性不是绝对的,实验也表明非晶态存在短程有序。

多数人认为,拓扑无序模型优于微晶模型。从拓扑无序模型得到的结果基本上与实验一致。所以,可以把拓扑无序模型当作 0 K 下的非晶态理想结构模型。由此,进一步讨论非晶态的各种物理性质,并与实验进行比较。

微晶模型认为非晶态合金是由"晶粒"非常细小的微晶粒组成。从这个角度出发,非晶态结构和多晶体结构相似,只是"晶粒"尺寸只有零点几纳米到几纳米。微晶模型认为,微晶内的短程有序结构和晶态相同,但各个微晶的取向是杂乱分布的,形成长程无序结构。从微晶模型计算得出的分布函数和衍射实验结果定性相符,但定量上符合得并不理想。图 1.4 为假设微晶内原子按 hcp、fcc 等不同方式排列时,非晶态 Ni 的双体分布函数 $g(r)$ 的计算结果与实验结果的比较。另外,微晶模型用于描述非晶态结构中原子排列情况还存在许多问题,使人们逐渐对其持否定态度。

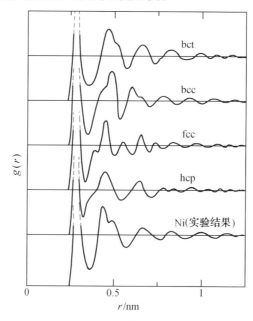

图 1.4 Ni 微晶模型双体分布函数与非晶态 Ni 实验结果的比较

1.2.2 非晶态合金的特征

1.原子分布函数特征

非晶态合金最主要的信息是分布函数。分布函数用来描述材料中的原子分布,常采用双体分布函数 $g(r)$,相当于某一原子为原点($r=0$)时,在距原点 r 处找到另一原子的概率,由此描述原子的排列情况。双体分布函数 $g(r)=\rho(r)/\rho(0)$,其中 $\rho(r)$ 是距其一原子的距离为 r 处的密度。$\rho(0)$ 为平均原子密度,$\rho(0)=N/V$,表示散射体积 V 包含的原子数为 N。根据 $g(r)-r$ 曲线,可求出两个重要的参数:配位数和原子间距。从图 1.4 可以看出,非晶体在结构上是短程有序的;在整体结构上是长程无序的;从宏观上将其看作是均匀的、各向同性的。非晶体结构的另一个基本特征是热力学上的不稳定性,存在向晶体转化的趋势,即原子趋于规则排列。

2.XRD 特征

在非晶态的金属、半导体和绝缘体中,结构单元的几何形状和化学组分的无序程度特征各异。即使相同的非晶态合金,由于制造方法和制成后所保存环境条件的不同,其结构单元的形状、分布和相互结合的方式也会发生微妙的变化。如图 1.5 所示,快速凝固制备的 $Ti_{50}Al_{10}Cu_{40}$ 合金:曲线 1 为制备的无定形态 $Ti_{50}Al_{10}Cu_{40}$ 合金;曲线 2 是在 673 K 保温 65 min 退火的 $Ti_{50}Al_{10}Cu_{40}$ 合金样品;曲线 3 是在 873 K 保温 65 min 退火后的多晶体 $Ti_{50}Al_{10}Cu_{40}$ 合金。可以看出,多晶体 $Ti_{50}Al_{10}Cu_{40}$ 合金 XRD 衍射图谱与非晶态 $Ti_{50}Al_{10}Cu_{40}$ 金属玻璃的 XRD 衍射图谱有显著的不同,非晶态 $Ti_{50}Al_{10}Cu_{40}$ 金属玻璃衍射图谱有显著的宽化的衍射峰,而多晶的 $Ti_{50}Al_{10}Cu_{40}$ 合金衍射图谱有显著的尖锐衍射峰。

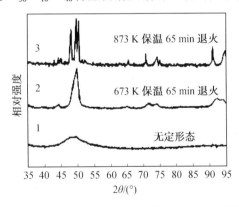

图 1.5 $Ti_{50}Al_{10}Cu_{40}$ 合金多晶态与非晶态 XRD 衍射图谱

3.电子衍射特征

单晶体的电子衍射图呈规则分布的斑点,多晶态合金的电子衍射图呈一系列同心圆,非晶态合金的电子衍射图呈一系列弥散的同心圆。图 1.6 为单晶体、多晶体和非晶态电子衍射图。

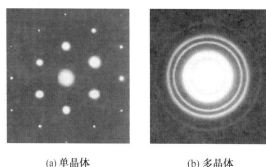

(a) 单晶体   (b) 多晶体   (c) 非晶态

图1.6 单晶体、多晶体和非晶态电子衍射图

4. 非晶态合金的晶化

非晶态合金是合金在快速冷却过程中没有来得及发生结晶而形成的非晶态物质,是一种亚稳态材料。非晶态合金体系的自由能比相应的晶态要高,但是由于晶态相成核和长大的势垒比通常情况下热能高得多,因此非晶态能够长期地保持而不发生改变。但在一定温度以下,非晶态合金会发生结构转变而向稳定的晶态转变。这种转变随温度的降低而变慢,以至于在某一温度时,原子重组运动不能在实验时间尺度内达到平衡,该温度称为玻璃化转变温度(T_g)。在玻璃化转变温度以上时,非晶态合金中的原子克服势垒重新排列成平衡晶态或亚稳晶态,称为非晶态合金的晶化。

非晶态合金的晶化反应分为多晶型、共晶型和初晶型三种类型。多晶型晶化只形成一个与玻璃基体具有相同成分的晶体相,晶化过程中原子仅做几个原子距离的迁移;共晶型晶化同时形成两个晶体相,晶化产物的总成分与基体的成分是一致的,原子的扩散平行于晶体与非晶的界面,晶化过程中玻璃基体的成分不发生改变;初晶型晶化首先形成与基体成分不同的初晶相,在这一过程中基体的成分发生改变,随后可能以不同的机制转变为晶体相,晶化过程中需要原子的长程扩散。

在非晶态合金晶化过程中,许多优异的性能如高强度、高硬度、良好的抗腐蚀性、软磁性、抗辐射等随晶化而消失,这意味着必须严格限制非晶材料使用的高温条件。但是,非晶态合金局部或全部晶化,可以用来产生新的有用微结构,而这些结构往往会获得一些意想不到的性能。

5. 非晶态合金的结构弛豫

非晶态合金在低于玻璃化转变温度下退火,会发生化学短程序和拓扑短程序的变化,即原子分布状态发生了变化,称为结构弛豫。结构弛豫是由于非晶态合金在形成过程中,内部含有多余空隙(即自由体积),随着温度的升高,自由体积减小,在局部范围内引起原子重排,并释放出一定的能量。从室温到玻璃转变温度 T_g 之间的整个结构弛豫过程中,大体可分为两个过程:①从室温到(T_g-100)℃的区间是低温结构弛豫,在此区间内所发生的结构变化是局域的和短程的,原子运动的距离很短,释放出少量的热量;②从(T_g-100)℃到 T_g 的区间是高温结构弛豫,该温度区间内所有原子都将移动到较稳定的位置上,是以集体方式或协同方式运动,而不是以独立或局域性的方式运动。

在结构弛豫过程中,由于消除快速冷凝引起的自由体积的减少,改变了非晶态合金的密度和原子排列,因而伴随着一系列物理性能的变化。非晶态合金的密度变化甚小(约为0.5%),但弹性模量变化较大,居里温度的变化约为40 K,电阻变化约为2%。例如,Fe-Si、B、C系非晶态合金在磁场中受热后会使磁场强度急剧减少,饱和磁化强度增大,但通过制备方法的改进和进行结构弛豫,可以改善磁性,但力学性能恶化,合金变脆。

所以,某种物性的改变,往往伴随着其他物性的恶化,因此需要控制非晶态合金的结构单元的化学及几何上的短程结构,同时还必须确定合适的工艺参数,以便通过结构弛豫使结构单元的相互连接方式达到最佳。关于在原子级别上弄清结构弛豫的机制,由于试验上的极大困难,还没有足够的验证性。

1.2.3 非晶态合金的分类

根据成分划分,非晶态合金主要分为四类:①过渡族-类金属(TM-M)型,如以$Fe_{80}B_{20}$为代表的$(Fe,Co,Ni)-(B,Si,P,C,Al)$非晶态合金;②稀土-过渡族(RE-TM)型,如$(Gd,Tb,Dy)-(Fe,Co)$非晶态合金;③后过渡族-前过渡族(LT-ET)型,如以$Fe_{90}Zr_{10}$为代表的$(Fe,Co,Ni)-(Zr,Ti)$非晶态合金;④其他铝基和镁基轻金属非晶材料,如铝基非晶材料有二元的$Al-Ln(Ln=Y,La,Ce)$、三元的$Al-TM-(Si,Ge)$、$Al-RE-TM$非晶态合金。

非晶态合金是软磁性材料,容易磁化和退磁,比普通的晶体磁性材料磁导率高,损耗小,电阻率大,这类合金主要作为变压器及电动机的铁芯材料、磁头材料等。常见的磁性非晶材料包括铁基非晶态合金、钴基非晶态合金、铁镍基非晶态合金、铁基纳米晶合金(超微晶合金)等。

铁镍基非晶态合金主要由铁、镍、硅、硼、磷等组成,其非晶形成能力极高,易于制备,具有中等饱和磁感的高磁导率,可以替代硅钢片或者坡莫合金,用作高要求的中低频变压器铁芯,如漏电开关互感器。

钴基非晶态合金由钴、硅和硼组成,有时为了获得某些特殊的性能还添加其他元素。由于含钴,它们的价格很贵,磁性较弱,但磁导率极高,具有零磁致伸缩特点,一般用在电子领域的高频小型磁性器件,替代坡莫合金和铁氧体。

1.3 非晶态合金的形成

1.3.1 非晶态合金形成的热力学因素

1. 合金化效应

一般的非晶态合金由过渡金属(TM)和类金属(M)组成。此类合金通常位于低共熔点附近,该处的液相可能比晶体相更稳定,再加上熔点温度较低,故容易制得较稳定的非晶态合金。Au-Ge系的平衡相图如图1.7所示,在接近共晶成分处,用较低的冷却速度或较小的过冷度就能得到非晶态合金。

在热力学上,非晶态合金的形成倾向于稳定性,通常用$\Delta T_g = T_m - T_g$或$\Delta T_s = T_s - T_g$来描述。其中,T_g为非晶态转变温度;T_s为结晶开始温度。对已知非晶态合金,熔点T_m高于非晶态转变温度T_g,而T_s接近于T_g,如图1.8所示。

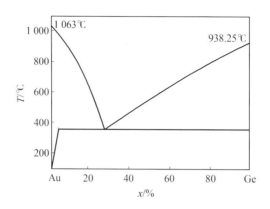

图 1.7 $Au_{1-x}Ge_x$ 系的平衡相图

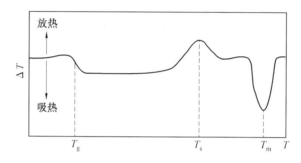

图 1.8 结晶速率与温度关系示意图

研究证明,当过冷度 ΔT_g 减小时,获得非晶态合金的概率增加。因此提高非晶态转变温度 T_g 或降低熔点 T_m 都有利于非晶态合金的形成。另一方面,若转变温度 T_g 不变,结晶开始温度 T_s 增高,将使非晶态合金的稳定性增加,所以能形成非晶态合金并不一定意味着该非晶态合金的稳定性高。

将金属合金从高温液态慢慢冷却下来,在凝固点温度发生结晶形成具有多晶结构的固体。纯金属冷却时在熔点 T_m 附近凝固,此时体积不连续地变化,如图 1.9 所示。熔体冷却引发从 A 到 B 的体积变化是熔体体积随温度变化的结果。连续冷却,温度达到 T_m 时,形成固态多晶金属,此时,由于固态金属体积一般比熔体金属体积要小,所以产生了 B 到 C 的体积收缩 ΔV_1,结晶完成之后,随温度的继续降低,体积再由 C 减少到 D,一般情况下,固体的体积与温度关系曲线的斜率要比熔体的小。

如将熔体以足够的冷却速度冷却,则在 T_m 温度不发生结晶,而形成过冷熔体,从而 V-T 关系曲线下延到 T_m 温度以下的区域,这里从 B 到 E 之间的状态称为过冷熔体。随着温度的继续降低,过冷熔体的黏度增大,原子间的相互运动变得困难,所以当温度降低到某一临界值以下时,金属就变成非晶态,这个临界温度称为玻璃化温度 T_g。

2. 原子的相互作用

非晶态形成的稳定性还与原子间的相互作用有关,尺寸不同的相异原子之间的相互作用所引起的短程有序,将使非晶态的转变温度 T_g 增高,由此引起过冷度降低,有利于非晶态的形成。对于二元 $A_{1-x}B_x$ 而言,当 $x \ll 1$ 时,则由原子 A 和原子 B 之间的相互作用所

导致的溶液的熔点下降可表示为

$$\Delta T = \frac{RT}{\Delta S_m}\left[-\ln(1-x)-\frac{\Omega}{RT}x^2\right] \tag{1.1}$$

式中　R——气体常数；

　　　ΔS_m——摩尔熔融熵；

　　　Ω——相异原子间的结合能。

其中，$\ln(1-x)$ 第一项是由原子理想混合状态下所引起的温度下降，$\frac{\Omega}{RT}x^2$ 则是由相异原子间的相互作用所导致的熔点下降。

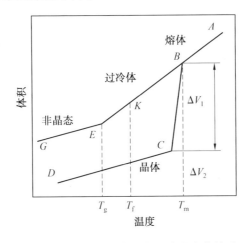

图 1.9　过冷熔体的体积与温度的变化关系

原子间相互作用一般随组成元素的电负性差别而增加，并在形成金属化合物的倾向中起主要作用。一般由过渡族金属 TM 和类金属 M 所形成的非晶态合金，不管它们处于熔融状态还是金属化合物状态，由相应的组元形成非晶态合金时，始终显示出负的混合热。这意味着在合金内的相异原子之间存在很强的相互作用，使熔融态或固态合金中存在很高的短程有序。

非晶态合金的形成倾向和稳定性随类金属含量的增加而提高，这是由过渡金属和类金属原子之间的强相互作用所引起的。另外，由于杂质与主要元素间强烈的原子相互作用，杂质的加入可降低 T_m，从而引起过冷度的降低以及原子尺度的不均匀导致结晶过程的动力学阻滞。

3. 尺寸效应

原子的尺寸差别是影响非晶态合金的形成倾向与稳定性的主要因素之一。若原子尺度的差异增加，则会显著地增加非晶态合金的形成倾向和稳定性。与具有同一半径的均匀原子相比，在同样的压力条件下，由不同半径的原子所形成的非晶态合金的体积较小，熵取正值时自由能较低。另外，若在无序堆积的原子之间加入较小半径的原子，将会得到比均匀原子更为紧密的堆积。

在多组元体系中，原子尺寸的差别和负混合热导致了超过冷熔体中的随机堆垛结构密集程度增加，而紧密的随机堆垛结构会导致高的液-固界面能并且会增加原子重排的阻力,这就抑制了原子的扩散而形成非晶。因此,新型块状非晶态合金,如 Zr 基块状非晶通常至少由 3 个组元组成,为多组元合金,这些组元大多具有较大的原子尺寸差(大于 12%)和负混合热。

此外,影响非晶态合金的形成和稳定性的重要因素还包括化学键能和阻碍原子进行协同重排的势能($\Delta\mu$)。势能的增高,将使非晶态合金的稳定性及形成非晶态的倾向趋于增加。原子尺度的差异是在相同情况下,在强的化学键能存在时,共晶成分的附近合金不易形成非晶态合金。

1.3.2 非晶态合金形成动力学因素

从动力学的观点来看,非晶态合金形成的关键问题不是熔体冷却时是否会形成非晶态合金,而是在什么条件下能使熔态金属冷却到非晶态转变温度以下而不发生明显的结晶。结晶动力学理论认为,非晶态的形成是由于形核率小、生长率低及冷却到一定温度时所形成的体结晶分数很小等原因所引起的。

合金熔体在冷却结晶过程与金属玻璃的晶化过程有不同的晶化机制,合金熔体冷却时形成的晶核与金属玻璃加热时形成的晶核要经历不同的长大速率。对于 $Zr_{41.2}Ti_{13.8}Cu_{12.5}Ni_{10}Be_{22.5}$(Vit1)块体非晶态合金 Zr 基体非晶态的典型代表,晶核的最大生长率为 985 K/s,而最大的形核速率为 840 K/s。因此,合金熔体冷却时,形核速率最大的温度处形成大量的临界晶核,进一步冷却时将经历低的晶核长大速率,导致低的晶化速率。相反,加热一个理想的非晶相时,大量的临界晶核在形核速率最大的温度处形成,温度进一步升高,这些晶核将碰到最高的生长率,导致高的晶化速率。对于 Vit1 合金,熔液冷却时避免晶化的临界速率是 1 K/s,而加热金属玻璃时避免晶化的临界速率为200 K/s。

有些合金熔体在其熔点下就含有新相的晶核。这种晶核来自杂质粒子或添加的晶种,对已经存在晶核的非晶态合金的形成条件,要求晶体生长速率很低,使晶核在来不及长大的条件下形成非晶态合金。假定在液相中悬浮着杂质,在杂质表面是否有利于新相的成核,取决于新相-杂质的界面表面能与液相-杂质的界面表面能的差值。应该指出,溶液在淬火过程中,在均匀形核起主要作用。在均匀形核的合金体系中,液-固两相界面的表面张力及熔化熵越大,越易形成非晶态合金。

1.3.3 非晶态合金形成能力的判据

非晶态合金形成动力学在精确的计算上存在着一定的困难。非晶态合金形成能力与材料的熔点、非晶态转变温度及形核势垒 ΔG 等热力学参数有关。由于无法计算上述参数,故也无法判断合金体系在什么条件下容易形成非晶态合金,以及形成非晶态合金后是否稳定。下面介绍几种非晶态合金形成能力的判据。

1. 约化玻璃转变温度

除前面提到的 ΔT_g 可用来衡量非晶形成能力及稳定性的判据外,根据传统的形核理论,约化玻璃转变温度 $T_r = T_g/T_m$ 可作为评定任意合金形成非晶态合金能力的参数。通常,非晶态合金的 $T_r \geqslant 0.60$,见表 1.2。

约化玻璃转变温度 T_r 来源于对 $T_m \sim T_g$ 温度区间内黏度的要求,只有在冷却过程中,黏度随温度下降的增长率足够大,才能使金属原子没有足够时间重排,抑制结晶,获得非晶态。一般认为,在 T_g 温度下黏度等于常数,而且 T_r 越大,在 CCT 或 TTT 曲线鼻尖处黏度值越高。

表 1.2　常见合金 T_r 值的大小

合　金	玻璃转变温度(T_g)/K	熔点(T_m)/K	约化玻璃转变温度(T_r)
$Zr_{66.5}Cu_{33.5}$	631	1 273	0.50
$Zr_{34}Cu_{66}$	762	1 270	0.60
$La_{55}Al_{25}Ni_{20}$	487	707	0.69
$Zr_{60}Ni_{20}Cu_{20}$	665	1 170	0.60
$Pd_{40}Cu_{30}Ni_{10}P_{20}$	620	1 029	0.60
$Pd_{78}Cu_6Si_{16}$	571	793	0.72
$Pd_{60}Cu_{20}P_{20}$	596	917	0.65
$Zr_{65}Al_{7.5}Ni_{10}Cu_{17.5}$	622	1072	0.58
$Zr_{41.2}Ti_{13.8}Cu_{12.5}Ni_{10}Be_{22.5}$	625	993	0.63

2. 临界冷却速度 R_c

非晶态合金被加热到合金的液相线温度以上,随后以一定的速率冷却至不同的温度 T,在温度 T 保温直到检测到晶化,可以绘出非晶态合金从熔点到玻璃转变温度 T_g 的整个温度区间内过冷液体晶化的时间–温度–转变(TTT)图,如图 1.10 所示。

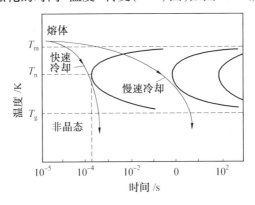

图 1.10　非晶态合金的 TTT 曲线图

临界冷却速率被定义为刚好避开合金 CCT 或 TTT 曲线鼻尖时的冷却速率,即

$$R_c = (T_m - T_n)/t_n \tag{1.2}$$

式中　T_m——熔点;

　　　T_n, t_n——TTT 曲线鼻尖处所对应的温度与时间。

临界冷却速率 R_c 是公认的表征非晶态合金形成能力的重要参数,非晶态合金形成能力越强,其获得非晶态合金所需的 R_c 就越小。由于 T_n 和 t_n 均难以直接得到,所以用式(1.2)精确计算 R_c 有困难。

戴维斯(Davies)对某些元素和合金的计算表明,形成非晶态合金的临界冷却速率 R_c 及相关参数的关系为:约化转变温度越高,所需的临界冷却速率就越低,则越容易形成非晶态合金,如图1.11所示。

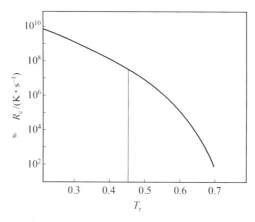

图1.11 临界冷却速率与约化转变温度的关系

3. 戴维斯判据

设合金的熔点为 T_m,混合熔点为 $\overline{T}_m$,定义 $J=(\overline{T}_m-T_m)/\overline{T}_m$ 为熔点低相对偏移,则戴维斯判据可叙述为:当 $J>0.2$ 时,合金可在 $10^5 \sim 10^7$ K/s 下形成非晶态合金。混合熔点 $\overline{T}_m$ 可表示为

$$\overline{T}_m = T_m^{TM} \cdot x_{TM} + T_m^M \cdot x_M \qquad (1.3)$$

式中 T_m^{TM} ——过渡金属的熔点;

       T_m^M ——类金属的熔点;

       x_{TM} ——过渡金属的原子数分数;

       x_M ——类金属的原子数分数。

4. 尼尔森(Nilsen)判据

合金的升华焓为

$$\Delta H_S = H_S^{TM} \cdot x_{TM} + H_S^M \cdot x_M \qquad (1.4)$$

式中 H_S^{TM} ——过渡金属的升华焓;

       H_S^M ——类金属的升华焓。

若非晶态转变温度 T_g 是升华焓的函数,则尼尔森判据可表示为:当 $0 \leqslant x_M \leqslant 0.40$ 及 $T_g/T_m \geqslant 0.50$ 时,可形成非晶态合金,对大多数二元合金而言,该判据与戴维斯判据所得的结果是一致的。

5. 化学键参数

有些研究人员选用化学键参数,引用"图象识别"技术,总结了二元非晶态合金形成条件的规律。如图1.12所示,横坐标 $|\delta_{pA}-\delta_{pB}|$ 是 A、B 两组元电负性差的绝对值,纵坐标中 Z 是化合价数,r_k 是原子半径,$(\Delta\delta_p)_A$ 是 A 组元的电负性偏离线性关系的值,即纵坐标代表 A、B 原子因极化作用而引起的效应。总体来看,由一种过渡金属或贵金属和类金属

元素(B、C、N、P、Si)组成的合金易形成非晶态。

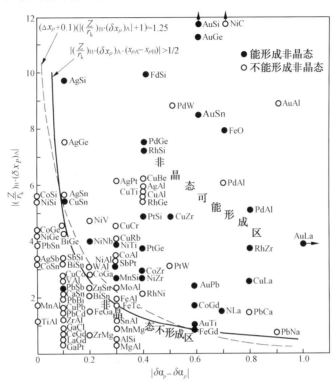

图 1.12 二元系形成非晶态合金的键参数判别曲线

1.4 非晶态合金的性能

非晶态合金与金属相比,成分基本相同,但结构不同,因而具有许多优良的性能,如高强度、高磁导率、高耐蚀性、超导电性、各向同性等。例如,有的非晶态合金具有优异的软磁性能,在有高磁化性能的合金中所测得的磁损耗比任何已知的晶态合金的都低,它们的硬度特别高,并且有非常高的抗拉强度;还有非晶态合金的热膨胀系数接近于零,其电阻率比一般的铁基合金高出 3 ～ 4 倍。

1.4.1 非晶态合金的因瓦效应

普通金属材料的体积随温度的上升几乎呈线性地膨胀,其热膨胀系数为$(10 ～ 20) \times 10^{-6}/℃$。1897 年 Guillaume 发现,在铁、镍组成的合金中,当镍的质量分数为 36% 时,材料在室温下的热膨胀系数接近于零。因瓦效应就是指某些铁磁性合金在磁相变温度以下表现出反常的热膨胀行为,即热膨胀系数很小甚至为负值。具有因瓦效应的合金一般还具有以下共同特征:①饱和磁化强度和居里温度都存在着很大的负的压力依赖关系;②具有很大的自发体积磁致伸缩和强制体积磁致伸缩;③饱和磁化强度-温度曲线、高场磁化率、电阻、低温比热容、弹性系数、超声波吸收等也随温度变化表现出反常现象。

非晶态因瓦合金是指那些具有因瓦效应的非晶态合金。尽管晶态因瓦合金的发现已经有一百多年的历史,然而非晶态因瓦合金的发现却有一个曲折的过程。直到20世纪70年代,一些非晶态因瓦合金才相继被发现。非晶态因瓦合金涉及第三层电子d亚层过渡族金属,在探讨铁磁性的起源上有着重要的价值。

一般认为,因瓦合金表现出的热膨胀反常行为是因为在正常的热膨胀过程中叠加了磁性行为的变化。若材料具有大的自发体积磁致伸缩,则可能会抵消点阵非简谐振动引起的热膨胀,使得材料的热膨胀系数很小甚至为负值。因瓦合金处于一种特殊的磁性临界状态,这种临界状态极不稳定,使得合金的磁性和磁体积效应对成分、温度、磁场及外力等因素极为敏感。

1.4.2 非晶态合金的力学性能

非晶态合金优异的力学性能是它的一个突出特点,一直受到人们的特别重视。非晶态合金的无序结构使它在性能上具有各向同性的特点,同时具有高强度、高塑性,良好的冲击韧性、疲劳寿命和断裂韧性,它在变形时无加工硬化现象。

1. 弹性性能

由于非晶态合金的混乱无序结构,其弹性行为应是各向同性的。而各向同性固体的弹性行为只涉及两个独立常数,可选用切变模量 G 表征形状变化和体积模量 K 表征体积变化。这两者与泊松比 ν 和弹性模量 E 之间关系为:$\frac{3}{E} = \frac{1}{G} + \frac{1}{3K}$,$E = 2G(1+\nu)$。

非晶态合金的弹性模量和切变模量要比同成分晶态固溶体的值低,或低于该合金在晶化处理后的值。实验得出,晶态和非晶态合金的弹性模量比值为 1.2～1.4,这与计算值是符合的。表 1.3 列出了与非晶态合金弹性行为有关的一些参数值,从表 1.3 可以看出,非晶态合金与其成分中主要元素的弹性性能也有类似变化。对体积模量和泊松比而言,晶态合金与非晶态合金之间的变化相对不太明显。非晶态合金的 K/G 值一般比晶态合金的高 10% 左右。非晶态合金的高 K/G 值,表明了金属键的长程性,即非晶态合金的结构不具有长程有序,但合金中的组成原子,仍保持长程金属键合。

图 1.13 为块体 $Zr_{52.5}Cu_{17.9}Al_{10}Ni_{14.6}Ti_5$ 非晶态合金的拉伸应变曲线。实验证明,在单轴拉应力作用下,非晶态合金开始产生弹性应变。由应力-应变曲线可以看出,当非晶态合金达到屈服点之后,没有体现加工硬化现象,在不同的塑性变形条件下断裂。

对于非晶态合金较大的滞弹性行为,曾有人用"活动区"概念进行解释,即认为在非晶态合金中,存在有活动性很高的局部区域。在外力作用下,这些局部活动区域通过弹性形变,重新排列到另一稳定位置,而产生力学弛豫效应。在非晶态合金中,这种弛豫过程可分为 3 类,即热弹性弛豫行为、磁弹性弛豫行为和热激活弛豫行为。

表 1.3 非晶态合金及晶态合金的弹性常数

材料 名称	成分	弹性模量 E /(9.8×10^3 MPa)	切变模量 G /(9.8×10^3 MPa)	体积模量 K /(9.8×10^3 MPa)	泊松比 ν	K/G
非晶态合金	$Pd_{80}Si_{20}$	6.80	3.50	18.20	0.41	5.5
	$Ni_{76}P_{24}$	9.50	3.50	11.10	—	3.2
	$Co_{74}Fe_6B_{20}$	17.90	6.80	16.60	0.32	2.4
	$Fe_{80}B_{20}$	16.90	6.50	14.10	0.30	2.2
晶态合金	Pd	13.70	4.50	20.00	0.39	4.4
	Ni	23.30	8.10	18.00	0.30	2.2
	Co	22.00	8.40	19.40	0.31	2.3
	Fe	20.90	8.20	17.40	0.28	2.1

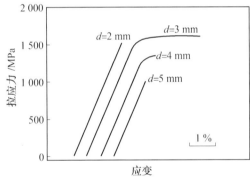

图 1.13 块体 $Zr_{52.5}Cu_{17.9}Al_{10}Ni_{14.6}Ti_5$ 非晶态合金的拉伸应变曲线

2. 强度和硬度

由于非晶态合金中原子排列不规则,呈犬牙交错排列,因此要把非晶态合金撕开需要较高的能量,材料具有较好的强度和韧性。表 1.4 列出了一些非晶态合金的力学性能。可以看到,铁基、钴基非晶态合金的抗拉强度均可达到 4 000 MPa 左右,镍基合金也可达到 3 500 MPa 左右,都比晶态高强度钢丝材料的值高。非晶态合金的 σ/E 比值约为0.02,可与金属晶须的值(0.064)相比。

新型块体非晶态合金的抗拉强度要大于同类晶态合金,如 Mg 基非晶态合金的抗拉强度在室温下高达 600 MPa,大大超过抗拉强度最大的晶态 Mg 基合金。一些非晶态合金的强度非常高,为相应的晶态合金的5~10 倍。

非晶态合金的强度也可以用硬度来衡量。例如,Zr 基大块非晶态合金的显微硬度为 6 GPa,已接近工程陶瓷材料。在晶态合金中,硬度与屈服强度之比 σ 大约为3,非晶态合金的实测硬度与屈服强度之比的 σ 平均值与理论值是接近的,其值大部分为2.6~3.1,见表 1.4。高强度和高硬度的非晶态合金具有较高的耐磨性。铁基软磁块体非晶态合金在具有良好的软磁特性和耐磨性的同时,还具有很高的抗腐蚀能力和热稳定性,这是其他非晶态合金和晶态合金通常所不具备的。

表1.4　非晶态合金的强度性能

组成		硬度 HV	抗拉强度 σ /MPa	弹性模量 E /MPa
铁基合金	$Fe_{80}B_{20}$	1 080	2 500	170
	$Fe_{80}Zr_{20}$	640	2 200	—
	$Fe_{80}P_{13}C_7$	760	3 100	124
	$Fe_{78}B_{10}Si_{12}$	910	3 400	120
	$Fe_{62}Mo_{20}C_{18}$	970	3 900	—
钴基合金	$Co_{90}Zr_{10}$	600	1 900	—
	$Co_{73}Si_{15}B_{12}$	910	3 100	90
	$Co_{58}Cr_{26}C_{18}$	890	3 300	—
	$Co_{44}Mo_{36}C_{20}$	1 190	3 900	—
镍基合金	$Ni_{90}Zr_{10}$	550	1 800	—
	$Ni_{78}Si_{10}B_{12}$	860	2 500	80
	$Ni_{81}Cr_{24}Mo_{24}C_{18}$	1 060	3 500	—

3. 塑性变形

非晶态合金的塑性流变是通过高度局域化剪切变形带实现的。在个别变形带中,会承受非常大的应变。至今为止,对非晶态合金的变形过程及变形机制已进行了广泛的研究。根据实验结果可将非晶态合金的变形特征归纳为:①变形时无加工硬化现象或加工硬化很小;②在远低于玻璃化温度 T_g 时,在各种变形形式下(拉伸、弯曲和压缩)塑性变形是不均匀的;③在 T_g 温度附近或高于 T_g 温度时在不产生结晶的条件下变形,显示出均匀的(牛顿)黏滞性流动。

块体非晶态合金在其过冷液相区表现出很大的黏滞流动性,可发生塑性应变,表明其过冷液体能产生理想的超塑性变形。如 $La_{55}Al_{25}Ni_{20}$ 非晶态合金在过冷液相区拉伸形变超过15 000%。这类非晶态合金可在其过冷液相区像玻璃一样,被吹制成表面非常光泽的非晶态合金球,或加工成表面光泽的微型齿轮,这是一般超塑性晶态合金所无法做到的。

图1.14 是非晶态合金 $Pd_{80}Si_{20}$ 的强度与温度和应变速率的关系,虚线表示均匀变形和不均匀变形的近似分界线。在这两个区域中,强度在不同变形方式时,和应变速率关系明显不同:在均匀区,强度随应变速率的增大而增加;在不均匀区,则强度与应变速率关系不大。此外,在不均匀区,强度对温度的敏感程度相对要小些。这些事实说明,在较低温度时,流动由非热机制控制,在较高温度时,则由内热激活机制控制。

目前,在研究非晶态合金变形时,不能像研究晶态金属那样,用透射电镜全面进行,而且非晶态合金样品有尺寸精度的限制,不能获得精确的物理、力学性能方面的数据。因此还无法提供足够的数据来研究其变形机制理论。

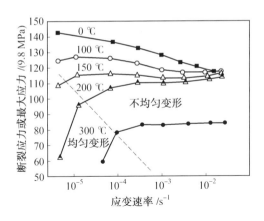

图 1.14 非晶态合金 $Pd_{80}Si_{20}$ 的强度与温度及应变速率的关系

4. 断裂

图 1.15 是非晶态 Cu-Zr 合金压应力-应变曲线及断口形貌图,流变应力几乎是恒定的。表示非晶态合金具有近似于弹性-完全塑性材料所具备的行为,实际上它并未显出屈服现象,当外加载荷近似等于临界断裂应力时,试样迅速断成两段。观察表明,在断裂后的试样上看不到表示屈服的滑移线。如上所述,在远低于玻璃转变温度 T_g 时,非晶态合金的变形是不均匀的,它以剪切方式在少数几个狭窄区域内滑移,而合金其他部分仍呈刚性状态,即在单向拉伸或压缩时,变形仅在局部剪切带内产生。

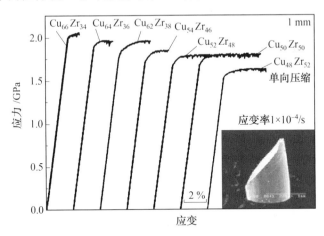

图 1.15 非晶态 Cu-Zr 合金压应力-应变曲线及断口形貌图

1.4.3 非晶态合金的电磁性能

1. 电学性能

非晶态合金在电学性能上展现出许多优于晶态的特点,如高电阻值、低的电阻温度系数、超导特性等。晶态合金和非晶态合金的电性能比较见表 1.5。一般晶态金属及合金的电阻率值为几微欧·厘米到几十微欧·厘米,而一般非晶态合金的电阻率 ρ 值均在 $100\ \mu\Omega \cdot cm$ 以上,比晶态高几倍甚至 $1\sim2$ 个数量级。非晶态合金的电阻温度系数比晶态的小得多,有时为负值。非晶态合金的 $R_{300\text{ K}}/R_{4.2\text{ K}} \approx 1$,而对于晶态合金,随着杂质含量的不同,$R_{300\text{ K}}/R_{4.2\text{ K}}$ 比值的变化范围可高几百倍,乃至几千倍,故可以用这个比值测定金属的纯度。

表 1.5 晶态合金与非晶态合金的电性能比较

合金		电阻率/($\mu\Omega \cdot cm$)	电阻温度系数/$^{\circ}C^{-1}$	$R_{300\text{ K}}/R_{4.2\text{ K}}$
晶态	Cu	1.72	433	200 ~ 8 600
	Na	4.6	546	—
非晶态	$Nb_{0.4}Ni_{0.6}$	150	−7	0.96
	$Ni_{1-x}P_x$	100 ~ 180	+15 ~ −5	0.99 ~ 1.05
	$Cu_{0.6}Zr_{0.4}$	350	−9	0.97

从使用角度考虑,电性材料主要可分为导体材料与电阻材料。处于常导状态下的非晶态合金若作为导体使用,它与晶态合金相比不具备优势,但若作为电阻材料则具有明显的优点。晶态合金中具有低电阻温度系数的材料只有少数合金系(如镍铬系、锰铜系等)。而在非晶态合金体系中,则有大多数合金具有低电阻温度系数。做适当的成分调整后便可得到电阻温度系数接近零的非晶态合金。有些非晶态合金具有负的电阻温度系数,可以作为补偿材料。精密电阻材料一般使用温度都不高,这就避开了非晶材料的一个弱点,故非晶态合金作为精密电阻材料使用是大有希望的。在非晶态合金中,人们也发现了许多超导合金,这些超导合金与晶态超导材料相比具有很好的韧性,而且成分变化也很大,这不但解决了超导体的线状加工问题,而且为寻求新的超导材料提供了更多的机会。

2. 磁学性能

目前广泛使用的软磁材料主要有硅钢、铁-镍坡莫合金及铁氧体,它们都是晶体材料,具有磁晶各向异性,使磁导率下降。非晶态材料的原子排列是稠密而无序地堆在一起,不存在磁晶各向异性及晶界、位错及堆垛等缺陷,较高的电阻率也大大减小了涡流损失,因此表现出高的磁导率及磁感应强度、低矫顽力和磁损耗。非晶态合金优异的磁物理性能将有力地促进电子元器件向高频、高效、节能、小型化方向发展,并可部分替代传统的硅钢、铁氧体材料等。

(1)居里温度

铁磁材料,当温度高于居里点温度时,显示顺磁性,低于居里点温度时,显示铁磁性。因此对于各种磁性材料通常的工作温度或热处理温度都必须低于居里温度。对于 Fe 基、Co 基非晶态合金来说,其居里点温度在 400 ℃ 左右,可根据非晶态合金中不同金属的含量来调节。

(2)磁各向异性

晶态合金中,磁特性在晶体的各方向表现不同,即显示磁各向异性。而非晶态磁材料尽管理论上应是各向同性,但实际上还是发现有各向异性的现象,不过这种磁各向异性不像晶态合金表现明显,当经过适当退火处理后,由于内应力消除,其磁各向异性变小,因而具有优良的软磁特性。

（3）磁致伸缩

非晶态合金具有类似于晶态合金的磁致伸缩现象。当非晶态合金应用时应考虑到磁致伸缩所引起的变形量,特别是有层间绝缘时,绝缘层要能适应磁致伸缩效应引起的变化。

1.4.4　化学性能

非晶态合金有很强的耐蚀性。Fe 基非晶态合金按添加 Co、Ni、W、Mo、Cr 的顺序,其耐蚀性越来越强,当 Cr 的原子占 8% 时,腐蚀速度为 0,远远大于不锈钢及各种含 Ni 的耐盐酸腐蚀钢。钴基、镍基非晶态合金也是如此,随 Co 含量增加腐蚀速度也明显下降。当 Cr 含量大于一定值后,Fe、Co、Ni 基非晶态合金均具有一样相当强的耐蚀性。非晶态合金之所以具有强的耐蚀性,主要是非晶态合金是一种混乱的无序结构,在化学上有高度的均匀一致性,不存在第二相及晶界、错位等晶体缺陷,不发生局部腐蚀。但不适当的热处理及时效会引起晶化,其耐蚀程度就大大降低。

非晶态合金显示出与晶态合金不同的特殊的腐蚀行为。例如,非晶态合金具有极大的活性以至于大到足以促进钝化的产生,既具有大的活性,又具有大的钝化能力。加入第二种金属元素的非晶态合金,在酸溶液中,表面很快形成一层致密坚硬的保护层,该层对非晶态合金耐蚀性有很大的作用。

1.5　非晶态合金的制备方法

非晶态合金的制备技术总体历经了以下几个阶段:化学沉积法(1950 年)、真空镀膜法(1954 年)、熔体快淬法(1960 年)。具体的制备方法有 3 类:①通过蒸发、电解、溅射方法使金属原子或离子凝聚或沉淀而成;②由熔融合金通过急冷快速固化而形成粉末、丝、条带等;③利用激光、离子注入、喷镀、爆炸等方法使表面层结构无序化。下面按非晶态合金的形态介绍几种主要的制备方法。

1.5.1　非晶态合金膜的制备

1.真空蒸镀法

在高真空(133.3 μPa)下用电阻、高频感应或电子束等方法加热基体金属,使得从表面蒸发的金属原子附着到用玻璃等材料制成的基板上而得到薄膜。为了获得非晶态合金薄膜需要冷却基体,纯金属非晶态薄膜需要将基板冷却到液氮温度。此法的优点是设备和工艺比较简单,冷却速度较快,可以制取纯金属非晶态薄膜;缺点是蒸镀速度太慢,为 0.5~1 nm/s,一般只可获得厚度小于 10 nm 的极薄膜,膜的致密度低。

2.溅射法

利用在 1.3 ~ 0.1 Pa 真空下电离的离子撞击阴极靶得到具有高动能的溅射原子,使其附着到阳极基板上而获得薄膜。此法的优点是有较高沉积速度,为 1~10 nm/s,可得较厚膜,也可制作合金膜;缺点是基板温度上升快。该方法是目前获得非晶态合金膜的一个主要方法。

3. 化学相反应法

利用含有析出元素的化合物蒸气在基板上热分解，与其他气体在气态下发生化学反应，并在基板上析出反应生成物而获得薄膜。此法主要用来制取碳化硅、氧化硅、硼化硅等非晶态薄膜。

4. 电镀法

利用电极还原电解液中金属离子或用还原剂还原，析出金属原子来获得非晶态材料。此法主要用于 Ni-Co-P 等少数合金系，可得到大面积的非晶薄膜。

1.5.2 非晶态合金粉末和纤维的制备

1. 双辊法

从图 1.16 可以看出，熔融合金通过双辊接触表面快速固化而形成非晶态，当辊速足够大时，在带与辊分离区形成较大负压，使已固化的非晶态合金带粉碎为非晶态粉末。另一种方式是在带辊分离处设置一个高速转轮，使固化非晶态带破碎成粉末，如图 1.17 所示。实际上双辊法获得的是片状粉末。

2. 熔体抽取法

利用辊轮状冷却体边缘与熔体表面的接触，在离心力作用下使溶液甩出呈纤维状。用不同形状的辊轮，可以得相应形状的非晶态合金纤维，但是此法更多地用来制造微晶或晶态纤维材料。熔体抽取法有图 1.18 所示的两种方式。

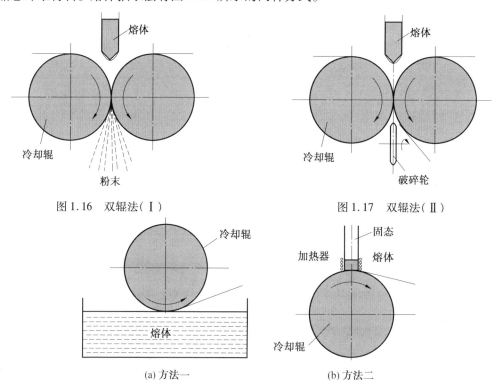

图 1.16 双辊法（Ⅰ）   图 1.17 双辊法（Ⅱ）

(a) 方法一   (b) 方法二

图 1.18 熔体抽取法

1.5.3 非晶态合金箔的制备

1. 枪法

如图 1.19 所示,在低压氩气保护下熔融的合金液珠,用高压氩气将其喷射到铜板上,得到数微米级的非晶态合金箔。此方法可获得约 10^9 K/s 的冷却速度,是液态急冷方法中冷却最快的一种,也是早期研究非晶态合金的制备方法之一。

2. 活塞−砧法

如图 1.20 所示,熔融状的合金液珠在活塞与砧(或类似结构)的撞击下形成圆形箔片非晶态合金,单片质量可达数百毫克。箔片存在极大的应力,但厚度尺寸均匀,一般厚度小于 50 μm。故其所需合金数量极少,仍是一种试验研究用的工艺手段。

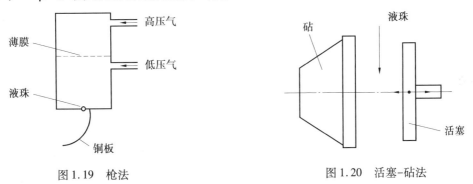

图 1.19　枪法　　　　　　　　　图 1.20　活塞−砧法

1.5.4 非晶态丝材的制备

1. 液体拉丝法

液体拉丝法利用玻璃或石英包裹合金,在加热或熔融状态下拉制成丝。此法主要依靠辐射和对流传热使合金冷却,冷速极小,所以,只有少数合金在拉成微米级细丝时可以成非晶态。

2. 液中拉丝法

如图 1.21 所示,熔融合金从圆嘴喷出与流动的冷却液汇合,靠液体吸热而冷却固化成为非晶态,其冷却速度约为 10^4 K/s,只适于制备贵金属一类要求冷速不太高的非晶态合金丝。

3. 旋转液中喷丝法

旋转液中喷丝法装置如图 1.22 所示,控制合适的工艺参数可以获得非晶态合金细丝。此法适宜制备具有优良力学性能的细丝,其特点是能够得到圆形截面的非晶态合金细丝。

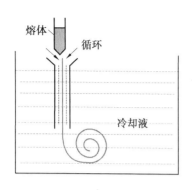

图 1.21　液中拉丝法

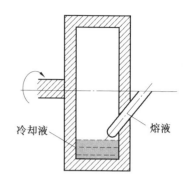

图 1.22　旋转液中喷丝法装置

1.5.5　液体急冷法

将液体金属或合金急冷获得非晶态的方法统称为液体急冷法。它可用来制备非晶态合金的薄片、薄带、细丝或粉末,适于大批量生产,是目前实用的非晶态合金制备方法。

图 1.23 为液体急冷法制备非晶态合金薄片的示意图。用液体急冷法制备非晶态薄片,目前还处于研究阶段,根据所使用的设备不同分为喷枪法、活塞法和抛射法。

制备连续非晶态薄带的基本工艺是用各种加热方法熔化的母合金,通过一定形状的喷嘴喷射到高速旋转的急冷体表面,主要依靠接触导热,使熔融合金以 10^6 K/s 的冷却速度高速固化成非晶态合金条带。急冷装置大致分为双辊法和外圆法。

在工业上实现批量生产的是用液体急冷法制非晶态带材,其主要方法有离心法、单辊法、双辊法。这种方法的主要过程是:将材料(纯金属或合金)用电炉或高频炉熔化,用惰性气体加压使熔料从坩埚的喷嘴中喷到旋转的冷却体上,在接触表面凝固成非晶态薄带。熔融合金喷射到两个相对高速旋转的冷却辊接触面上快速固化而得到非晶态条带。此法得到的非晶态条带两面平整光滑。但是制备宽带在工艺上存在很大困难,为了保证有较长的使用寿命需采用合金钢制造轧辊。

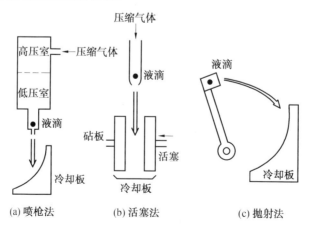

图 1.23　液体急冷法制备非晶态合金薄片的示意图

双辊引带法装置如图 1.24 所示,熔融合金喷到两条由高速旋转冷却辊带动的引带之间,由双辊调节带间的压力,这样能改进一般双辊法非晶态带与辊接触时间太短,冷却不充分的弱点。但这种装置设备比较复杂,工艺控制困难。此方法可以演变用来制备复合非晶态合金带,也是当前从实验室到工业生产应用最广泛的一种方法。

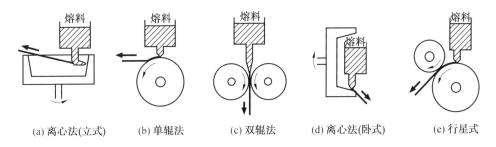

(a) 离心法(立式)　(b) 单辊法　(c) 双辊法　(d) 离心法(卧式)　(e) 行星式

图 1.24　双辊引带法装置的示意图

1.5.6　块体非晶态合金的制备方法

由于块体非晶态合金是特殊的多组元组合,具有很强的非晶态合金形成能力,通常在较低的冷却速率下就可以形成非晶态合金。因此块体非晶态合金的制备方法,突破了传统非晶态合金的制备工艺限制,一些高效率、低成本的成型方法和一些新的成型工艺都可用于制备块体非晶态合金。这些方法各具特点,但在工艺过程中都必须既要避免非均匀形核,又要保证足够的冷却强度。

1. 水淬法

水淬法是将合金放在石英管中并感应加热熔化,最后连同石英管一起淬入流动水中,以实现快速冷却,形成大体积非晶态合金。这个过程可以在一个封闭的保护气氛系统中进行,也可以将合金密封在含有一定保护气氛的石英管中,然后在空气中加热熔化,再淬入流动的水中。这种方法可以达到很高的冷却速率,有利于大体积非晶态合金的形成。

石英管水淬法,管内的保护气体压力比较难确定,保护气体压力过低不利于合金熔化,过高在加热过程中又会引起石英管破裂。此外,用这种方法制备大体积非晶态合金时,在液态合金和管壁之间容易发生反应,造成合金的污染,既影响水淬时液态合金的冷却速率,又容易造成非均匀形核,以至影响大体积非晶态合金的形成。

2. 金属模铸造法

金属模铸造法是将液态合金直接浇入金属模中,利用金属模导热快实现快速冷却,以获得大体积非晶态合金。该工艺过程比较简单,也易于操作,但金属模的冷却速率有限。计算表明,金属模所能达到的冷却速率:当样品直径为 1 mm 时为 400 K/s,3 mm 时为 120 K/s。因此,当样品尺寸进一步增大时,铸模所能实现的冷却速率很慢,不能满足形成大体积非晶态合金的冷却条件。

3. 高压模型铸造法

高压模型铸造法是首先将合金经过高频感应线圈加热熔化,然后将合金熔体以一定的速度和压力(50~200 MPa)压入循环水冷却铜模中,以实现快速冷却形成块体非晶态合金。由于液态金属对金属模型腔的充填过程很快,并保持较大的压力,与金属模铸造法相比,这种方法具有更快的冷却速率,更有利于形成块体非晶态合金,可以直接制作较复杂形状的大体积非晶态合金零件。

4. 悬浮熔炼法

电磁感应悬浮熔炼装置原理如图 1.25 所示。将所熔炼的合金炉料置于感应线圈所形成的高频交变电场中,利用通水冷却的金属坩埚使磁场能量集中于坩埚容积空间,在炉料的表层附近形成强大的涡电流使炉料熔化,同时金属由于受到强大的电磁力作用而悬浮于空中。合金熔化后,向试样吹入惰性气体,使其冷却、凝固,获得非晶态合金。利用悬浮熔炼法,合金熔融时呈悬浮状态,与坩埚不接触,避免了坩埚对熔料的污染。由于受到强烈的电磁搅拌作用,合金溶液具有更好的成分均匀性,各部位的温差较小,不出现大的过热度,因而显著减少试料中低熔点组分的挥发,保证了成分的准确。

除采用电磁感应悬浮熔炼法外,还可以采用静电悬浮熔炼法,其原理如图 1.26 所示。将样品置于设备的负电极板上,然后在正、负板间产生梯度电场,当电极板间电压足够高时,带负电的试样在电场作用下将悬浮于电极板之间,用激光照射试样,便可将其加热熔化,停止照射,试样就冷却。该方法的优点是悬浮试样与加热系统是分开的,因而与磁悬浮熔炼相比,冷却速度可以很快。

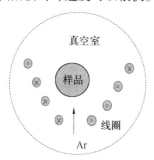

图 1.25 电磁感应悬浮熔炼装置原理示意图

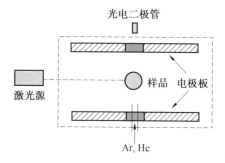

图 1.26 静电悬浮熔炼装置原理示意图

5. 定向凝固法

定向凝固法是将原料合金置于凹状的水冷铜模内,利用高能热源使合金熔化。由于铜模和热源至少有一方移动,故加热后形成的熔化区也从原料的一端移向另一端,在原料的熔化区与金属玻璃的固化区之间存在大的温度梯度和固液相界面移动速度,从而形成非晶态合金。

定向凝固法生产块体非晶态合金不受样品长度的限制,但是合金的临界冷却速率低于 10^3 K/s。大范围内精确控制温度梯度和固液相界面移动速度,抑制铜模与熔体接触区域内出现晶体形核核心是影响非晶相形成过程的主要因素。此外,还应注意熔化过程中及随后的冷却过程中环境气体的种类、纯度、流量等参数。

熔体喷铸与真空吸铸结合的设备如图 1.27 所示。该设备由上、下两个真空腔体组成,中间隔离密封,上腔体内中频加热熔化母合金,下腔体内放水冷铜模,处于高真空状态,在合适的温度下,在坩埚熔体上方引入保护气体,使熔体上方瞬间受到气体吹赶,下方受到高真空吸铸强制作用,熔体快速喷入(水冷)铜模中,由于强制喷吹和吸铸,不仅熔体能得到较大的冷却速度,而且熔体对模具成形有较好的充填性,制备板、棒和其他异型件,均充填得完好。另外,由于模具冷却效果好,样品尺寸也可做得大一些。

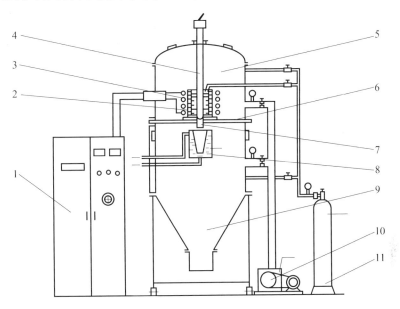

图 1.27 熔体喷铸与真空吸铸结合的设备示意图

1—高频感应体;2—石英坩埚;3—熔体;4—热电偶;5—上真空室;6—密封板;7—液体导路;
8—铜模水冷系统;9—下真空室;10—真空泵;11—气体注入系统

6. 粉末冶金法

粉末冶金法首先采用机械合金化法、雾化法、电化学沉积法、液相还原法、气相沉积法等制备非晶态粉末,然后把非晶态粉末装入模具后选择热挤压、动力压实、粉末轧制、爆炸成形、压制烧结等工艺成型,使其得到所要求的最终块体非晶态合金。

用粉末冶金技术制备出的块体非晶态合金,不仅要密实,而且要避免晶化。在粉末冶金工程中,粉末颗粒受到惰性气体的保护,其表面比较洁净,颗粒之间结合较好。

1.6 非晶态合金的应用

在非晶态合金的应用中,最早考虑到这种新型材料的机械性能和强度性能,把这类材料用于帘布、刮胡须刀片等方面。后来发现,非晶态合金具有非常好的磁特性,从此,非晶态磁性合金的研究和应用便得到了重视。随着非晶态理论、工艺及材料的深入研究,各国的研究工作者对非晶态合金的应用进行了极其广泛的探索,越来越多地取得了实验性和工业性实验结果。图 1.28 所示是非晶态合金的应用范围。

目前,非晶态合金在磁性器件方面的应用不仅取得了很大的进展,而且取得了极大的经济效益,在机械、化学、医学等方面也都有了很好的应用。

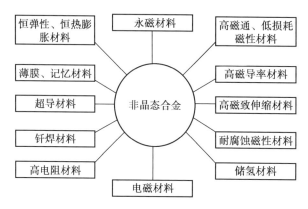

图 1.28 非晶态合金的应用范围

1.6.1 非晶态合金在电器方面的应用

近年来,随着信息处理和电力技术的飞速发展,各种电器设备趋向高频化、小型化、节能化。如在漏电保护器、电子镇流器、逆变器和各种开关电源中由于采用了非晶态合金,使它们的性能提高,体积大大减小。

1. 非晶态合金在漏电保护器中的应用

近年来大量使用的漏电保护器中的零序电流互感器的铁芯是由软磁材料制成的,该互感器对漏电保护层的灵敏度、可靠性、体积和成本影响很大。由软磁材料制成的互感器作为检测元件,其作用是当互感器初级有毫安级漏电电流或触电电流产生的弱磁场作用时,在互感器次级产生足够大的感应电势,通过执行机构动作达到保护人体和设备安全的目的。在使用中允许漏电电流的大小关系到漏电保护器的灵敏,铁芯在其中起很重要的作用,一般要求铁芯在漏电电流作用下具有高的交流磁导率,铁芯随温度和时间的变化要稳定。

坡莫合金是国内外漏电保护器中互感器铁芯常用选材材料,它虽然有很多优点,但生产工艺复杂,价格昂贵,对应力较为敏感,在运输及装配时要轻拿轻放,避免震动。而非晶态合金具有很多优异的特性,是一种超高导磁材料,适用于互感器铁芯,不仅能提高漏电保护器的性能,降低产品成本,而且由于非晶态铁芯简单,从原料到铁芯成品,可节约大量人力、物力和财力,节时、节电,经济效益显著。另外,非晶态合金与坡莫合金相比,不仅交流磁导率高,而且交流磁导率也高。非晶态合金的电阻率是坡莫合金的 2 倍。它的硬度和强度也比坡莫合金高得多。经过长时间和高低温试验表明它还有较高的稳定性。

2. 非晶态合金片式电抗器

非晶态合金片式电抗器有两种:一种是采用集成电路加工方法制成的,由非晶态合金薄膜、绝缘薄膜和导电薄膜组成,导电薄膜用光刻法加工成导电绕组,根据导电绕组形状分为螺旋线式和平行线式两种,电感为 21 ~ 1 500 μH,工作频率为 4.4 ~ 80.6 MHz,品质因数为 4.4 ~ 9.9;另一种是用非晶态合金线和铜线编织而成的,电感为 100 μH 左右,工作频率为 500 kHz ~ 1 MHz,品质因数为 2 ~ 9。

3. 非晶态合金在开关电源中的应用

常用的磁性器件有高频功率变压器、驱动变压器、滤波阻流圈、尖端信号限制器等。

考虑开关电源要求铁芯材料应具有高剩磁化(双磁性)或低剩磁化(单极性),在较高频率下具有较低的损耗,较高的磁通密度和较低的矫顽力,因此采用非晶态合金有较突出的优越性。

此外,非晶态合金在直流变压器、小功率脉冲变压器、电磁传感器、电动机等方面也应用广泛。在电磁传感器中,传感探头铁芯采用非晶态合金,比原选用 IJ79 和 IJ50 坡莫合金稳定性好,探头激磁电压降低了2/3,输出电压信号增加了 2 倍,作用距离增加了 1 倍,从而简化了后部处理系统电路。该传感器探头结构简单、使用方便、成本低廉,仅是超声检测器成本的 $\frac{1}{10} \sim \frac{1}{20}$,现已应用于全国大部分城市交通自动控制系统。

1.6.2　镍磷非晶态合金化学镀层在兵器方面的应用

众所周知,武器的使用和储存环境极其复杂。如其在沿海地区、工业地区、坑道里、密林丛草中储存和使用,这样将受到诸如盐水、盐雾大气、氧化硫、酸、碱、氨气等各种气体的侵蚀。再如,枪、炮、火箭等零件,还经常受火药气体的烧蚀、冲刷,枪炮射击时的冲击摩擦、振动等作用,由此可见,兵器零件具有高的耐腐蚀性、耐磨损性、耐烧蚀性以及抗冲击、摩擦等性能,是其完成设计功能的具体要求。镍磷非晶态合金化学镀层具有优异的耐腐蚀性,同时该镀层合金具有高的硬度和耐磨性、优良的减磨性、优异的热硬性及良好的钎焊性等。

1. 铝合金零件表面处理上的应用

现代战争要求武器向轻量化方向发展,所以铝制品取代原先钢制品将是武器轻量化要求下的发展方向。但是铝及其合金材料性能不够理想,其耐腐性、耐冲刷及抗磨损性能较低,可焊性差,而铝不像钢铁那样可采用热处理方法提高其耐磨性,所以采用表面处理方法。在铝表面进行化学镀镍磷可提高耐磨性、防腐性及硬度,如长杆尾翼稳定脱壳穿甲弹的弹托、尾翼、尾杆等零件。这些零件是弹体的附加质量,将其减重对提高子弹威力有很大作用。此外,该化学镀层可提高铝合金抗腐蚀性。

2. 在坦克、装甲车上的应用

坦克、装甲车在战争中的工作环境非常恶劣,如高温烧蚀、热气冲蚀、热疲劳、高温磨损等,在发动机中的汽缸套、活塞、活塞环、增加叶片等关键零件,就必须适应如此恶劣的工作环境。由此可见,提高坦克发动机关键零件的耐磨、耐蚀性能十分重要。目前主要采取氮化法对其表面进行强化处理,但气体氮化工艺周期性长、效率低、耗能大、成本高。化学镀层与气体氮化相比,化学镀镍磷层硬度高、耐磨、耐蚀性好,不但能提高汽缸套的使用寿命,而且还可避免使用价格昂贵的专用钢,大大降低成本。

再如,坦克发动机活塞顶局部实测温度已达 400 ℃,而且喷嘴偏置,温度场分布梯度很大,在活塞顶形成很大的力学应变和热应变。利用化学镀镍层优异的热硬性(在450 ℃环境下工作,其高温硬度稍高于硬铬镀层),对铝活塞进行化学镀 Ni-P 合金,可大大提高活塞抗烧蚀能力。化学镀层表面强化技术还可用于坦克的其他零件上,如排气门座、齿轮、凸轮轴等。

3. 在兵器生产中的应用

在兵器生产中,挤压铸造产品很多,挤压铸造时,每次挤压前都要在模具内表面涂上油质石墨涂料以利于脱模,但这种涂料既污染环境,又容易造成挤压件的质量问题,利用化学镀镍层的耐磨性、低摩擦性、不黏附性对模具进行表面强化处理,可提高模具的使用寿命,减少污染,保证产品质量。将生产中常用的切削刀具、丝锥、量具等表面进行化学镀镍强化处理,大大延长了使用寿命。此外,镍磷非晶态合金化学镀层对井下工作的三用阀进行表面处理,可大大提高耐蚀性,提高使用寿命,带来巨大的经济效益。

1.6.3 非晶态合金的其他应用

焊接在金属工件加工过程中往往是不可缺少的工序,许多工件的质量直接取决于是否可焊及焊接质量的高低。比如,涡轮发动机叶片的钎焊,常用的是粉末态焊料,是将该料调成胶状敷于待焊处再进行钎焊。现在国内用急冷法可以很容易地生产出镍基非晶态钎焊料履带(Ni-Cr-Fe-Si-B),它作为 1 050 ~ 1 100 ℃ 的高温钎焊料,用于涡轮发动机叶片、高温合金、不锈钢等材料的钎焊。钎焊接头在室温下平均强度可达 500 MPa,在 600 ℃ 下平均强度可达 370 MPa。

此外,非晶态合金在制作非晶态薄膜,以及在安全剃须刀片上的应用也极为广泛,采用非晶态合金的钓竿也已经面世,非晶态材料被广泛应用于电子、航空、航天、机械、微电子等众多领域中。例如,用于航空、航天领域,可以减轻电源、设备质量,增加有效电荷;用于民用电力、电子设备,可大大缩小电源体积,提高效率,增强抗干扰能力。微型铁芯可大量应用于综合业务数字网 ISDN 中的变压器。图 1.29 所示是超弹性工艺制备的块状非晶态合金齿轮。

图 1.29 超弹性工艺制备的块状非晶态合金齿轮

1.7 非晶态合金的研究现状

非晶态合金提供了系统研究无序合金在整个成分范围内的"单相"状态下电子结构的机会,而不必过分担心化学计量学,并提供了系统研究伴随结晶度的一些其他冶金问题的机会。如同晶态合金一样,非晶态合金也应用到了相关领域,从超导体、半导体行为甚至到绝缘体行为。大部分的晶态固体的特性都是根据以晶态周期性为基础的理论进行解释的,对于无序状态来说还没有得到这样的基本理论,这对非晶态合金特性的解释提出了特殊的挑战。

近年来,非晶态合金的研究主要集中在以下几个方面:①非晶态合金的非晶形成能力和探索新的非晶态合金体系;②玻璃转变,这一难题现在还没有得到很好的解决;③非晶态合金的晶化过程的热力学和动力学行为;④非晶态合金的力学性能(压缩、拉伸、断裂)、物理性质(热、电、磁)、化学性能(腐蚀性能、储能性能)等;⑤非晶态合金在通常环境和各种极端环境(极低温、极高压、微重力等)物理化学性质相变行为;⑥非晶态合金的应用研究。

对于非晶态合金的研究,一方面要发展一些新的实验技术,使其能大规模地生产;另一方面要从理论上揭示非晶化的机理。目前,用不同的方法制备出的非晶态合金的成分范围是不同的。对同一合金系,有的制备方法能得到非晶态合金,有的方法却得不到非晶态合金。同一制备方法,其合金非晶化的成分范围与加工工艺联系紧密,但这一关系尚不够清晰,如果这些问题能够解决,既有助于理解非晶态合金形成的机制,又有助于该领域实验技术的突破。

第2章 磁性材料

2.1 磁性材料的发展概况

  磁性材料是应用广泛、品类繁多、与时俱进的一类功能材料,人们对物质磁性的认识源远流长。早在公元前几世纪,人类就发现自然界中存在天然磁体,磁性(Magnetism)一词就因盛产天然磁石的 Magnesia 地区而得名。

  磁性材料的进展大致分为以下几个历史阶段:当人类进入铁器时代,除表征生产力的进步外,还意味着金属磁性材料的开端,直到18世纪金属镍、钴相继被提炼成功,这一漫长的历史时期是3d过渡族金属磁性材料生产与原始应用的阶段。20世纪初期(1900~1932年),FeSi、FeNi、FeCoNi磁性合金人工制备成功,并广泛地应用于电力工业、电机工业等行业,成为3d过渡族金属磁性材料的鼎盛时期,从此以后电与磁有了不解之缘。20世纪50年代开始,3d过渡族的磁性氧化物(铁氧体)逐步进入生产旺期,由于铁氧体具有高电阻率、高频损耗低的特点,从而为当时兴起的无线电、雷达等工业的发展提供了所必需的磁性材料,标志着磁性材料进入到铁氧体的历史阶段。1967年,SmCo合金问世,这是磁性材料进入稀土-3d过渡族化合物领域的历史性开端。1983年,高磁能积的NdFeB稀土永磁材料研制成功,现已誉为当代永磁王。$TbFe_2$ 巨磁致收缩材料与稀土磁光材料的问世更丰富了稀土-3d过渡族化合物磁性材料的内涵。1972年的非晶磁性材料与1988年的纳米微晶材料的出现,更增添了磁性材料的新风采。1988年,磁电阻效应的发现揭开了自旋电子学的序幕。因此,从20世纪后期至今,磁性材料进入了前所未有的兴旺发达时期,并融入信息行业,成为信息时代重要的基础性材料之一。

2.2 磁性材料的基本原理

2.2.1 磁性的基本概念

1. 磁矩

  "磁"来源于"电"。由物理学可知,一个环形电流周围的磁场,如一条形磁铁的磁场,其方向符合右螺旋法则,如图2.1所示。磁矩定义为

$$M = I \cdot S \cdot n \tag{2.1}$$

式中 M——载流线圈的磁矩;

   n——线圈平面的法线方向上的单位矢量;

   S——线圈的面积;

   I——线圈通过的电流。

在磁性材料中存在磁矩,磁矩可以看作由北极和南极组成的小磁棒,其方向由南指北。磁矩在磁场中受到磁场对它的力矩作用时,将沿磁场方向取向,以降低系统的静磁能。

2. 磁场强度、磁感应强度、磁化强度及其关系

磁场强度 H:如果磁场是由长度为 l,电流为 I 的圆柱状线圈(N 匝)产生的(图2.2),则磁场强度不考虑介质特性,仅考虑由电流决定的磁场,则

$$H = \frac{NI}{l} \tag{2.2}$$

式中 H——磁场强度,A/m。

磁感应强度 B:表示材料在外磁场 H 的作用下在材料内部的磁通量密度,磁感应强度是考虑介质特性,由介质和电流共同决定的磁场。B 的单位为 Wb/m^2。

B 和 H 都是磁场向量,不仅有大小,而且有方向。

磁场强度和磁感应强度的关系为

图 2.1 磁矩示意图

$$B = \mu H \tag{2.3}$$

式中 μ——磁导率,是材料的特性常数,表示材料在单位磁场强度的外磁场作用下,材料内部的磁通量密度(图2.2(b)),H/m。

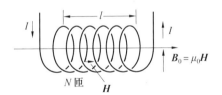

(a) 在真空中产生的磁感应强度

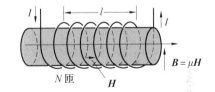

(b) 在固体介质中产生的磁感应强度

图 2.2 通电线圈产生的磁感应强度

在真空中(图2.2(a)),磁感应强度为

$$B_0 = \mu_0 H \tag{2.4}$$

式中 μ_0——真空磁导率,普适常数,其值为 $4\pi \times 10^{-7}$ H/m。

描述固体材料磁性的参数有相对磁导率 μ_r、磁化强度 M 和磁化率 χ,其定义如下。

① 相对磁导率 μ_r(无量纲参数)是材料的磁导率 μ 与真空磁导率 μ_0 之比,即

$$\mu_r = \frac{\mu}{\mu_0} \tag{2.5}$$

② 单位体积的磁矩称为磁化强度,用 M 表示,即 M 为在外磁场 H 的作用下,材料中因磁矩沿外场方向排列而使磁场强化的量度。M 的大小与外磁场强度成正比,即

$$M = \chi H \tag{2.6}$$

式中 χ——磁化率,无量纲参数。

③ 任何物质在外磁场作用下,都会产生极化,并有

$$B = \mu_0 H + \mu_0 M \tag{2.7}$$

磁化率χ与相对磁导率之间的关系为

$$B=\mu H = \mu_0 H+\mu_0 M = \mu_0 H+\mu_0\chi H=\mu_0(1+\chi) H$$

$$\mu/\mu_0=\mu_r=1+\chi$$

$$\chi=\mu_r-1 \tag{2.8}$$

上述磁学量的单位,目前经常用国际单位制(SI)和高斯单位制(CGS)两种,容易引起混淆,为此在表2.1中列出了两种单位制中部分磁学量的换算关系。

表 2.1　两种单位制的换算关系

磁学量	国际单位制	高斯单位制	换算关系
磁场强度 H	安/米（A/m）	奥斯特（Oe）	$1\ A/m=4\pi\times10^{-3}Oe$
磁化强度 M	安/米（A/m）	高　斯（Gs）	$1\ A/m=10^{-3}Gs$
磁感应强度 B	特斯拉（T）	高　斯（Gs）	$1\ T=10^{4}Gs$
磁化率 χ	无量纲	无量纲	$\chi_{国际}=4\pi\chi_{高斯}$
磁导率 μ	亨［利］/米（H/m）	无量纲	$\mu_{国际}=10^{7}(4\pi)^{-1}\mu_{高斯}$

2.2.2　磁矩的起源

材料的宏观磁性来源于原子磁矩。原子中每个电子都具有磁矩。产生磁矩的原因有两个:①电子围绕原子核的轨道运动,产生一个非常小的磁场,形成一个沿旋转轴方向的轨道磁矩;②每个电子本身自旋运动,产生一个沿自旋轴方向的自旋磁矩(图2.3)。自旋磁矩有两个方向,一个向上,一个向下。因此,可以将原子中每个电子都看作是一个小磁体,它具有永久的轨道磁矩和自旋磁矩。

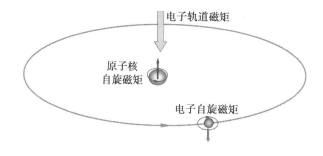

图 2.3　原子磁矩的起源

根据磁矩的定义得出的磁矩可用μ_B表示,这个最小的磁矩称为玻尔(Bohr)磁子。计算磁矩的公式为

$$\mu_B=\frac{eh}{4\pi m} \tag{2.9}$$

式中　e——电子电量;

$\quad\quad h$——普朗克常量;

$\quad\quad m$——电子质量。

μ_B的数值为$9.27\times10^{-24}\ A\cdot m^2$。量子力学证明原子中每个电子的自旋磁矩为

$$\mu_s = 2\sqrt{s(s+1)}\mu_B \tag{2.10}$$

式中 s——自旋量子数,它仅能取 1/2。

自旋磁矩在磁场中的投影值为 $+\mu_B$ 或 $-\mu_B$("+"号为自旋向上,"-"号为自旋向下)。轨道磁矩的大小为

$$\mu_l = \sqrt{l(1+l)}\mu_B \tag{2.11}$$

式中 l——角量子数。

因为原子核比电子重 1 000 多倍,运动速度仅为电子速度的几千分之一,所以原子核的自旋磁矩仅为电子自旋磁矩的千分之几,因而可以忽略不计。

2.3 物质的磁性分类

物质的磁性是源自于构成该物质的所有原子磁矩的叠加。由于电子的循轨运动和自旋运动存在于一切物质中,所以严格说来,一切物质都是磁性体(也称为磁质),只是其磁场的磁化方向和强度因物质不同而显示出很大差别而已。

所有物质不论处于什么状态都显示或强或弱的磁性。根据物质磁化率大小,可以把物质的磁性大致分为 5 类。根据各类磁体其磁化强度与磁场强度的关系,可做出其磁化曲线。图 2.4 为 5 类磁体的磁化曲线。

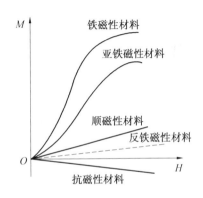

图 2.4 5 类磁体的磁化曲线

2.3.1 抗磁体

抗磁质的磁化场与外场方向相反,因此具有负的磁化率,一般为 $10^{-5} \sim 10^{-6}$。抗磁性的产生是由于在外磁场作用下,原子内的电子轨道绕磁场方向运动,获得附加的角速度和微观环形电流,从而产生与外磁场方向相反的感生磁矩。原子磁矩叠加的结果,使宏观物质产生与外场方向相反的磁矩。属于此类的物质有 C、Au、Ag、Cu、Zn、Pb 等。图 2.5 为抗磁性材料在无磁场和有磁场条件的磁矩变化情况。

磁化率 χ 为甚小的负数,大约为 10^{-6} 数量级。它们在磁场中受微弱斥力。金属中约有一半简单金属是抗磁体。根据 χ 与温度的关系,抗磁体又分为:①"经典"抗磁体,它的 χ 不随温度变化,如铜、银、金、汞、锌等;②反常抗磁体,它的 χ 随温度变化,且其大小是前者的 10 ~ 100 倍,如铋、镓、锑、锡、铟、铜–锆合金中的 χ 相等。

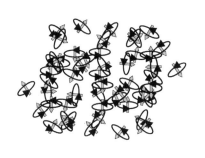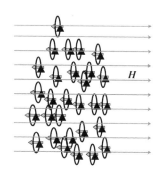

图2.5　抗磁性材料在无磁场和有磁场条件的磁矩变化

2.3.2　顺磁体

顺磁性是指磁质被磁化后,磁化场方向与外场方向相同。顺磁性的起因是由于电子的轨道运动或自旋产生原子磁矩或分子磁矩,在外加磁场作用下,沿外场方向平行排列,使磁质沿外场方向产生一定强度的附加磁场。顺磁性是一种弱磁性,多用于磁量子放大器和光量子放大器,在工程上的应用极少。顺磁性物质主要包括 Mo、Al、Pt、Sn 等。顺磁体的磁化率 χ 为正值,为 $10^{-3} \sim 10^{-6}$,在磁场中受微弱吸力。图2.6 为顺磁性材料在无磁场和有磁场条件的磁矩变化示意图。

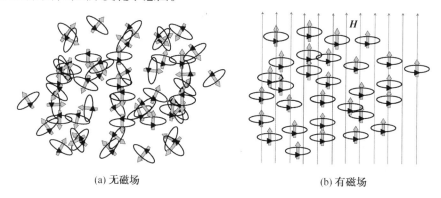

(a) 无磁场　　　　　　　　　　　　　　(b) 有磁场

图2.6　顺磁性材料在无磁场和有磁场条件的磁矩变化

2.3.3　铁磁体

铁磁性物质主要为 Fe、Ni、Co 和一些稀土元素在足够低的温度下甚至在没有外场时,由于原子间的交换作用使原子磁矩发生有序的排列,即产生所谓的自发磁化,这种自发磁化的特性称为铁磁性。铁磁质的磁化率为 $1 \sim 10^4$。3d 金属元素如 Fe、Ni、Co 的自发磁化源于 3d 电子之间的交换作用。4f 稀土元素的自发磁化则源于 4f 电子的间接交换作用,即通过 4f 电子与 6s 电子的交换作用使 6s 电子极化,而极化的 6s 电子的自旋将 4f 电子的自旋与相邻原子的 4f 电子自旋间接地耦合起来,从而产生自发磁化。在热力学温度0 K 时,铁磁质中原子磁矩都平行排列。

如图2.7 所示,铁磁物质内部存在很强的"分子场",在"分子场"的作用下,原子磁矩趋于同向平行排列,即自发磁化至饱和,称为自发磁化;铁磁体自发磁化分成若干个小区域(这种自发磁化至饱和的小区域称为磁畴),由于各个区域(磁畴)的磁化方向各不相同,其磁性彼此相互抵消,所以大块铁磁体对外不显示磁性。在较弱的磁场作用下,就能产生很大的磁化强度,χ 是很大的正数,且与外磁场呈非线性关系变化。

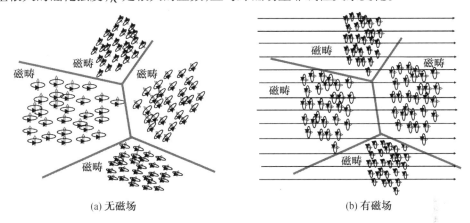

(a) 无磁场   (b) 有磁场

图 2.7 铁磁性材料在无和有磁场条件的磁矩变化

2.3.4 亚铁磁性与反铁磁性

还有一类磁质,其原子磁矩也为有序排列,但相邻的原子磁矩彼此反向平行排列,使得总磁矩为零,这种物质被称为反铁磁质。

亚铁磁性是它的一个变种,它是在当反平行的原子磁矩数值不相等时,还残存暂时磁性。铁氧体是一种典型的亚铁磁性物质。

2.4 磁性材料的基本性质

1. 磁畴和畴壁

在磁性材料中,由于电子的交换作用,要求原子磁矩平行排列,以使交换作用能最低。但大量原子磁矩的平行排列增大了体系的退磁能,因而使一定区域内的原子磁矩取反平行排列,出现了两个取向相反的自发磁化区域。由此形成的每个磁矩取向一致的自发磁化区域就称为一个磁畴。图 2.8 为(001)面Fe 的磁畴显微图像。

在磁化方向不同的两个相邻畴的交界处,存在一个原子磁矩方向逐渐转变的过渡层,这个过渡层称为布洛赫(Bloch)磁畴壁,

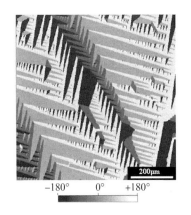

−180°   0°   +180°

图 2.8 (001)面 Fe 的磁畴显微图像

过渡层的厚度称为畴壁厚度。当畴壁两侧的原子磁矩的旋转平面与畴壁平面平行,两个

磁畴的磁化方向相差 180°,这种畴壁称为 180°布洛赫壁,如图 2.9(a)所示。对于厚度相当于一个磁畴尺度的薄膜材料,在膜厚方向只有一个磁畴,其磁化方向平行于膜的表面,畴壁将在薄膜的两个表面形成自由磁极和在膜内形成很大的退磁能,此时的畴壁称为奈耳(Neel)壁,如图 2.9(b)所示。畴壁内原子磁矩的旋转平面平行于薄膜表面。

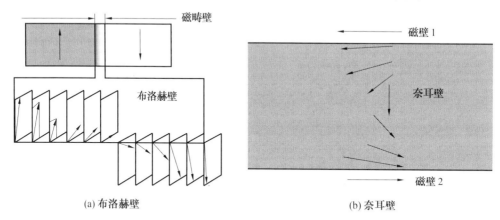

(a) 布洛赫壁　　　　　　　　　　　　(b) 奈耳壁

图 2.9　磁畴壁

2. 磁各向异性

磁性材料在不同方向上具有不同磁性能的特性称为磁各向异性。根据其来源不同,可将它分为磁晶各向异性、形状各向异性、感生各向异性和应力各向异性等。单晶体的磁各向异性称为磁晶各向异性。以 Fe、Ni、Co 为例,它们的晶体结构分别为体心立方(bcc)、面心立方(fcc)和密排六方(hcp),它们的易磁化方向分别为[100]、[111] 和[0001];难磁化方向分别为[111]、[100]和[1010],如图 2.10 所示。

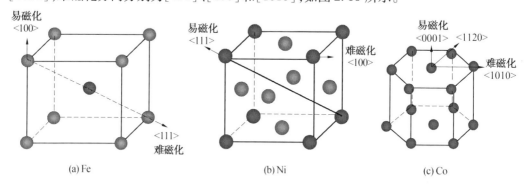

(a) Fe　　　　　　　　　(b) Ni　　　　　　　　(c) Co

图 2.10　各种晶型磁性材料的易磁化和难磁化

晶体未受外场作用时,原子磁矩沿晶体的易磁化方向排列。在外场作用下,原子磁矩发生偏转,趋于沿外磁场方向排列。原子磁矩偏转所产生的晶体内能,称为磁晶各向异性能。

由于磁性颗粒在不同轴向上尺度的差异引起的磁各向异性,称为形状各向异性。一般情况下,颗粒的长轴方向为易磁化方向,短轴方向为难磁化方向。

通过磁场热处理,即在居里温度以上通过居里温度的冷却过程中,在某个方向上施加强度足够大的外磁场,可使作用于材料的外磁场方向成为易磁化方向。磁性材料因此而获得的各向异性称为感生单轴各向异性。通过磁场热处理,使材料获得感生单轴各向异性,确保高磁导材料获得高磁导率,恒磁导材料获得恒定磁导率,矩磁材料获得高矩磁比和永磁材料获得高磁能积的重要手段。磁场热处理通常只适用于居里温度较高,且此温度下离子和空穴仍保持一定扩散能力的材料。

3. 磁致伸缩

磁性材料在磁化过程中发生沿磁化方向伸长(或缩短),在垂直磁化方向上缩短(或伸长)的现象,称为磁致伸缩。它是一种可逆的弹性变形。材料磁致伸缩的相对大小用磁致伸缩系数 λ 表示,即

$$\lambda = \Delta l / l \tag{2.12}$$

式中 $\Delta l, l$——沿磁场方向的绝对伸长与原长。

在发生缩短的情况下,Δl 为负值,因而 λ 也为负值。当磁场强度足够高,磁致伸缩趋于稳定时,磁致伸缩系数 λ 称为饱和磁致伸缩系数,用 λ_s 表示。对于 3d 金属及合金,λ_s 为 $10^{-5} \sim 10^{-6}$。

4. 磁化曲线及磁滞回线

处于热退磁状态下的各向同性多晶试样在单调缓慢上升的磁化场作用下,磁化强度 M 随外磁场 H 的增加而逐渐增加,在这一反映磁化过程中磁化强度与磁场强度关系的曲线称为磁化曲线。

如图 2.11 所示,磁化曲线的变化分为 4 个阶段,它反映了试样磁化的 4 个过程:① a 阶段,由 O 到 A,可逆畴壁移动过程,M 随 H 呈线性地缓慢增长;② b 阶段,由 A 到 B,不可逆畴壁移动过程,M 随 H 急剧增长,畴壁移动出现不可逆的巴克豪森(Barkhausen)跳跃;③ c 阶段,由 B 到 C,可逆转动过程,M 的增长趋于缓慢,此时磁畴的磁化矢量已转到最接近 H 方向的晶体易磁化方向上,M 继续增长主要依靠可逆转动过程来实现;④ d 阶段,由 C 到 D,趋于饱和过程,磁化曲线几乎趋近于水平线而达到饱和状态。

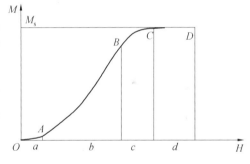

图 2.11　磁化曲线

如图 2.12 所示,若 H 由使试样饱和磁化的 H_s 值减少,则 M 将图 2.12 中不同于原始磁化曲线的另一条曲线下降,当 H 降至零时,试样仍保持一定的剩余磁化强度 M_r。当 H 在反方向增强到一定值 $-H_c$ 时,M 降至零。继续在反方向上将 H 增强到 $-H_s$,M 在反方向上达到绝对值与 M_s 相等的 $-M_s$。将 H 值由 $-H_s$ 重新升至 H_s,M 值也重新达到 M_s。如

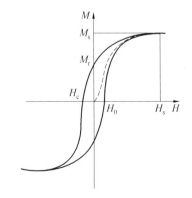

图 2.12　饱和磁滞回线

此循环磁化一周便得到图 2.12 中的磁滞回线。由 M_s 变化到 $-M_s$ 的磁化过程,称为反磁化过程,此过程所对应的 $M(B)-H$ 曲线称为反磁化曲线。对于同一个试样,图 2.12 中的回线是对应于试样饱和磁化状态的饱和磁滞回线。如果在 $0 \sim H_s$ 范围内选取不同磁场强度对试样进行循环磁化,则得到图 2.12 所示的一组磁滞回线。

5. 温度对材料磁性的影响

对于顺磁性材料,顺磁性可分为 3 个主要类型:①朗之万(Langevin)顺磁性:磁化率服从居里(Curie)定律,即磁化率 χ 与温度成反比,即 $\chi = C/T$,符合这样的磁性材料称为正常顺磁体。金属铂、钯、奥氏体不锈钢、稀土金属等属于此类。②泡利(Pauli)顺磁性:磁化率在几百摄氏度范围内实际上与温度无关,服从居里–外斯(Curie–Weiss)定律,即磁化率 $\chi = C/(T - T_c)$,如锂、钠、钾、铷等金属。③超顺磁性:在常态下为铁磁性的物质,当粒子尺寸极细小时,呈现朗之万顺磁性。图 2.13 为磁性材料磁化率与温度的关系曲线。

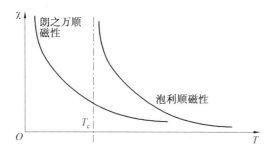

图 2.13 磁性材料磁化率与温度的关系曲线

铁磁性材料磁矩的有序排列随着温度升高而被破坏,有序全部被破坏,整个系统变成顺磁性。磁质由铁磁性转为顺磁性的温度称为居里温度或称居里点,用 T_c 表示。T_c 是材料的 $M-T$ 曲线上对 $M_s^2 \to 0$ 对应的温度,T_c 是磁性材料的重要参数。高 T_c 的材料具有高的温度稳定性,适合在更高的工作温度下使用。

2.5 磁性材料的分类及其制备

2.5.1 磁性材料的分类

磁性材料通常根据矫顽力的大小进行分类,矫顽力小于 100 A/m(1.25 Oe)称为软磁材料;矫顽力介于 $100 \sim 1\,000$ A/m(1.25 $\sim$ 12.5 Oe)称为半硬磁材料;矫顽力大于 1 000 A/m(12.5 Oe)称为硬(永)磁材料,如图 2.14 所示。

在磁性材料矫顽力的基础上,磁性材料根据材料体系划分为:永磁性材料,分为金属永磁体、铁氧体永磁体、其他永磁体等;软磁性材料,分为铁氧体软磁性材料、金属软磁性材料、金属磁粉芯材料、非晶体软磁性材料和纳米软磁性材料等。

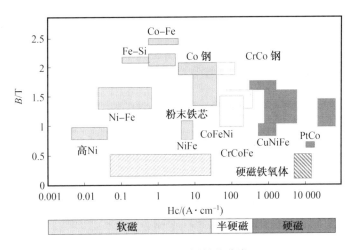

图 2.14　磁性材料的分类

2.5.2　软磁材料的制备

1.金属软磁性材料

（1）铁(磁)芯材料

铁(磁)芯材料的制备,如工业纯铁、电工硅钢片、非晶态软磁合金等材料。工业应用的电工纯铁最常见的是电磁纯铁,名称为电铁(代号 DT),其供应状态包括锻材、管材、圆棒、薄片或薄带等。纯铁材料在加工成元件后必须经过热处理才能获得好的软磁性能。电磁纯铁的热处理主要包括去应力退火、去除杂质和人工时效。电工纯铁去应力退火的目的是消除加工应力,其基本工艺是将元件加热到 $60 \sim 930$ ℃,保温 4 h 后随炉冷却。为防止材料氧化,退火处理一般在通入干燥氢气的密封退火炉中进行。纯铁的磁导率和矫顽力对杂质十分敏感,即使添入微量的 C、Mn、P、S、N 等,也将显著降低材料的磁导率和矫顽力。

（2）电工硅钢片

电工硅钢片主要包括热轧硅钢片、冷轧无取向硅钢片、冷轧单取向硅钢片和电信用冷轧单取向硅钢片等几大类。

热轧硅钢片是将 Fe-Si 合金平炉或电炉熔融,进行反复热轧成薄板,最后在 $800 \sim 850$ ℃退火后制成。轧硅钢片可分为低硅($w(\mathrm{Si}) \leqslant 2.8\%$)和高硅($w(\mathrm{Si}) > 2.8\%$)两类。其中低硅钢片具有高的 B_s 和力学性能,厚度一般为 0.5 mm,主要用于发电机制造,所以又称为热轧电机硅钢片。高硅钢片具有高磁导率和低损耗,一般厚为 0.35 mm,主要用于变压器制造,所以又称为热轧变压器硅钢片。

冷轧无取向硅钢片主要用于发电机制造,故又称冷风电机硅钢片。其 $w(\mathrm{Si}) = 0.5\% \sim 3.0\%$,经冷轧至成品厚度,供应态为 0.35 mm 和 0.5 mm 厚的钢带。在冷轧单取向硅钢带中,晶粒整齐一致地排列成高斯(GOSS)织构,如图 2.15 所示,晶体的(110)面与轧制平面平行,易磁化的[001]轴在轧制方向上。垂直于轧制方向的是难磁化的[110]轴。最难磁化的[111]轴与轧制方向成 54.79°。冷轧硅钢 Si 的质量分数为 2.5% ~ 3.5%。

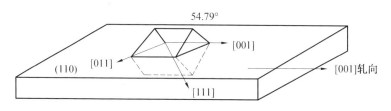

图 2.15　冷轧单取向硅钢的晶粒取向

习惯上将含 $w(\mathrm{Ni})=35\%\sim80\%$ 的 Fe-Ni 合金称为坡莫合金。坡莫合金在弱场下具有很高的初始磁导率和最大磁导率,有较高的电阻率。坡莫合金的成分位于超结构相 $\mathrm{Ni_3Fe}$ 附近,合金在 600 ℃ 以下的冷却过程中发生明显的有序化转变。为获得最佳磁性能,必须适当控制合金的有序化转变。因此,坡莫合金退火处理时,经 1 200～1 300 ℃ 保温 3 h 并缓冷至 600 ℃ 后必须急冷。坡莫合金易于加工,可轧制成极薄带。

（3）金属磁粉芯材料

金属磁粉芯是由金属磁性粉粒,经表面绝缘包覆,与绝缘介质（有机或无机）类黏合剂混合压制而成的一种软磁材料。由于金属磁性粉粒很小,又被非磁性绝缘膜物质隔开,因此,一方面可以隔绝涡流,材料适用于较高频率,另外一方面由于颗粒之间的间隙效应,导致材料具有低磁导率及磁特性。同时磁粉芯内有天然的气隙分布特性,极其适合储能性电感的使用。又由于磁性粉末颗粒尺寸小,基本上不会发生集肤效应,磁导率随频率的变化也就较为稳定。磁粉芯的磁电性能主要取决于粉粒材料的磁导率、颗粒大小和形状、填充率、绝缘介质的含量、成型压力及热处理工艺等。在高频条件下使用的磁芯,其磁化性质与静态磁化不同,随着频率的提高,损耗问题渐趋重要。其中磁致损耗与频率成正比,涡流损耗与频率的平方成正比,因此必须首先考虑涡流损耗。铁粉芯材料包括羰基铁粉、Mo-Ni-Fe 合金粉、Fe-Al-Si 合金粉等。在高温高压下,使 Fe 和 Co 发生反应,可以制成羰基铁 $\mathrm{Fe_2(CO)_5}$,然后在 350 ℃ 使其分解,可以得到尺寸均匀的球状纯铁颗粒;混以适当的绝缘剂并压制成型,可作相对初始磁导率为 5～20 的高频低磁导率的铁芯使用。

（4）非晶态、微晶和纳米晶软磁材料

制备非晶态软磁材料的方法很多,基本方法是采用熔体急冷法制备出,具体制备方法可在本书的非晶态合金的章节中查阅。

2.5.3　永磁材料的制备

永磁材料的制备方法主要包括铸造法、粉末冶金（烧结）法和黏结法。铸造法具有生产工艺简单和产品性能高等特点,主要用于铝镍钴磁体和铁铬钴磁体的生产,某些稀土永磁体也采用铸造法进行生产。各向同性铸造磁体的生产一般采用砂型浇注,可制备出体积较小而且形状复杂的磁体。其突出特点是:生产工艺简单,效率高,原材料成本低,价格低廉。但由于性能差,目前已较少生产和使用。用定向凝固技术可使晶粒沿易磁化方向生长,形成结晶织构,并结合磁场热处理制备出具有双重织构效应的高性能各向异性磁体。这种具有双重织构的合金可最大限度地提高合金性能,是铸造铝镍钴合金中的高档产品。铸造法的缺点是:当磁体尺寸小且形状复杂时,易于产生各种铸造缺陷,产品合格率低;而且消耗于浇道的合金质量远大于铸件的质量,造成合金的浪费。而当磁体过大时,由于热处理过程中难以保证磁体各部分都达到必要的冷却速率,从而导致性能下降。

烧结磁体的制备过程包括合金熔炼、制粉、粉末磁场取向与成形、烧结、热处理、磁体加工等主要工序。合金一般采用真空熔炼,并用水冷锭模浇注以防止成分偏析。制粉工艺包括铸锭破碎和磨粉两个步骤。磨粉可以采用球磨和气流磨方法进行,粉末粒度大小要保证使每个颗粒皆为单晶体(单畴粒子),一般来说,铁氧体为 $1\ \mu m$,$SmCo_5$ 为 $5\sim10\ \mu m$,NdFeB 为 $3\sim5\ \mu m$。图 2.16 所示为 NdFeB 晶型结构示意图。将粉末置于磁场中进行取向与压制成形,磁场取向的方法有两种:一种是磁场方向与压制方向平行,称为平行取向;另一种是磁场方向与压制方向垂直,称为垂直取向。垂直取向有利于提高磁体的取向因子。烧结磁体通过烧结过程中取向的

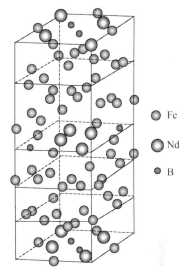

　　　Fe
　　　Nd
　　　B

图 2.16　Nd-Fe-B 晶型结构

形成,显著提高了磁体的性能。磁体烧结后的热处理包括烧后处理和时效处理。烧后处理过程中合金不发生相变,仅改变晶界状态,主要适用于基体相为单相的合金。时效处理主要是通过相变提高合金的磁性能。烧结法在小而薄、形状复杂的磁体的制备方面优于铸造法,对于质量小于 15 g 的磁体用烧结法比铸造法更为经济。烧结磁体的不足之处在于硬度高、脆性大,难以进行机械加工。图 2.17 为 Nd-Fe-B 磁体烧结制备过程的流程图。

将磁粉与树脂、塑料或低熔点合金等黏结剂均匀混合,进行压制、挤出或注射成型,可制成黏结磁体。黏结磁体具有尺寸精度高、形状自由度大、机械强度好以及易于批量生产等特点,成为近年来发展最快的永磁体,应用领域不断扩大。黏结磁体的制备过程主要包括磁粉制备与黏结剂配制,黏结剂与磁粉混合,成型(压制、注射等)、固化等工序。通过在成型过程中施加取向磁场,可制成各向异性黏结磁体。黏结磁体的磁性能,首先取决于磁粉的性能,其次是磁体的相对密度。黏结磁体的力学性能则主要取决于黏结剂的性质与黏结工艺。黏结铁氧体永磁体是黏结磁体中产量最大的一种,占永磁材料总产量的 8% ~ 10%。而近年来出现的黏结稀土永磁体,尤其是 Nd-Fe-B 磁体,由于其优异的磁性而成为产量增长最快的永磁体。

黏结 Nd-Fe-B 磁体所用的高性能磁粉,可以用熔体急冷(RQ)、氢化(HD-DR)、机械合金化(MA)等方法制备,其中 RQ 法制备的磁粉具有最佳的磁性。目前研制的纳米复合磁体中最具代表性的包括 NdFeB/α-Fe 和 SmFeN/α-Fe 磁体,磁粉制备技术主要包括 RQ 法和 MA 法。

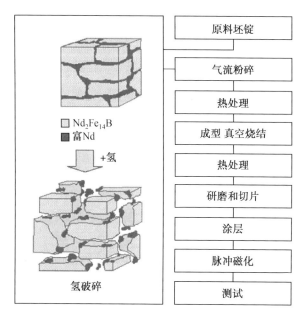

图 2.17 Nd–Fe–B 磁体制备过程的流程图

2.5.4 磁泡材料的制备

磁泡是指某些磁性材料薄膜的性能和尺寸满足一定的条件时,在适当的偏磁场 H 作用下,其反磁化畴变直径为 $1 \sim 100~\mu m$ 的圆柱形磁畴,在偏振光显微镜下观察,这些圆柱畴在薄膜表面好像浮着一群圆泡,故称为磁泡,简言之,磁泡就是在垂直薄膜平面的外磁场作用下,能产生圆柱形磁畴的薄膜材料。利用这些圆柱形磁泡可凭借一定的脉冲或旋转磁场和磁路使磁泡产生、传输和消失。这种在特定的位置产生或消失的状态正好对应"0"或"1",并能快速位移,速度可达 10 m/s 以上。可利用磁泡进行存储、记录和逻辑运算等。图 2.18 为圆柱形磁泡示意图。

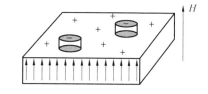

图 2.18 圆柱形磁泡示意图

磁泡材料薄膜的制备主要采用外延生长法,即将具有与待制磁泡材料相同或相近晶体构造和晶格常数的单晶基片,置于含有待制磁泡材料组分的熔体或溶液中,在一定条件下,磁泡材料沉积在基片上,形成具有一定晶面的磁泡材料薄膜。

2.6 磁性材料的应用

2.6.1 永磁材料的应用

工业应用的永磁材料主要包括 5 个系列:铝镍钴系永磁合金、永磁铁氧体、铁铬钴系永磁合金、稀土永磁材料和复合黏结永磁材料。其中铝镍钴系永磁合金以高剩磁与低温度系数为主要特征,最大磁能积仅低于稀土永磁。永磁铁氧体的主要特征是高矫顽力和廉价,但剩磁和最大磁能积偏低;由于其高的磁性温度系数不适于精度要求很高的应用场合,而在产量极大的家用电器、音响设备、扬声器、电动机、电话机、笛簧接点元件和转动机械等方面得到普遍应用,是目前产量和产值最高的永磁材料。图2.19 为烧结制备的Nd-Fe-B磁体。

图 2.19　烧结制备的 Nd-Fe-B 磁体

2.6.2　软磁材料的应用

软磁材料主要用于制造发电机、电动机、变压器、电磁铁、各类继电器与电感、电抗器的铁芯、磁头与磁记录介质、计算机磁芯等,是电动机、电子工程、家用电器、计算机领域软磁材料的重要材料。

铁磁性材料主要用于制造变压器、电机与继电器的铁(磁)芯。铁芯的工作特性要求材料具有低的矫顽力、高的磁导率和低的铁损。因此制造铁芯的材料主要选用高磁饱和材料,如工业纯铁、电工硅钢片、非晶态软磁合金和铁钴合金;中磁饱和中导磁材料,高导磁材料如坡莫合金等;恒磁导率材料;以及铁粉心型材料与氧化物粉心材料等。

热轧硅钢片可分为低硅($w(\mathrm{Si}) \leqslant 2.8\%$)和高硅($w(\mathrm{Si}) > 2.8\%$)两类。其中低硅钢片具有高的饱和磁感应强度和力学性能,主要用于发电机制造,所以又称为热轧电机硅钢片。高硅钢片具有高的磁导率和低的损耗,主要用于变压器制造,所以又称热轧变压器硅钢片。冷轧无取向硅钢片主要用于发电机制造,故又称为冷风电机硅钢,其中硅的质量分数为 $0.5\% \sim 3.0\%$。冷轧硅钢的饱和磁感应强度,高于取向硅钢,与热轧硅钢相比,其厚度均匀,尺寸精度高,表面光滑完整,从而提高了填充率和材料的磁性能。

Fe-Ni 合金也称为坡莫合金(Permalloy),主要用于制作小功率变压器、微电机、继电器、扼流圈和电磁离合器的铁芯,以及磁屏蔽罩、话筒振动膜等。

2.6.3　磁流体的应用

磁流体,又称为磁性液体、铁磁流体或磁液,是一种新型的功能材料,它既具有液体的流动性,又具有固体磁性材料的磁性。在连动系统机械中,为了控制机械部件的相互连接,通常使用磁性离合器。磁流体是将羰基铁或 Fe_3O_4 磁性粉末分散在矿物油或硅油中的一种材料。当加上磁场时,使磁性粉末磁力线方向上连续排列起来,使表观黏度增高,从而实现百分之百的连接。不加磁场时磁流体材料的黏度应很小,加上磁场时其黏度应明显提高;取消磁场时其剩磁要低,恢复到低黏性的初始状态。图2.20 为磁流体发电示意图。

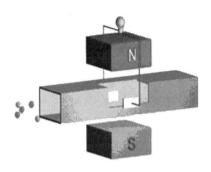

图 2.20　磁流体发电示意图

　　磁流体发电是一种新型的高效发电方式,其定义为当带有磁流体的等离子体横切穿过磁场时,按电磁感应定律,由磁力线切割产生电。在磁流体流经的通道上安装或连接电极和外部负荷时,则可发电。

2.6.4　磁屏蔽材料的应用

　　在一些场合,如小型通信机和电子仪器中,各种线圈或变压器装配位置紧密,必须进行电磁屏蔽。常用的磁屏蔽材料有纯铁、坡莫合金或铁硅铝合金等。为实现对特种电子管或电缆的屏蔽,常把磁屏蔽材料做成极薄的片材。为屏蔽电磁波,要用高电导率的 Cu 与坡莫合金做成复合体。此外,目前还采用非晶态合金作为磁屏蔽材料。图 2.21 为波尔表的磁屏蔽的机芯衬圈。

软铁的机芯衬圈

图 2.21　波尔表的磁屏蔽的机芯衬圈

第3章　导电材料

3.1　导电材料的发展概况

导电材料是指那些具有导电特性的物质,包括电阻材料、电热与电光材料、导电与超导材料、半导体材料、介电材料、离子导体和导电高分子材料等,超导材料将在本书第7章介绍。本章首先介绍固体导电的基本理论,其次介绍一些新型电阻材料、导电与超导材料、半导体材料和非金属导电材料的导电机理、性能及应用。

物质的形状、结构和性能千姿百态、各有所长。就导电性而言,在物质存在的3种状态中,多数液态物质均是导电的,而大多数气体却是不导电的绝缘体。固态物质的导电性则相当复杂,有些固体,如金属,具有优良的导电性,但像普通塑料、木材、橡胶等固体材料则是良好的绝缘体。物质的导电性能通常用电阻率 ρ 来表征,它是材料固有的特征值,与材料的长度 L 成反比,与材料的横截面积 S 和电阻值 R 成正比,即

$$\rho = \frac{RS}{L} \tag{3.1}$$

电流密度为

$$i = \sigma E \tag{3.2}$$

式中　i——金属中的电流密度;

　　　σ——金属的电导率;

　　　E——施加在金属上的电场强度。

因此,材料的电导率 σ 和电阻率 ρ 有倒数关系,即 $\sigma = 1/\rho$。

固态物质导电性能的巨大差异一般都会用电阻率的巨大差异反映出来,要分析出固体中导电性差别的内在原因,首先需要了解金属导电的理论。这些理论的发展经历了经典自由电子论、量子自由电子论和能带理论3个阶段。

3.2　导电材料的导电机理

3.2.1　经典自由电子论

特鲁德(P. Drude)-洛伦兹(H. A. Lorentz)的经典电子论认为:金属是由原子构成的点阵,每个原子的价电子是完全自由的,可以在整个金属中自由运动,就像气体分子能在一个容器内自由运动一样(故把价电子称为"电子");完全自由的价电子遵守经典力学理论,特别是气体分子的运动规律;它们通常沿所有方向运动,但在电场作用下,将逆电场方向运动,使金属产生电流,其中只有电子与原子的碰撞妨碍电子的无限加速。自由电子论

非常成功地导出了欧姆定律,并推导出金属的电导率 ρ 和电阻率 σ 的关系为

$$\sigma = \frac{1}{\rho} = \frac{ne^2 l}{2mv} \tag{3.3}$$

式中　n——自由电子数(即价电子的数量);

　　　l,v——费米面附近电子的平均自由程和平均热运动速度,它们都由金属的能带结构所决定;

　　　e——电子的电荷;

　　　m——电子的质量。

自由电子论能够成功解释欧姆定律,并能推导出焦耳-楞次(Joule-Lenz)定律和解释魏德曼-弗朗兹(Wiedemann-Franz)定律,即证明在一定温度下各种金属的热导率与电导率的比值为一常数。然而,经典电子论并不能解释一些低价金属的导电性比高价金属的导电性好的现象。

但是,由于自由电子论是基于自由电子近似、独立电子近似和弛豫时间近似,它既忽略了两次碰撞之间离子对电子的动力学影响,又忽略了离子本身对物理现象影响的可能性,也没有详细说明离子的碰撞究竟起什么作用,从而导致它存在着严重的缺陷。例如,自由电子理论无法预见直流电导率对温度的依赖关系,也无法预见某些金属的电导率可能是各向异性的,甚至无法说明为什么固体都包含大量的电子,但其导电性却相差如此之大,以至于可分为导体、半导体和绝缘体这样最基本的问题。

为此,人们在自由电子模型的基础上通过考虑晶体势场对电子运动的影响,提出了固体能带理论。

3.2.2　量子自由电子论

量子自由电子理论用量子力学观点研究在金属的大量原子集合体中的价电子分布问题。量子自由电子理论的基本观点是:金属离子所形成的势场各处都是均匀的;价电子是共有化的,它们不束缚于某个原子上,可以在整个金属内自由地运动,电子之间没有相互作用;电子运动服从量子力学原理。量子自由电子理论与经典自由电子理论的主要区别在于电子运动服从量子力学原理。这一理论克服了经典自由电子理论所遇到的一些矛盾,成功地处理了金属中若干物理问题。

由于电子运动既有粒子性又有波的性质,致使电子的运动速度、动量、能量都与普朗克常数相关。微观粒子的某些物理量不能连续变化,而只能取某些最小的单位跳跃,而不是连续的,这个最小单位跳跃称为该物理量的一个量子。电子运动的能量变化是不连续的,是以量子为单位进行变化的,这就是量子自由电子理论的一个基本观点。

3.2.3　能带理论

求解晶体中电子的容许能态的能带模型称为能带理论(Energy Band Theory),能带理论是讨论晶体(包括金属、绝缘体和半导体的晶体)中电子的状态及其运动的一种重要的近似理论。一类能带模型是近自由电子近似,对于金属经典简化假设是将价电子考虑成可在晶体中穿越的自由电子,仅仅受到离子晶格的弱散射和扰动,这种近自由电子近似比

自由电子模型较为接近真实晶体的情况,这种方法就是要承认晶体是由离子点阵构成的事实,并且考虑到离子点阵的周期性,近自由电子近似构成了金属电子传输的理论基础。

所谓能带(Energy Band),是指晶体中电子能量的本征值既不像孤立原子中明显分立的能级,也不像无限空间中自由电子所具有的连续能级,而是由于孤立原子在组成晶体这一系统时,因彼此靠近而发生相互作用,按泡利不相容原理能级从最外层的价电子能级开始分裂,加上原子数目又很大,分裂能级间隔很小,形成了在一定能量范围内的准连续能级或能带。两个能带之间间隔的能量范围称为禁带或能隙。通常,一维晶体中不同能带在能量上是不重叠的,但三维晶体中的不同能带在能量上则不一定分隔开,它们可以发生能带之间的重叠。根据禁带宽度的大小,确定出材料的导电性能的差别而定义出导体、半导体和绝缘体,如图 3.1 所示。

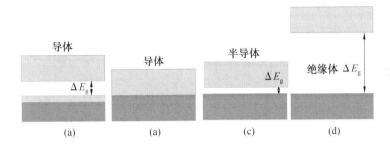

图 3.1　导体、半导体和绝缘体的能带特征

尽管能带理论成功地把固态物质分为导体、半导体和绝缘体,但它还是没有解释晶体产生电阻且电阻率是温度的函数的内在原因。因为按照能带理论,布洛赫(Bloch)波是具有周期性势场的薛定谔(Schröginger)方程的稳态解,电子的状态、电子的平均速度都不会随时间而改变。故在理想晶体中,电子不会受到任何阻力,也不会与周期排列的离子碰撞,电子的平均自由程是无限长,电导率为无限大,只是做了弛豫时间的假设后才得到欧姆定律。这是由于它与自由电子近似和量子自由电子论一样,都以研究电子的运动为主,而假设离子在格点上是固定不动的。

事实上,当温度 $T \neq 0$ K 而给晶格离子提供热能时,由于离子之间的相互作用,热能将迅速分布到整个晶格,如果局部的激发使某个离子在其平衡位置附近做来回振动的热运动,则会导致整个离子系统的集体振动。晶格振动是量子化的,它导致势场偏离周期性。再假如晶体为完整晶体而没有杂质和缺陷,那么在极低温度下,晶体可能会没有电阻而成为理想导体。随着温度的升高,声子数增多,晶格振动对电子的散射增强,电阻明显表现出与温度的依赖关系。当温度在远高于或远低于德拜(Debye)温度 θ_D 时,金属的电阻率 ρ 与温度的关系为

$$\frac{\rho(T)}{\rho(\theta_D)} \propto \begin{cases} \left(\dfrac{T}{\theta_0}\right)^5 & (T \ll \theta_D) \\ \dfrac{T}{\theta_D} & \left(T > \dfrac{3}{2}\theta_D\right) \end{cases} \tag{3.4}$$

3.3 导电材料的分类

固体的电阻(或电导)率和电阻温度系数是材料基本的导电物理性能,而欧姆定律则是研究和测量这些物理性能的基础。通常,人们只是简单地根据固体在室温下所具有的不同电阻率或电导率,把导电功能材料分为导体、半导体和绝缘体,如图3.2所示。其中,导体的电导率 $\sigma = 10^6 \sim 10^8$ S/m,具有良好的导电性能;绝缘体的电导率 $\sigma = 10^{-20} \sim 10$ S/m,导电性能极差;而导电性介于上述两者之间的半导体,则其电导率 $\sigma = 10^{-9} \sim 10^5$ S/m。如果按材料的综合性质、功能与作用则可把导电材料细分为金属导电材料、电阻材料、半导体材料、超导材料、非金属导电材料、高分子导电材料、介电与绝缘材料等。

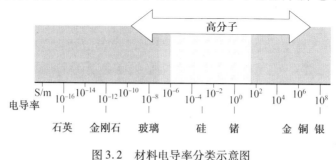

图3.2 材料电导率分类示意图

3.4 金属导电材料

所谓金属导电材料,是指用以传送电流而无或只有很小电能损失的材料,包括电力工业用的电线、电缆等强电用的导电引线材料和电子工业中传送弱电流的导体布线材料、导电涂料、导电黏结剂及透明导电材料。本节主要介绍导电引线材料和布线材料,它们统称为金属导电材料。

3.4.1 金属导体

1.铜导电材料

金属导电引线材料具有高的导电性、足够的机械强度、不易氧化、不易腐蚀、易加工和可焊接等特性,它们以铜、铝及其合金为主,重视材料的阻抗损失。由于材料的电阻率 ρ 是电导率 σ 的倒数,导电引线材料的基本性质常以其固有的特征值——电导率来表征。均匀横截面为 1 mm^2、长 1 m 的国际标准软铜在 20 ℃下的电阻为 1/58 Ω,电阻率为 1.724 1 μΩ·cm,通常将它的电导率定为 100%,而其他导电材料的电导率则以标准软铜电导率的百分数来表示。

当铜料纯度为 99.97% ~99.98%,含少量金属杂质和氧,电导率为 98% ~99% 时称为半硬铜,而电导率为 96% ~98% 时称为硬铜。铜中含有杂质将降低电导率,特别是氧,会使产品性能大大下降。为此,人们研制出性能稳定、抗腐蚀、延展性好、抗疲劳的高导无氧铜 OFHCC(Oxygen-Free High-Conductivity Copper),它可拉成很细的丝,适用于海底同轴电缆的外部软线、太阳能电池、高温抗氧化电极等。

2. 铝导电材料

铝的纯度为 99.6% ~99.8%,电导率为 61%(仅次于 Ag、Cu、Au),相对密度只有铜的 1/3。因此,它可以代替钢导线制成高压配电线,如 160 kV 以上用的钢丝增强铝电缆(Aluminum Cable Steel Reinforced,ACSR)、合金增强铝线(Aluminum Conductor Reinforced,ACAR)和全铝合金导线(All Aluminum Alloy Conductor,AAAC)等。国际上通用的硬铝线(Hard Aluminum,HAl)则主要用于送、配电线,它只能在 90 ℃下连续使用。大容量高压输电导线要在 150 ℃下连续工作,需使用含 Zr 等耐热铝合金 TAl(Temperature-Resistant Aluminum)。而变电所用的母线则要在 200 ℃下连续工作,必须使用超耐热铝合金 STAl(Supper Temperature Resistant Alloy)。

3. 导电布材料

电子工业用的导体布线材料具有膜电阻小(导电性好)、附着力强、可焊性和抗焊熔性好等优点。它们都是 Au、Ag、Cu、Al 等电导率高的材料,有时也使用金属粉和石墨粉与非金属材料混合的复合导电材料,其电阻率通常比强电用材料的电阻率高得多,并有厚膜和薄膜之分。厚膜布线导体又有 Au、Ag、Pt、Pd 等贵金属系和 Cu、Ni、Al、Cr 等贱金属系两种。铂金等贵金属厚膜导体采用导体浆料丝网印刷后烧结而成,它们的膜层致密,附着力强,可用非活性焊剂焊接,抗焊熔性好,丝网印刷性能好,与多种电阻及介质材料兼容等。同贵金属厚膜导体相比,新型的 Cu 等金属厚膜导体具有材料价格低廉、膜电阻小、可焊性和抗焊熔性好、无离子迁移等优点;其缺点是工艺要求较高,老化性能还不如贵金属厚膜导体好。薄膜导体布线材料具有导电性好、附着力强、化学稳定性高、可焊性和耐焊性均好、成本低等特点。薄膜导体布线材料大体上可分为单元膜和复合膜两大类。前者是指用单种金属形成的单层薄膜导体,如 Al 膜,它有良好的导电性,易于成膜,不需其他金属作底层就可获得良好的附着性、可超声焊和热压焊、成本低,薄膜表面容易生成的那层氧化物有利于提高薄膜多层布线时层间的绝缘性;缺点是铝薄膜表面的氧化层给锡焊造成困难,与金属形成的脆性金属化合物造成焊点脱开,抗电迁移能力弱,特别是当电流密度大于 $10^5\,\mathrm{A/cm^2}$ 时,电迁移现象严重到铝原子在阳极堆积形成小丘和晶须,但在阴极附近出现空洞,产生了 Kirkendall 效应,影响焊接可靠性。

4. 导电复合膜

复合膜是目前国内应用最广的薄膜导体,它是用不同金属膜所构成的多层薄膜导体,如 Cr-Au 膜、Ti-Pd-Au 膜、Ti-Cu-Ni-Au 膜等。复合薄膜导体的结构一般包括底层和顶层两部分。底层又称为黏附层,主要作用是使顶层导体膜牢固地附着在基片上,它是易氧化的金属,以便与基片中的氧形成结合牢固的共价键;顶层则由导电性好、可焊性好和化学稳定性高的金属薄膜构成,主要起导电和焊接作用。Cr、Ni-Cr、Ti 等薄膜是典型的底层材料,厚度为 20 ~50 nm;顶层则通常为导电性好、抗电迁移能力比较强、化学稳定性高、可热压焊、超声焊及锡焊的 Au 膜,其典型厚度为 1 μm。有时为了阻止黏附层与顶层 Au 膜之间的互扩散,提高稳定性和增强抗蚀能力,在底、顶层之间加入一层厚度为 400 ~300 nm 的阻挡层。如果加入 Cu 膜则可减少金的用量,从而降低阻值,降低高频损耗和成本。可见,薄膜导体材料的发展方向是:①高温薄膜导体,如可在 400 ~500 ℃稳定工作的

Ti-W-Au 薄膜等;②金属薄膜导体,如 Ni、Ni-Cr-Ni 或 Ni-Cr-Au 薄膜等。

3.4.2 金属电阻材料

广义说来,凡是利用物质的固有电阻特性来制造不同功能元件的材料都称为电阻材料。电阻材料的发展已有 100 多年的历史,从最古老的"德银"(German Silver)Cu-Ni-Zn 合金,到现在的非晶电阻合金(如 Fe-Ni-Cu-Cr-B 等),其性能在不断地改善。电阻材料是用来制作电子仪器、测量仪表、加热设备以及其他工业装置中的电阻元件的一种基础材料,包括制作发热体的电热材料、统制标准电阻器的精密电阻材料以及制作力敏、热敏传感器用的应变电阻材料和热敏电阻材料等。电阻材料既有金属的,也有陶瓷和半导体的,还有非晶的。它们的形状各异,伏安特性既有线性的,也有非线性的。如果按其用途来区分,则电阻材料可分为 U 调节器、电位器、精密仪器仪表用的精密电阻合金。它包括:①主要用于启动电阻、滑动电阻、电动机速度控制、电路温度控制以及电压调节等方面的调节器用电阻合金,如康铜、新康铜、镍铬、镍铬铁和铁铬铝等合金;②主要用于旋转式与直滑式电位器用电阻合金,如康铜、镍铬和贵金属电阻等合金;③主要用于电桥、电位差计、标准电阻、分流器、直流分压箱、高阻电桥等方面的精密仪器仪表用电阻合金,如精密锰钢、分流器锰铜及高阻合金等。

(1)加热器用的电阻材料,如镍铬及铁铬铝电热合金、热敏电阻合金和陶瓷电热元件等,主要用于民用与工业用电炉和各种节能电热器具等方面。

(2)传感器用的电阻合金,如应变康铜、应变卡玛合金、镍钼合金及铁铬铝合金等应变电阻合金和负电阻温度系数锰铜及铁锰铝铜等温度补偿电阻合金,前者主要用于各种燃气轮机叶轮、叶片及大型构件的热应力测量,后者主要用于电表中线路温度补偿元件等方面。

(3)电子工业用的膜电阻材料,包括 RuO_2、$Bi_2Ru_2O_7$ 等厚膜电阻网络材料和氮化钽(Ta_2N)、镍铬等薄膜电阻网络材料,主要用于高集成控制电路方面。

电阻材料也可以按其功能特性、合金体系或电阻值等进行分类,这里就不再赘述。

1. 精密电阻合金

精密电阻器与调节器用的精密电阻合金必须具备以下特点:①作为必要条件,一是在尽可能宽的温度范围(-60 ~ 100 ℃甚至达 300 ℃)内具有低的电阻温度系数(TCR),且电阻温度系数随温度变化的线性度要好,即二次电阻温度系数要小;二是电阻值的时间稳定性好;②对通信等方面的微型仪器仪表必须要求高的电阻率,即大于 0.2 μΩ·m,且电阻值的均匀性要好;在低电阻器和大型分流器等个别情况则要求低的电阻率;③直流下使用时,要求对铜热电势 E_{Cu} 要小;④良好的加工工艺性和力学性能,易于拉制成细丝;⑤良好的耐磨性及抗氧化性;⑥良好的包漆性能,至少应能被某种绝缘漆所包覆;⑦可焊性好,一般应易于(软)钎焊。

常见的精密电阻合金包括锰铜合金、镍铜合金、改良型镍铬电阻合金、贵金属精密电阻合金以及改良型铁铬铝等其他系列精密电阻合金。其中 Pt 基、Au 基及 Ag 基等贵金属精密电阻合金大多数耐有机蒸汽腐蚀性较差,而改良型 Fe-Cr-Al 合金、Mn 基及 Ti 基等电阻合金则在焊接性能、抗氧化性能和制造工艺上存在一定的问题。

2. 电热器用电阻材料

电热器电阻材料用于包括工作在 1 350 ℃ 以下的普通中、低温电热合金和在1 350 ℃ 以上高温使用的贵金属电热合金及陶瓷电热元件。电热材料应具备以下性能：①在高温下具有良好的抗氧化性，对氧以外的介质也应具有稳定性；②具有高的电阻率和低的电阻温度系数；③具有良好的加工工艺性能；④具有足够的高温强度；⑤价格低廉。

(1)电热合金

当使用温度在 500 ℃ 以下时，可采用康铜等 Cu-Ni 合金，它具有不大的电阻温度系数和较高的电阻率。工作温度为 900 ~ 1 350 ℃ 时，一般采用 Ni 基电热合金和 Fe 基电热合金。Ni 基电热合金随含 Cr 量的不同，其抗氧化性能也不同，$w(Cr)>15\%$，其性能良好。广泛应用的 $Ni_{80}Cr_{20}$ 合金是综合性能最好的 Ni 基电热合金，它在高温下不软化、强度高；长时间使用时，永久性伸长很小；高温下 N_2 对 Ni-Cr 合金的氧化膜破坏较小。它适合在氮气介质中使用，但高温下它会与硫化物反应而受侵蚀，故不宜在含 S 气氛中使用。铁铬铝电热合金的抗腐蚀性正好与镍铬电热合金相反，Fe 基电热合金的耐热性随 Cr 的含量增加而增高，同时合金的硬度与脆性也随之增高，使合金的工艺性能恶化。虽然 Fe 基电热合金比 Ni-Cr 电热合金具有更高的使用温度，但这类合金在高温使用时易产生脆性，且在长时间使用时永久伸长率较大。

(2)热敏电阻材料

热敏电阻合金由于具有电阻温度系数很大、电阻值与温度成线性、电阻值的温度稳定性好等优点，被广泛应用于航空、航天器中的大气温度加热器和电褥、电熨斗、电烙铁、电围腰、电暖鞋等家用电器元件上，从而达到控温、安全和节能的目的。该类合金还可利用其系数大和线性良好的电阻温度关系制成测温用的电阻温度计，利用其限流作用制作限流调节器等。

3.5　导电陶瓷材料

3.5.1　快离子导体陶瓷材料

材料的总电导率由电子电导率 σ_e 和离子电导率 σ_i 两部分组成，即 $\sigma = \sigma_e + \sigma_i$。当电流通过材料时，电子可以有两种方式通过晶格运动来完成电荷输运过程：①电子脱离原子成为自由电子，在晶格中运动，形成所谓的电子导电；②电子与原子核一起移动产生所谓的离子导电。对金属来说，电子导电是其导电的主要方式，相比之下，离子导电几乎可忽略不计。但对多晶陶瓷或非晶态玻璃等材料来说，由于离子电导活化能比较低(一般在 0.5 eV 以下)，离子导电已不容忽视，甚至是这些材料中的主要导电方式。

1. 快离子导电理论

离子导电性可以认为是离子电荷载流子在电场(电势梯度)或化学势场(化学势梯度)作用下，通过间隙或空位在材料中发生长距离的迁移，电荷载流子或迁移离子一定是材料中最易移动的离子，它可以是阳离子，也可以是阴离子，如 SiO_2 基体硅化物玻璃中的一价阳离子。在单晶或多晶体中，离子迁移时有它特有的通道，按其传输通道类型可分为一维、二维和三维传导 3 大类。一维传导是指晶体结构中的离子传输通道都是同一指向的,都出现在具有链状结构的化合物(如 $LiAlSiO_4$)中;二维传导是指离子在晶体结构中的某一个面上迁移,它多出现在层状结构的化合物中,如二维缺陷传导的 $\beta - Al_2O_3$($Na_2O \cdot 11Al_2O_3$);三维传导是指离子可以在某些骨架结构化合物的三维方向上迁移,其传导性能基本上是各向同性的,如三维无序、离子输运的 $Na_3Zr_2Si_2PO_{12}$。与晶态物质相比,非晶体离子导体的结构网络内没有明确、特定的离子传输通道,其传导性能是各向同性的。从结构概念理论上推测,晶格缺陷或无序性对提高晶态离子导体的电导率有重要作用,故本身具有很大无序度的非晶态物质应当大大有利于离子传导过程,但至今并未发现离子传导性超越晶态物质的非晶体离子导体。事实上,正常离子化合物的电导率并不是很高,而固体电解质的电导率要比它高出几个数量级,故通常把固体电解质称为快离子导体或最佳离子导体或超离子导体。

快离子导体的单晶体难以制成所需的各种形状和尺寸,因此该领域中有实用价值的主要是多晶材料,即快离子导体陶瓷材料。由于离子总是循着所需能量最低的通道迁移,在多晶体内离子最低能量传输通道在晶界处受阻,故多晶体的电导率通常低于单晶体的电导率。与金属材料类似,陶瓷材料的电阻率也包括晶内电阻率和晶界电阻率两部分,晶粒和晶界的电导率和电导活化能是不同的。在低温区,晶界电阻通常较大,陶瓷的离子传导过程由晶界控制,其电导率主要取决于晶界导电;而在高温区,晶界电阻变小,陶瓷的离子传导过程变成由晶粒控制,其电导率主要取决于晶粒电导。陶瓷材料的导电性质与它的化学组成、晶体结构、相组成和显微结构有密切关系。当某些化合物在不同温度下分解为传导性不同的晶相时,常采用掺杂方法使高传导相在宽的温度范围内都能稳定,以获得较好的离子传导和其他性质,故大多数快离子导体的化学组成不低于三元。一般来说,快离子导体材料的晶体结构具有 4 个特征:①结构主体由一类占有特定位置的离子构成;②具有数量远高于可移动离子数的大量空位,在无序的亚晶格里总是存在可供迁移离子占据的空位;③亚晶格点阵之间具有近乎相等的能量和相对低的激活能;④在点阵间总是存在通路,以至于沿着有利的路径可以平移。对于某些快离子导体,特别是满足化学计量化的化合物,在低温下存在传导离子有序结构;而在高温下亚晶格结构变成如同液体的无序,离子运动十分容易。当然,有些缺陷化合物甚至在低温下也发生无序。为了表示陶瓷材料中何种方式输运电荷所占总电流的比例,引入的参数为迁移数 t,其计算公式为

$$t = t_e + t_i = \frac{\sigma_e}{\sigma} + \frac{\sigma_i}{\sigma} \tag{3.5}$$

则电导率随温度的变化可用 Arrhenius 方程描述为

$$\sigma = \sigma_e + \sigma_i = \sigma_0 \exp\left(-\frac{E_a}{RT}\right) \tag{3.6}$$

式中　σ——各种载流子输运电位的总电导率;

　　　σ_i——离子的电导率;

　　　σ_e——电子的电导率;

　　　t_e——电子迁移数($0 \leq t_e \leq 1$);

　　　t_i——离子迁移数($0 \leq t_i \leq 1$);

E_a——电导活化能;

σ_0——指数前项,它是材料在 0 K 时的电导率;

R——气体常数;

T——热力学温度。

有时则以"+"或"−"作为相应参量的上标来区分迁移离子为阳离子或阴离子。当材料在某一温度发生相变时,E_a 值的变化会使 T–$\ln \sigma$ 不再为线性。因此,可用 T–$\ln \sigma$ 线上的转折点作为材料发生相变的判据。值得指出的是,T–$\ln \sigma$ 线上的转折点有时是由化学反应造成的,所以 Arrhenius 线上的转折点只是相变的必要条件。图 3.3 为 $BaCe_{1-x}Ln_xO_{3-\delta}$ 的电导率与温度的关系曲线。

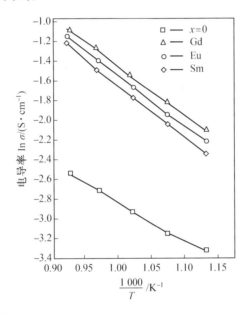

图 3.3　$BaCe_{1-x}Ln_xO_{3-\delta}(x=0,0.2)$ 的电导率与温度的关系

2. 常见快离子导体陶瓷材料

常见的快离子导电陶瓷材料分为 3 类:①银、铜的卤族和硫族化合物,金属原子在化合物中键合位置相对随意;②具有 β–Al_2O_3 结构的高迁移率单价阳离子氧化物;③具有氟化钙(CaF_2)结构的高浓度缺陷的氧化物,如 $CaO \cdot ZrO_2$、$Y_2O_3 \cdot ZrO_2$,它们拥有的可迁移离子有 H^+、H_3O^+、NH_4^+、Li^+、Na^+、K^+、Rb^+、Cu^+、Ag^+、Ga^{2+}、Tl^+ 等阳离子和 O^{2-}、F^- 等阴离子。有些快离子导体只有阳离子导电,如具有 β–Al_2O_3 结构的亚铁磁性材料 $KFe_{11}O_7$ 既有电子导电,又有离子导电;Fe^{2+} 和 Fe^{3+} 混合离子的存在使它可用于电池的电极;而用 CaO 稳定的 ZrO_2 则完全是阴离子 O^{2-} 导电。

(1)立方稳定的氧化锆

纯 ZrO_2 是从锆矿中以化学方法提取的,它具有单斜(1 170 ℃以下)、四方(1 170 ~ 2 370 ℃)和立方 3 种结构。立方晶体结构在 2 370 ℃到熔点 2 680 ℃温度区间都是稳定的,但通过加入适当的低价离子代替部分 Zr^{4+},则可把 ZrO_2 的立方晶体结构稳定到室温。

稳定 ZrO_2 结构的离子有 La^{3+}、Sc^{3+}、In^{3+}、Mg^{2+}、Ca^{2+} 和 Mn^{2+}，因为它们的离子半径接近四价 Zr^{4+} 的半径（$R_s = 0.084$ nm）。离子半径约为 0.112 nm 的 Ca^{2+} 是最常用的掺杂物质，加入量约为 15%；Ir^{3+} 的半径约为 0.101 nm，加入质量分数为 13% ~ 68% 的 Ir^{3+} 可得到全部稳定的 ZrO_2 立方相，但实际应用中加入质量分数为 7% ~ 8% 的 Ir^{3+} 获得部分稳定的 ZrO_2 立方相所具有的导电性才是最大的，这种混合相 ZrO_2 比全立方相 ZrO_2 具有更好的抗热冲击性；Sc^{3+} 的加入可使 ZrO_2 具有最高的电导率，特别是在较低温度下更有价值。

ZrO_2 基固溶体的导电主要是 O^{2-}，它们的电导活化能高达 0.65 ~ 1.1 eV。按电导活化能小于 0.5 eV 这个指标来评价，它们不能被称为快离子导体，但它们在高温下有比较高的 O^{2-} 电导，人们仍把它看作快离子导体的一个重要组成部分。立方 ZrO_2 具有氟石结构，如图 3.4 所示，O^{2-} 排成简单立方结构，在点阵 1/2 处占据着 Zr^{4+} 间隙离子。这种氟石结构的四价氧化物 MO_2 在加入碱土金属氧化物 RO 和稀土氧化物 RE_2O_3 等低价阳离子置换 Zr^{4+} 离子后，会在 $M_{1-x}^{4+}R_x^{2+}O_{2-x}$ 或 $M_{1-x}^{4+}RE_x^{2+}O_{2-x}$ 固溶体晶格内出现氧离子空位，加入一个二价阳离子产生一个氧离子空位，加入一个三价阳离子产生 1/2 个氧离子空位。这些空位稳定了结构，同时在氧离子空位和氟石型结构中存在的间隙均赋予氧化物 ZrO_2、ThO_2、CeO_2、UO_2、Bi_2O_3 等，导致在氧亚晶格中具有高的迁移率，使其产生氧离子传导的特性。

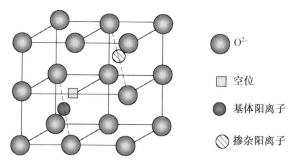

图 3.4   理想氟石结构 ZrO_2 的半个晶胞中掺杂阳离子及补偿电荷的氧空位

以立方稳定 ZrO_2 作为固体电解质的氧敏传感器在测量气体或熔融金属中的氧含量，监控汽车的排气成分以保持最佳的燃料/空气比值等产品质量控制、节能、减少环境污染、自动控制等各个领域都能发挥重要作用，但其应用潜力还远远没有得到发挥，进一步的研究工作仍在进行中。

（2）β-Al_2O_3

β-Al_2O_3 和 β''-Al_2O_3 是非化学计量比铝酸盐家族中员中重要的成员，其近似化学式分别为 $Na_2O \cdot 11Al_2O_3$ 和 $Na_2O \cdot 5.33Al_2O_3$。β-Al_2O_3 型非化学式计量化合物的通式为 M_2^+O-$nA_2^{3+}O_3$，其中 M^+ 为 Li^+、Na^+、K^+、Rb^+、Cu^+、Ag^+、Ga^+、Tl^+、H^+、H_3O^+、NH_4^+ 等可迁移性大的一价阳离子，Al^{3+}、Ga^{3+}、Fe^{3+} 等三价阳离子；若 M^+ 为 Na^+，A^{3+} 为 Al^{3+}，则 β-Al_2O_3 的非化学计量公式是 $(1+x)Na_2O \cdot 11Al_2O_3$（$0 < x < 0.3$）。$Al_2O_3$ 的 β 相是六方晶系，而 β'' 相是三方晶系结构。β''-Al_2O_3 中的 Na_2O 含量经常不足，需添加 MgO 或 Li_2O 使其稳定，β'' 相在 1 400 ℃ 开始转变成 β 相，并在 1 500 ℃ 转变完成。

β-Al_2O_3 的晶体结构示意图如图 3.5 所示，此结构中有两层包含 Na^+、O^{2-} 的松散层，称为导电面;这两个镜面被 Al_2O_3 组成的类似尖晶石结构的区域,即 ACBA 所分开。如果以图 3.5(b)中 A、B、C 代表离子堆积的不同方式,则 $\beta-Al_2O_3$ 单位晶胞从下到上的排列为 BA/Na/AC-BA/Na/AC。正是导电面的松散结构才使 $\beta-Al_2O_3$ 具有奇异的导电性。$\beta-Al_2O_3$ 的导电性很显然具有方向性,25 ℃室温下平行于镜面的 $\beta-Al_2O_3$ 单晶的电导率约为 1.4 S/m,而 300 ℃时其电导率达 40 S/m。

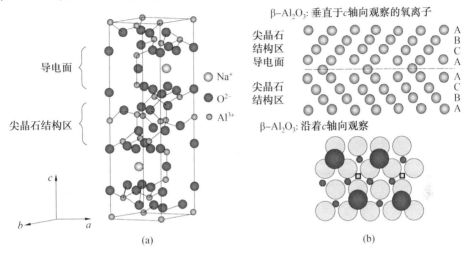

图 3.5 $\beta-Al_2O_3$ 空间结构示意图

$\beta-Al_2O_3$ 的最重要应用是 Na-S 电池。一般铅蓄电池的能量密度只有 5 ~ 30 W·h/kg,而用 $\beta-Al_2O_3$ 作为电解质的蓄电池在 300 ℃ 时的理论值却可达到 760 W·h/kg。电池的构成为

$$Na(1) \mid \beta-Al_2O_3 \mid S(1) \tag{3.7}$$

电池反应为

$$2Na+5S \longrightarrow Na_2S_5$$

这种电池可用于太阳能电池输电的储存、电站电能的分配、负载调节和汽车电源。目前正在开发可在夏天供小房间使用两天、充电 50 kWh 的太阳能蓄电池,而目标是制造 500 kWh ~ 100 MWh 的蓄电池。"负载调节"是电站非常急需的贮能方式,当前还没有更好、更有效的办法储藏过剩的电能。另一个应用是将 $\beta''-Al_2O_3$ 作为心脏起搏器中钠和溴之间的隔板。

综上所述,快离子导体(固体电解质)陶瓷材料是一种新型且有特殊功能的仪器仪表材料,由于每种快离子导体都有一种起主宰作用的迁移离子,故它们具有很好的离子选择性。根据离子传导性对周围物质的活度(浓度或分压)、温度、湿度、压力的敏感性,利用快离子导体可制作多种固态离子选择电极、气(液、湿、热、压)敏传感器、高纯物质提取装置等;利用快离子导体内某些离子的氧化-还原着色效应可制作电色显示器等。利用快离子导体充、放电特性可制作库仑计、可变电阻器、电化学开关、电积分器、记忆元件等多种离子器件,因此该材料有着广泛的应用范围及很好的应用前景。

3.5.2 电热陶瓷

电热合金如果用在 1 500 ℃以上的工业炉中即使不熔化也会被严重氧化,此时需使用 Pt、Mo、W 等贵金属或石墨、陶瓷等电热元件。Pt 等贵金属在空气中最高使用温度为 1 500 ℃;Mo、W、石墨、陶瓷等电热元件的温度使用则可在 1 500 ℃以上。由于金属 Mo 和 W、石墨只能在还原性气氛中使用,在空气中使用时陶瓷电热元件的成本比贵重金属低得多。陶瓷加热元件不能像金属那样加工成金属线,但很易加工成管状和棒状。常见的陶瓷类电热材料有碳化硅、二硅化钼、铬酸镧和锡氧化物等。

（1）碳化硅（SiC）

纯碳化硅是由碳（C）和硅（Si）在 1 000 ℃下烧结而成。从 1891 年人类首次人工烧结出粗糙的 SiC,SiC 已被广泛用于制作磨料、耐火材料、加热元件和可变电阻器等,它在空气中的最高使用温度达 1 650 ℃。SiC 是共价键晶体,它存在六方 α-SiC、密排立方 β-SiC 和菱方 SiC 3 种结构,如图 3.6 所示。纯的立方 β-SiC 是透明的半导体,它透光时显淡黄色,禁带宽度为 2.2 eV。商用 β-SiC 可以是黑色、浅灰色、蓝色、绿色直到淡黄色,这是由于含有 B、Al、N 和 P 等不同杂质的缘故。

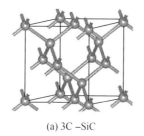
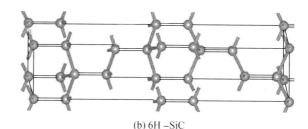

(a) 3C -SiC　　　　　　　　　　　　(b) 6H -SiC

图 3.6　SiC 晶型结构图

碳化硅可以用烧结法、反应键合法或硅化石墨法制备,不同方法得到的 SiC 的致密度不同。没有加釉保护的碳化硅是靠自身生成固有的硅化物钝化膜来抗氧化的。通常,在强还原性气氛中,由于硅化物保护层会形成易挥发的 SiO,导致碳化硅加热元件易损坏。研究表明,碳化硅约在 600 ℃以下是本征半导体,具有较大的负阻温度系数;单晶体也没有正电阻温度系数效应,这可能与其晶界效应有关。图 3.7 为 SiC 的电阻-温度关系曲线,由图可见,在低于 600 ℃时,不同方法制备的 SiC 的电阻值变化很大;而在 1 000 ℃以上,所制备的 SiC 的电阻值差别已很小,它们的电阻率约为 $10^{-3}\Omega\cdot m$。

（2）二硅化钼（$MoSi_2$）

$MoSi_2$ 在空气中使用的最高温度可达 1 800 ℃,如果掺入一些 SiC 使其性能得到改善,则它可用至 1 900 ℃。$MoSi_2$ 在 1 900 ℃以下是四方结构;而在 1 900 ~ 2 030 ℃为六方结构,如图 3.8 所示。$MoSi_2$ 的室温电阻率为 $2.5\times10^{-7}\Omega\cdot m$,而在 800 ℃下电阻率增大至 $4\times10^{-6}\Omega\cdot m$。实际工程上的 $MoSi_2$ 加热元件是将约 20% 体积比的钼硅酸盐玻璃相和 $MoSi_2$ 粒子黏结在一起的混合物。元件大多由 $MoSi_2$ 细粉与精选的黏土混合,挤压成合适直径的棒（通常端部比加热区域要粗些）。棒经干燥、烧结后切成不同的长度,再将加热部分弯曲为所需的形状,并与粗大的端部焊在一起。最好的 $MoSi_2$ 加热元件可以在

1 800 ℃下工作。

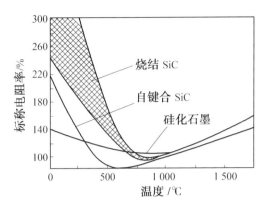

图 3.7 SiC 的电阻温度关系曲线

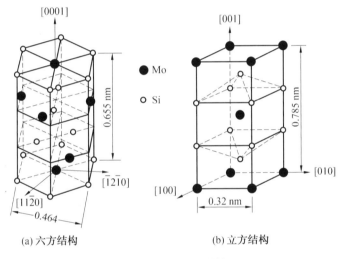

(a) 六方结构   (b) 立方结构

图 3.8 $MoSi_2$ 晶型结构图

（3）铬酸镧（$LaCrO_3$）

20 世纪 60 年代研制出来的铬酸镧材料主要用于制造磁流体发电机上的电极。$LaCrO_3$ 是 RTO_3 镧钙钛矿（其中 R 和 T 分别代表稀土镧和第四周期过渡金属）家族中的一员，它属立方结构，R 只占据立方晶胞的顶角，T 占据立方体的中心，而氧原子则在面心位置。T 与 R 的配位数分别为 6 和 8。在高温下，$LaCrO_3$ 失去 Cr^{3+} 而留下过剩的 O^{2-}。这些过剩电荷由 Cr^{4+} 来中和，导致局域化 3d 态的 Cr^{3+} 和 Cr^{4+} 离子以"空穴跳跃"方式导电，使 $LaCrO_3$ 成为 P 型半导体。Cr^{4+} 的浓度可通过加入 Sr 代替 La 来增大，如加入质量分数为 1% 的 SrO，大约可增加 10 倍电导率。$LaCrO_3$ 的熔点为 2 500 ℃，具有良好的抗腐蚀性和高的电导性，在 1 400 ℃ 时的电导率是 100 S/m。它很适合制成磁流体发电机中的电极。因为在这种发电机中热的导电气体要通过一个跨越强大磁场的槽路，与气流和磁场方向皆成 90° 直角的感应电动势，在槽路两边相对的电极之间形成一电位差，由于气体温度接近 2 000 ℃，且必须用钾来活化它们的导电性，故要求电极材料必须是抗钾腐蚀，能在 1 500 ℃ 工作 10 000 h 的导体。$LaCrO_3$ 电极元件一般由陶瓷制品加工方法制造，烧结温度为 1 700 ℃并在还原气氛下进行。加入金属 Sr 作为烧结添加剂可促进导电性,加入 Co 则可限制晶粒长大。烧结品还要在氧气中退火以增加导电性。在大气压下,$LaCrO_3$ 的使用温度可达 1 800 ℃,但在 0.1 Pa 的低压下,它的上限使用温度只能为 1 400 ℃,其典型的电阻率–温度曲线如图 3.9 所示。

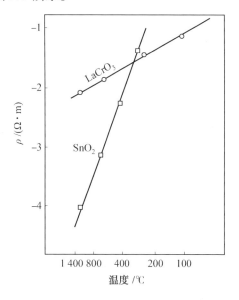

图 3.9 $LaCrO_3$ 和 SnO_2 在空气中的电阻率–温度关系曲线

（4）二氧化锡（SnO_2）

二氧化锡主要用作高温导体、欧姆电阻器、透明薄膜电极和气体敏感元件等,它的晶体是晶格常数为 $a=0.474$ nm 和 $c=0.319$ nm 的四方金红石结构,如图 3.10 所示,其单晶形式称为锡石。SnO_2 为宽禁带的半导体,禁带宽度在 0 K 时为 3.7 eV,其满价带中 O_{2p} 能级展开与 Sn_{5s} 能级形成导带。纯化学计量比的氧化锡在室温下是好的绝缘体,它的电阻率约为 10^6 Ω·m 数量级;但实际存在的 SnO_2 晶体都是缺氧的非化学计量比化合物,它们在导带下 0.1 eV 造成施主能级而形成 N 型半导体;如果掺杂五价元素,通常是 V 族元素锑（Sb）,同样也会形成 N 型半导体。

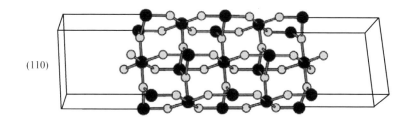

图 3.10 SnO_2 晶型结构图

掺杂施主 Sb 的 SnO_2 晶体是复杂的系统,它的各种性质还远没有被理解。SnO_2 本身不能烧结成致密的陶瓷,往往需要加入 ZnO 和 CuO 等烧结剂并掺杂 V 族元素 Sb 和 As 以形成半导体,这样可得到致密度为 98% 的 SnO_2 陶瓷。SnO_2 陶瓷主要用于制作熔融特种玻璃的电极,其室温下的典型电导率为 0.1 S/m。使用这种电极应先将炉子熔池预热至 1 000 ℃,当 SnO_2 有足够高的导电性时,再用它加热玻璃到 1 300~1 600 ℃ 的最终温度,加热主要是靠玻璃自身的电阻。由于 SnO_2 可抵抗玻璃的腐蚀,这种加热很经济,通常可用两年。

3.5.3 半导体陶瓷

热敏电阻类半导体陶瓷材料有电阻随温度升高而增大的正电阻温度系数 PTCR 型和电阻随温度升高而减小的负电阻温度系数 NTCR 型两种。它们属于铁电陶瓷,具有居里温度点 T_c 典型的 PTCR 电阻-温度曲线如图 3.11(a)所示,室温下它是半导体,随温度的升高电阻稍微降低,显现负温度系数;当温度达到居里点 T_c 附近时,电阻急剧增大几个数量级成为绝缘体;随后它随温度的变化又呈现小的负温度系数关系。PTCR 热敏电阻在热平衡条件下具有如图 3.11(b)所示的典型电流-电压关系。在电压较低时,温度也低,电流-电压近似满足欧姆定律;当温度达到电阻急剧变化区时(图 3.11(a)中 DC 段),热敏电阻的温度随电压升高很慢,电流下降,使功率耗散速度降低(图中 3.11(b)中 FG 段);而电压足够高时,温度将高于电阻上升区域以外(图中 3.11(a)中 CD 凹段),电阻温度系数变成负的,电流又迅速增大。如果热敏电阻所处环境改变,将导致其热耗散速度改变,相当于曲线中的 FG 位置移动到 $F'G'$,此时,若保持对元件的电压恒定,那么电流便成为测量消耗热能速度的量度,这就是许多热敏电阻传感器的原理。

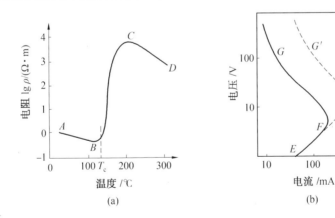

图 3.11 典型 PTCR 热敏陶瓷的电阻-温度曲线和热敏陶瓷的电流-电压曲线

PTC 热敏电阻主要由掺杂不同添加物的 $BaTiO_3$ 制成,添加物的类型和烧结工艺的精确控制程度是影响 $BaTiO_3$ 效应的主要因素。常见替代 $BaTiO_3$ 中的 Ba 或 Ti 的添加物大体上可分成 4 类:①加入的 Sr、Pb、Ca、Sn 等等价元素以改变铁电体的居里温度,从而改变其电阻跃变温度,如质量分数为 40% 的 Sr 替代 Ba 可把电阻跃升温度从 120 ℃ 移至 0 ℃ 左右,而质量分数为 60% 的 Pb 替代 Ba,则会提高 PTC 变化温度到 360 ℃;②分别用 Y、La 等稀土元素和 Nb^{5+}、Sb^{5+} 等元素不等价替代 Ba^{2+} 和 Ti^{4+},以控制电阻率和晶粒大小,使 $BaTiO_3$ 由绝缘体变成 N 型半导体,但因在制造陶瓷时常加入对稀土添加物的作用产生消

极影响的 SiO_2、Al_2O_3 等助烧结剂,故需在加入助烧结剂的同时增加稀土添加物的数量;③Mn对热敏陶瓷的 PTC 效应的影响最大,添加 Mn、Fe、V、Cu 等过渡金属,可以控制界面的势垒,提高陶瓷的 PTC 效应。不过若有 Na、K、Al、P、Mg 及其他某些过镀金属等有害杂质无法得到妥善控制,则它们会破坏 PTC 的品质;④添加 Si、Ti、Ge 等助烧结剂控制液相烧结,降低烧结温度,但 Si 等的加入降低了 PTC 效应,应提高增大 PTC 效应的添加物含量。当然,烧结过程中的升温速率、加热温度、烧结时间和降温速率等均影响陶瓷的最终晶粒度(平均 50 μm 左右)、晶界宽度(0.1 ~ l μm)及 PTC 效应;同时烧结气氛也会影响 PTC 效应,如增加烧结气氛中的氧分压,可改善陶瓷的 PTC 效应。图 3.12 为 $BaTiO_3$ 晶体结构图。

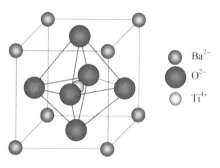

图 3.12　$BaTiO_3$晶体结构图

研究表明,PTC 效应只在掺杂的多晶 $BaTiO_3$ 中存在,而单晶 $BaTiO_3$ 并没有 PTC 效应,说明这种效应可能与晶界有关。海旺(W. Heywang)模型认为:晶界的电子受主态与邻近的离子施主态构成一个双电层,造成由晶粒内部向晶界运动的导带电子被双电层势垒所阻挡,使电阻率显著增大。由于越过势垒运动的概率是由玻尔兹曼因子 $\exp(-E/kT)$ 所决定,而高于居里温度时铁电体介电常数 ε 又满足居里–外斯定律(直接型),即

$$\varepsilon = \frac{C}{T-\theta_D} \tag{3.8}$$

式中　C——常数;

θ_D——略低于居里温度 T_c 的德拜特征温度。

在居里温度附近,晶界电阻 R_{gb} 与温度 T 呈指数关系,PTC 效应起源于晶界,它与单位体积的晶界数有关,即与陶瓷的微观组织、受主及施主的密度有关,图 3.13 为铁电体介电常数与温度的关系。

$BaTiO_3$热敏电阻的应用非常广泛,主要有电动机过热保护器、电视机的消磁器、传感器(如直升机轮叶的冰点仪)、暖风器(如卷发器的电热元件)等。它通常采用固相反应

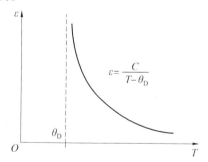

图 3.13　铁电体介电常数与温度的关系

法或液相共沉淀法来制备。固相反应法是由精选的 BaO、TiO_2 及添加剂原料粉末开始,经过混合、预烧、研磨、成型后,再高温烧结;而液相共沉淀法则往往加入助熔剂进行烧结。

3.6　导电碳素材料

碳是由单一元素组成,却可形成外观多变、性能各异、应用广泛的物质。它之所以能够如此,与其原子键键合方式、分子结构类型及其集合形态的多样性密切相关。碳元素基

态电子层结构为 $1s^2 2s^2 2p^2$。根据原子结构理论,碳原子的外层电子可通过 3 种,即 sp^3、sp^2、sp 杂化方式形成 σ 键和 π 键。当碳原子外层电子以 sp^3 杂化时,就构成了具有立体结构的金刚石;当以 sp^2 杂化时,就构成了平面结构的石墨;当以 sp 杂化时,就生成线状结构的卡宾碳(Carbyne)。1985 年,科学家们又发现了一种笼形结构的碳,即由 60 个碳原子组成的高质量碳族分子固体 C_{60},即富勒烯。其结构都是以五边形和六边形组成的凸多面体。每个平面中的碳原子都以 sp^2 杂化形成 3 个等价键而彼此连接。图 3.14 为典型的碳素晶型结构示意图。

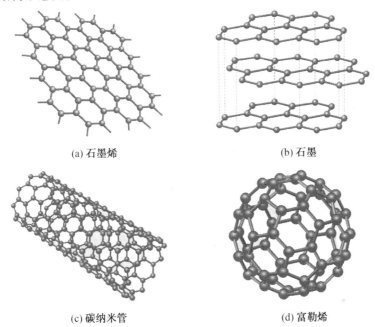

(a) 石墨烯　　　　　　　　　　　　　(b) 石墨

(c) 碳纳米管　　　　　　　　　　　　(d) 富勒烯

图 3.14　典型碳素晶型结构示意图

3.6.1　石墨材料

石墨晶体具有典型的层状结构,化学成分为碳,属六方晶系,如图 3.14(b)所示。化学性质不活泼,具有耐腐蚀性。石墨晶体六角平面内 3 个 sp^2 杂化轨道互成 120 °角排列,与相邻碳原子形成共价键,其中 C—C 键长为 0.141 5 nm,是典型的共价键,有很强的结合力(键能为 345.0 kJ/mol);而在层间,剩余的一个 2p 电子在垂直于六角平面的方向上排列,层面上下方的 π 电子相互重合,形成微弱的范德华力(键能为 16.7 kJ/mol),层与层之间 C—C 距离为 0.33 nm,比二倍碳原子的共价半径还要大。

常见的石墨分为鳞片石墨(晶质石墨)和土状石墨(隐晶石墨),鳞片石墨的工业性能比土状石墨好。由于鳞片石墨颗粒表面的浸润性差,成型性较差,常常采用石墨表面镀金以改善其表面的浸润性。

石墨的独特结构使其具有特殊的性质,在工业上主要有以下应用:

(1)热性能

石墨材料具有良好的热性能,具体表现在耐热性、良好的热传导性和较低的热膨胀性

方面。在非氧化性气氛中,石墨是耐热性最强的材料。在大气压力下,碳的升华温度高达
3 350 ℃。它的力学强度不但不随温度升高而降低,相反随之不断提高。石墨在平行于
层面方向的热导率可与铝相比,而在垂直方向的热导率可与黄铜相比。热膨胀系数为
$(3 \sim 8) \times 10^{-6}/℃$,有的甚至只有$(1 \sim 3) \times 10^{-6}/℃$,故能耐骤热、骤冷。

(2)电性能

在石墨晶型结构中,碳原子以sp^2杂化轨道和邻近的 3 个碳原子形成共价单键,构成
六角平面的网状结构,这些网状结构又连成片层结构。层中每个碳原子均剩余一个未参
加 sp^2 杂化的 p 轨道,其中有一个未成对的 p 电子,同一层中这种碳原子的电子形成大 π
键,这些离域电子可以在整个碳原子平面层中活动,所以石墨具有层向的良好导电、导热
性质。

石墨的电阻介于金属和半导体之间,电阻的各向异性很明显,平行层面方向的电阻率
为5×10^{-5} $\Omega \cdot cm$,垂直于此方向的电阻则比其要大 100 ~ 1 000 倍。石墨在电气工业中广
泛用作电极、电刷、碳棒、碳管等,其中以石墨电极应用最广。

3.6.2　石墨烯

2004 年,英国曼彻斯特大学的 Geim 研究小组首次制备出稳定的石墨烯(Graphene),
推翻了经典的"热力学涨落不允许二维晶体在有限温度下自由存在"的理论,震撼了整个
物理界,引发了石墨烯的研究热潮。理想的石墨烯结构可以看作被剥离的单原子层石墨,
基本结构为 sp^2 杂化碳原子形成的类六元环苯单元并无限扩展的二维晶体材料,这是目前
世界上最薄的材料——单原子厚度的材料,是构成其他维数碳材料的基本单元。这种特
殊结构蕴含了丰富而新奇的物理现象,使石墨烯表现出许多优异性质,石墨烯不仅有优异
的电学性能(室温下电子迁移率可达 2×10^5 cm^2/(V · s)),突出的导热性能
(5 000 W/(m · K)),超常的比表面积(2 630 m^2/g),其弹性模量(1 100 GPa)和断裂强度
(125 GPa)也可与碳纳米管媲美。

完美的石墨烯是二维的,只是包括六角元胞(等角六边形);如果有五角元胞和七角
元胞的存在,它们将构成石墨烯的缺陷,控制五角元胞和七角元胞的数量就可以形成各种
不同性质的碳材料,如有 12 个五角元胞的石墨烯可以构成零维的富勒烯。

石墨烯稳定的晶格结构使碳原子具有优秀的导电性。石墨烯的电子在轨道上移动
时,不会因晶格缺陷或引入外来原子而发生散射。由于原子间作用力十分强,在常温下,
即使周围碳原子发生挤撞,石墨烯中的电子受到的干扰也非常小。

石墨烯的制备方法主要有:机械剥离法、碳化硅表面外延生长、金属表面生长、化学气
相沉积法、氧化减薄石墨片法、乙氧钠裂解、切割碳纳米管法等。

图 3.15 为我国中科院大连化学物理研究所催化基础国家重点实验室于 2010 年报道
了采用以商品化碳化硅颗粒为原料,通过高温裂解规模制备的高品质无支持石墨烯材料
的新途径。

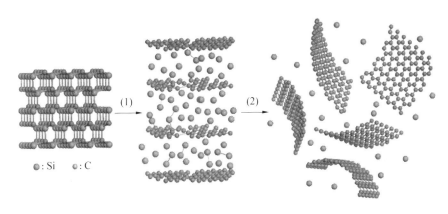

: Si : C

图 3.15　制备石墨烯材料的新途径

3.7　导电高分子材料

导电高分子材料是在 20 世纪 70 年代中后期快速发展的新型功能材料,世界上第一个导电有机聚合物是由美国化学家 MacDiarmid、物理学家 Heeger 和日本化学家 Shirakawa 于 1977 年发现的,掺杂碘的聚乙炔具有金属的特性,并因此获得 2000 年诺贝尔化学奖。

与金属相比,导电高分子材料具有质量轻、易成形、电阻率可调节、可通过分子设计合成出具有不同特性的导电性等特点。从导电原理来说,高分子导电材料分为结构型和复合型两大类。结构型导电高分子材料是通过电子或离子导电使高分子本身结构显示导电性,包括高分子经掺杂后具有导电功能的聚合物,如聚乙炔。结构型导电高分子含具有悬挂结构或整体结构的聚合物离子导电体;线型共轭聚乙炔及面状共轭络合物等共轭聚合物、聚酞菁类金属整合型聚合物和高分子电荷转移络合物等电子导电体。结构型导电高分子材料多为半导体材料,它们由于结构特殊,制备与提纯也困难,因而极少获得实际应用。复合型导电高分子材料是通过一般高分子与各种导电填料分散复合、层积复合,使其表面形成导电膜等方法制成。它是靠填充在其中的导电粒子或纤维的相互紧密接触形成导电通路而导电的。复合型导电高分子材料又可分为导电塑料、导电纤维、导电橡胶、导电黏合剂和导电涂料等,它们在防静电、消除静电、电磁屏蔽、微波吸收、电器元器件中的电极、按键开关、电子照相、记录材料、面状发热体、净化室墙壁材料、管道等工业和民用等各个方面已经得到了广泛的应用。

3.7.1　结构型导电高分子材料

结构型导电高分子材料中,至今只有聚氮化硫$(SN)_x$,它是纯粹的结构型导电高分子材料,其他许多种导电高分子几乎都采用氧化还原、离子化或电化学方法进行掺杂后才具有较高的导电性。目前研究较多的结构型导电高分子有聚乙炔、聚苯硫醚、聚吡咯、聚噻吩等,它们由于在水和空气中不稳定,不溶于一般溶剂,可加工性差,导电性也不稳定,至今没有大规模生产。具有最好导电性的聚合物是掺杂型聚乙炔,其电阻率可达 $2 \times 10^{-5} \Omega \cdot m$ 以下;而比较稳定的掺杂型聚苯硫醚的电阻率则为 $10^{-3} \sim 10^{-5} \Omega \cdot m$。图 3.16

为合成导电聚乙炔制备示意图。美国国立桑迪亚试验所合成的聚乙炔衍生物、聚三甲基甲硅烷乙炔（PTMSA），在空气中比较稳定，可溶于多种有机溶剂，可作为导电聚合物的母体。它与乙酰氯反应可得 PTMSA 的乙酰基衍生物，也可转变成具有导电性的聚氟乙炔。另外，以聚噻吩的甲硅烷衍生物为母体制成的聚噻吩衍生物，在空气中的稳定性和在有机溶剂中的溶解性均良好，很有希望成为可熔融成型的导电聚合物。虽然掺杂提高了导电高分子的导电性，但它往往会使材料的稳定性变差，成膜性降低，故通过分子设计，从高分子链的结构着手，研究和开发具有高而稳定的导电性，易于成型加工，可代替金属作为导线与电缆及结构材料是该领域的主要研究方向，还包括在蓄电池和微波吸收材料方面的研究工作。

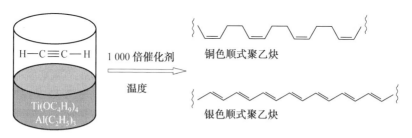

图 3.16　合成导电聚乙炔制备

1. 蓄电池

最有发展前途的蓄电池高分子材料有掺杂聚乙炔和掺杂聚苯硫醚。掺杂聚乙炔蓄电池具有质量轻、体积小、容量大、能量密度高、加工简便等优点，它比传统的铅酸电池轻，放电速度快，其最大功率密度为铅酸电池的 10～30 倍。有研究结果表明：聚合物蓄电池经过 1 500 次充放电循环后，容量损耗只有总容量的百分之几，而铅酸蓄电池一般只能充放电 1 000 次。聚合物蓄电池可用作汽车或其他装置的备用电池。

这类蓄电池的问题主要是电极材料和电解液的不稳定性，如用高氯酸盐有爆炸性，而 AsF_5 具有剧毒性，Li 掺杂聚乙炔在空气中具有自燃性等。因此，开发新的耐氧化、还原性好的有机溶剂（如水溶液系聚乙炔电池）对聚合物蓄电池具有推动作用。图 3.17 为质子交换膜型（PEMFC）燃料电池是现在重点开发的电池，其基本设计是由两个电极夹着一层高分子薄膜的电解质，电解质保持湿度，使其成为离子导体。

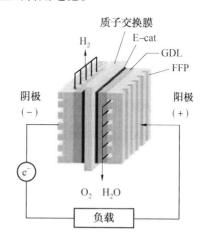

图 3.17　质子交换膜型（PEMFC）燃料电池基本构架

2. 吸波材料

作为微波吸收材料，它可以对导电聚合物的厚度、密度和导电性进行调整，从而可调整材料的微波反射系数和吸收系数，吸收系数可达 $10^5 cm^{-1}$。导电聚合物薄膜质量轻、柔性好，可作为包括飞机在内之任何设备的蒙皮。

3.7.2 复合型导电高分子材料

复合型导电高分子材料是在通用树脂中加入导电性填料、添加剂,采用一定的成型方法而制得。通用树脂有聚乙烯与聚丙烯等聚烯烃、聚氯乙烯、ABS、聚酰胺、聚苯胺、聚碳酸脂、酚醛树脂、环氧树脂、有机硅、聚酰亚胺、聚丙烯酸酯等,如图3.18为本征态聚苯胺结构模型示意图。添加剂则包括抗氧剂、固化剂、溶剂、润滑剂等。导电填料包括金、银、铜、铝、镍等金属粉、铝纤维、黄铜纤维、铁纤维和不锈钢纤维等金属纤维,以及炭黑、石墨、碳纤维、镀金属玻璃纤维、镀金属碳纤维、镀银中空玻璃微球、炭黑接枝聚合物、金属氧化物、金属盐等。它们有球状、薄片状、针状等各种形状,其中薄片状比球状更有利于增

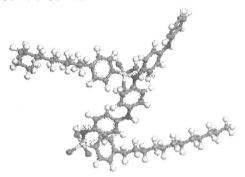

图3.18　本征态聚苯胺结构模型

大导电粒子之间的相互接触。通常导电粒子越小越好,但必须有适当的分布幅度以获得紧密堆积、接触面积大、导电能力强的材料。影响复合型导电高分子材料导电性能的主要因素除了填料种类、金属形状、树脂种类、填料分散状态等外,还有导电填料的用量。导电填料的用量随填料种类、形状、基体树脂种类等变化,当填料与基体树脂的比例达到一个临界值时,整个系统形成导电通路。一般为了使电阻率稳定,减少电阻值的分散性,需要选用硬度大、热变形温度高的树脂,以使导电粒子不易迁移。对热固性树脂而言,在一定温度范围内,随着固化温度的提高,固化时间的延长,导电高分子的电阻值越小,稳定性越好。复合型导电高分子材料的研究方向是提高性能,降低成本。常见复合型高分子材料有导电胶黏剂、导电塑料、导电薄膜、导电涂料等。

1. 导电胶黏剂

导电胶黏剂是兼有导电性和黏结性双重性能的胶黏剂,导电胶黏剂有时在微电路中可为焊锡材料代替品,它具有一定的导电性和良好的黏结性能。常用添加型导电胶主要有环氧树脂、酚醛树脂、聚氨酯导电胶和某些黏结性能较好的热塑性树脂导电胶等,其中的导电填料有金属粉、石墨粉、乙炔炭黑和碳素纤维等。一般常用的金属粉包括电阻率为$1.6 \times 10^{-6}\ \Omega \cdot m$的银粉、电阻率为$1.7 \times 10^{-6}\ \Omega \cdot m$的金粉和铜粉,以及电解率为$2.7 \times 10^{-6}\ \Omega \cdot m$的铝粉等。金粉虽然性能好,但价格昂贵,铜粉和铝粉在空气中易氧化而影响导电性能,故常用的是银粉。通常,银粉粒度越小,形状越不规则,其导电性能越好,为保证在胶层中紧密接触,最好使用超细银粉与鳞片银粉的混合填料。银粉用量可为树脂的$2 \sim 3$倍,其电阻率为$10^{-2} \sim 10^{-4}\ \Omega \cdot m$,但从综合导电与黏结性能看,树脂和银粉的比例以$30 : 70$较合适。图3.19为电路板上需用导电胶的位置图。

2. 导电塑料

导电塑料以聚烯烃或其共聚物为基础,加入导电填料、抗氧剂及润滑剂等经混炼加工而成。导电塑料包括用于电线、泡沫塑料、塑料成型制品、瓦楞板、高低压电缆的半导体

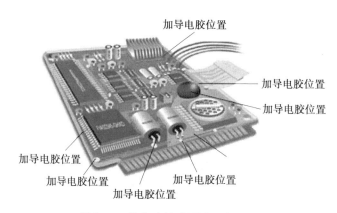

图 3.19　某电路板需用导电胶位置图

层、干电池电极、集成电路板、印制电路板及电子元件的包装材料等聚烯烃导电塑料,以及用于防静电和消除静电、以炭黑与碳纤维为填料的导电尼龙,还有以聚对苯二甲酸丁二醇酯为基材加入碳纤维或金属纤维与碳等制成的导电塑料,可用于导电塑料和电磁屏蔽材料及防静电材料等。这些导电塑料的电阻率为 $10^4 \sim 10^{-4}\,\Omega\cdot m$。图 3.20 为导电塑料模型图,这种导电塑料是普林斯顿大学研究人员新开发的技术成果,该研究由化学工程副教授 Yueh-Lin Loo 主持。

3. 导电薄膜

导电薄膜一般是在尼龙、聚乙烯、聚碳酸酯等普通塑料薄膜上形成导电层的复合材料,既有单一导电薄膜,也有如金属与氧化物结合的复合型导电多层膜。导电薄膜由于具有透明性、可挠性、质量轻、易加工等优点,可制成电气零件、电子照相、电路材料、显示材料、防静电材料、热线反射、电磁屏蔽、光记录与磁记录材料、面状发热体、窗玻璃等。图 3.21 为具有导电薄膜的可挠式有机发光二极管(OLED)元件。

图 3.20　导电塑料模型图

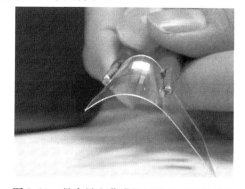

图 3.21　具有导电薄膜的可挠式 OLED 元件

4. 导电涂料

导电涂料一般是将 ABS、聚苯乙烯、环氧树脂等合成树脂溶解在溶剂中,再加入金和银等金属与合金、金属氧化物、炭黑、乙炔黑这些导电填料、助剂等配制而成。溶剂要合适,以避免被涂物溶于溶剂中或渗出增塑剂。在涂料的配方中要尽力减少导电填料用量以保证涂膜的稳定性、力学性能和附着力;配料时要注意加料次序以便形成导电通路,切

忌导电粒子被包得太紧而造成导电性能下降;若以银粉作填料,则要加入 Mo、In、Zn、V_2O_5
等防止银的迁移。导电涂料主要用于电磁屏蔽、真空管涂层、微波电视室内壁涂层、磁头
涂层、雷达发射机、自动点火器等的导电涂层,它分为高温烧结型和低温固化型两种。如
固化聚合物厚膜导电涂料的电导率为 0.001 S/m,则可进行锡焊,也可与铝线结合;而以
银粉、超细微粒石墨为填料的高温烧结型导电涂料可代替金属作加热管、加热片和电炉。
以炭黑接枝聚合物为填料的导电涂料,如炭黑同丙烯酸、丙烯丁酯进行接枝反应生成的炭
黑接枝聚合物与环氧树脂混合、固化后,涂层导电性均匀,稳定性好,电阻率为$10^{-3}\Omega \cdot m$;
当加入质量分数为 5% 的炭黑接枝物时,电阻率为 $10^{-1} \sim 10^{-3}\Omega \cdot m$。用于特殊场合、性能
稳定的银系电磁屏蔽涂料的电阻率甚至达 $10^{-6} \sim 10^{-7}\Omega \cdot m$,遗憾的是其价格较高。另一
方面,导电涂料可用作"发热漆",如以聚酰胺-酰亚胺调和漆和炭黑或石墨为基础的民航
飞机用导电磁漆,其电阻值可达 $5 \times 10^{2}\Omega \cdot m$ 左右,在温度为 $-180 \sim +250$ ℃ 和湿度为
98% 左右(约 60 ℃)的条件下都是稳定的,在 200 ℃ 下热处理 300 h 后的电阻值只下降
5% ~ 10%。

第4章 形状记忆合金

4.1 形状记忆合金的发展概况

形状记忆材料是指具有形状记忆效应(Shape Memory Effect,SME)的材料。形状记忆效应是指将材料在一定条件下进行一定限度内变形后,再对材料施加适当的外界条件,材料的变形随之消失而回复到变形前的形状现象。形状记忆材料具有记忆效应,是一种集感知和驱动于一体的新型智能材料,主要包括形状记忆合金(Shape Memory Alloy,SMA)、形状记忆陶瓷(Shape Memory Ceramics, SMC)和形状记忆高分子(Shape memory Polymer, SMP)。

形状记忆材料最主要的应用是形状记忆合金(Shape Memory Alloy),作为一种新型功能性材料为人们所认识,并成为一个独立的学科分支。早在20世纪50年代初,美国的T. A. Read等人就发现Au-Cd和In-Tl合金中的形状记忆现象。20世纪60年代,美国海军装备实验室(Naval Ordinance Laboratory)J. Buehler博士的研究小组,在一次偶然的情形下发现,Ti-Ni合金工件因为温度不同,敲击时发出的声音明显不同,这说明该合金的阻尼性能与温度相关。通过进一步研究,发现近等原子比Ti-Ni合金有良好的形状记忆效应,并且报道了通过X射线衍射等实验的研究结果。以后Ti-Ni合金作为商品进入市场,给近等原子比Ti-Ni合金商品名为Nitinol,这后面3个字母即为研究组实验室3个英文单词的第一个字母。美国海军装备实验室的研究人员系统地研究了近等原子比的Ti-Ni合金的形状记忆现象,奠定了记忆合金的重要地位。

形状记忆合金引起世界各国学者的广泛兴趣,已经发现多种材料具有形状记忆效应,如Ti-Ni基、Cu基合金等。目前,形状记忆合金在基础研究领域及应用开发研究等方面,均取得了巨大的进展,已被广泛应用于航空、航天、医学、汽车及人们的日常生活等领域,并形成了蓬勃发展的高新技术产业。后来又在高分子聚合物、陶瓷材料、超导材料中发现形状记忆效应,而且这些材料在性能上各具特色,更加促进了形状记忆材料的发展与应用。

4.2 形状记忆合金的原理

4.2.1 热弹性马氏体相变

马氏体相变是结构改变型相变,即材料经相变时由一种晶体结构改变为另一种晶体结构,是无扩散的切变型相变,属于一级相变。材料的形状记忆效应是从马氏体相变发现来的,因此材料的形状记忆效应与马氏体相变有关。形状记忆合金中的马氏体相变驱动力很小,不足以破坏马氏体与基体的共格界面,也就是说,相变产生的形变没有超过弹性极限。图4.1为马氏体相交引起的表面浮凸。

马氏体晶核生成时,其总的自由能同化学自由能、界面能、弹性应变能、塑性应变能(假定马氏体中发生了塑性变形)等有关。当体积变化4%时,上述4种形式的自由能都要考虑;当体积变化小于1%时,界面能和塑性应变能可忽略不计,这样,总的自由能只与热和弹性有关。合金的形状记忆效应实质上是在温度和应力作用下,合金内部热弹性马氏体形成、变化、消失的相变过程的宏观表现。根据相变热力学,马氏体相变的驱动力可简单表述为

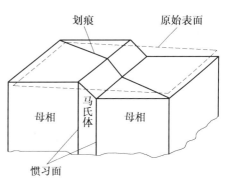

图4.1 马氏体相变引起的表面浮凸

$$\Delta G(T)^{P\rightarrow M} = \Delta G_c^{P\rightarrow M} + \Delta G_{nc}^{P\rightarrow M} + \Delta G_s \tag{4.1}$$

式中 $\Delta G(T)^{P\rightarrow M}$——母相转变为马氏体的驱动力;

$\Delta G_c^{P\rightarrow M}$——母相转变为马氏体的化学驱动力($\Delta G_c^{P\rightarrow M} = G_c^M - G_c^P$);

$\Delta G_{nc}^{P\rightarrow M}$——母相转变为马氏体的非化学驱动力,主要是相变时新旧相体积变化而产生的应变能,它正比于马氏体体积的1/2次方;

ΔG_s——弹性应变能以外的相变阻力,近似看作定值。

图4.2为马氏体相变的驱动力与温度的关系。图中T_0是母相与马氏体相的吉布斯自由能相等的温度,即两相处于相平衡的温度。由图4.2可知,随着马氏体形成,弹性应变能增加,需进一步降低温度以增加化学驱动力来增加马氏体的转变量。反之,当升高温度时,化学驱动力减小,弹性应变能驱动马氏体逆转变回母相。在ΔG_{nc}不变的条件下,相变在化学驱动力和弹性应变能的动态平衡下进行。

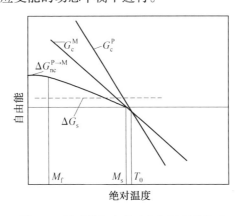

图4.2 马氏体相变驱动力与温度的关系

因此,母相冷却到M_s温度以下时,马氏体将长大,直到热化学自由能和弹性非化学自由能两者之差达到最小值时,马氏体长大才停止。在相变过程中,冷却时马氏体长大,加热时马氏体缩小。长大和缩小受热效应和弹性效应两因素平衡条件的制约。只有温度

改变或外加作用力破坏了平衡,马氏体才开始长大或缩小。这种随温度升降而消长的马氏体称为热弹性马氏体,这种马氏体相变称为热弹性马氏体相变。相反,不随温度变化长大或缩小的马氏体则称为非热弹性马氏体。

热弹性马氏体最早是 1932 年由美国的 A. Olander 在研究 Au-Cd 合金中发现的。后来,徐祖耀在参照了许多热弹性马氏体相变研究的结论后提出热弹性马氏体相变的 3 点判据:一是临界相变驱动力小,热滞小;二是相界面能做正、逆的往复迁动;三是马氏体内的弹性储存能对逆相变驱动力有贡献,即形状应变为弹性协作应变。完全满足这 3 个条件的相变为热弹性马氏体相变,如 Ti-Ni 基、Cu 基等合金;部分满足时为半热弹性相变,如 Fe 基形状记忆合金;完全不符合时为非热弹性马氏体相变,如钢铁中的马氏体相变。

形状记忆合金的马氏体相变属于热弹性马氏体相变,其相变温度滞后比非热弹性马氏体相变小一个数量级以上,有的形状记忆合金只有几摄氏度的温度滞后,冷却过程中形成的马氏体会随着温度的变化而继续长大。

当温度降低或应力增加时,马氏体片连续形成和长大,反之逐渐缩小和消失。当温度升高或应力减小时,则按相反的方向进行,马氏体片逐渐缩小和消失。由于相变的应变能在弹性应变能范围内,相变的过冷度很小,热弹性马氏体相变是可逆相变。热弹性马氏体相变是解释材料形状记忆效应的经典理论之一,它在由温度变化而产生形状记忆效应的合金中起着决定性作用。

具备形状记忆效应的合金一般有 3 个特征:①合金能够发生热弹性马氏体相变;②母相和马氏体的晶体结构通常是有序的;③母相的晶体结构具有较高的对称性,而马氏体的晶体结构具有较低的对称性。在此基础上,Otsuka、Shimizu 和 Wayman 等人建立了形状记忆效应的晶体学模型。

以 Bain 转变模型为例,高碳钢的面心立方点阵看作是一个轴比 $c/a=\sqrt{2}$ 的体心四角点阵,马氏体相变过程中,面心立方点阵只是沿图 4.3 中 X_3 即 c 轴均匀压缩,而垂直于 X_3 轴的另两个轴均匀拉长。于是可将马氏体的晶轴比调整为 $c/a=1$,即成为体心立方点阵。这一机制使原子在很小的相对位移就完成相变过程。

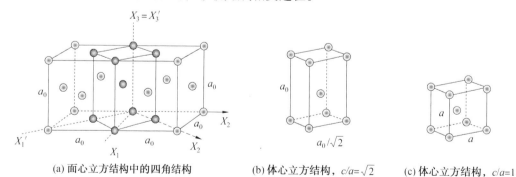

(a) 面心立方结构中的四角结构　(b) 体心立方结构,$c/a=\sqrt{2}$　(c) 体心立方结构,$c/a=1$

图 4.3　面心立方点阵变成体心立方点阵的 Bain 机制

由母相中形成马氏体时,产生一定的应变。显然,不同取向的马氏体变体的应变在母相中的方向是不同的。当某一变体在母相中形成时,产生某一方向的应变场,随变体的长大,应变能不断增加,变体的长大越来越困难。为降低应变能,在已形成的变体周围会形成新的变体,新变体的应变方向与已形成的变体的应变场互相撤销或部分抵消,这称为热弹性马氏体的自协作形成。

卸去应力后,变形保持下来,对再取向的马氏体加热,马氏体逆转变回母相,如前所示,逆转变只能沿这一变体由母相中形成的取向进行,因此,逆转变完成后,母相晶体学上完全恢复原来的形状,形状也自然随之恢复。图 4.4 给出了二维模型简化示意的形状记忆效应的晶体学机制。

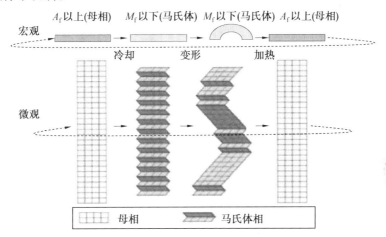

图 4.4 热弹性马氏体相变过程

图 4.5 为 Cu-Al-Ni 合金热弹性马氏体显微形貌。母相按自协作方式完全转变为马氏体后,总的应变能最低,样品的宏观形状也无明显的变化。对组织为自适应马氏体的样品施加外力时,在较小的应力作用下,马氏体变体发生再取向过程,马氏体变体以其应变方向与外加应力相适应,即变体的应变方向与外加应力方向最接近的变体,通过吞并其他应变方向与外加应力不相适应的变体而长大,直至整个样品内的各个不同取向的变体最终转变成一个变体。这时,由母相转变为马氏体所产生的相变应变不再互相抵消,而是沿外加应力方向累积起来,样品显示出宏观形状的变化。

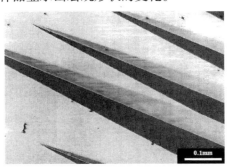

图 4.5 Cu-Al-Ni 合金热弹性马氏体显微形貌

通常把形状记忆合金的高温相称为母相(简称为 A),低温相称为马氏体相(简称 M)。母相和与马氏体相可以随温度变化而相互转变,从高温母相转变为低温马氏体相的相变称为马氏体相变,而从马氏体到母相的相变称为逆相变。由于相变过程中材料的物理性能(如电阻、热熔等)发生突变,因而可以通过测定这些性质随温度变化曲线来获得马氏体相变与逆相变的特征温度。

形状记忆合金的马氏体相变温度可以通过电阻–温度法测试,如图 4.6 所示。马氏体相变开始的温度标为 M_s,终了温度标为 M_f,在加热过程中,将马氏体逆相变开始温度标为 A_s,终了温度为 A_f。在金属马氏体相变中,根据马氏体相变和逆相变的温度滞后大小(即 A_s–A_f)和马氏体长大的方式大致分为热弹性马氏体相变和非热弹性马氏体相变。也可以利用差示扫描量热法(DSC)来测量。图 4.7 是形状记忆合金的 DSC 曲线。从图 4.7 可以看出,形状记忆合金相变发生在一定温度范围内,在一般情况下,正、逆相变之间伴随有滞后现象。一般称 A_s–M_s 的绝对值为相变热滞,相变的滞后程度因合金体系不同而不同。

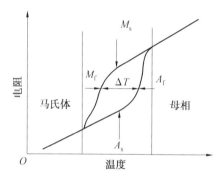

图 4.6　马氏体相变电阻随温度变化曲线

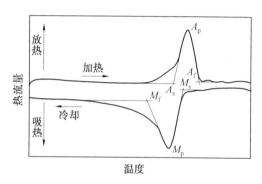

图 4.7　形状记忆合金的 DSC 曲线

4.2.2　形状记忆合金的记忆效应

1. 形状记忆效应的历程

具有热弹性马氏体相变的合金经过马氏体相变及逆相变,使相变呈现晶体学可逆性以后,便具有形状记忆效应。图 4.8 是形状记忆机制示意图。其具体历程为:①冷却时母相发生马氏体相变,形成多种马氏体变体,由于相邻变体可协调地生成,微观上相变应变相互抵消,因此合金无宏观变形;②马氏体受外力作用时,马氏体变体界面移动,相互吞并,形成马氏体单晶,合金出现宏观变形;③由于变形前后马氏体结构没有发生变化,当去除外应力时无形状改变;④加热时,马氏体转变成母相,合金形状通过逆转变恢复到原来形状。

2. 形状记忆效应的类型

(1)形状记忆效应

一般金属材料受到外力作用后,首先发生弹性变形,达到屈服点,金属就发生塑性变形,应力消除后就留下了永久变形;有些金属材料,在发生了塑性变形后,经过加热到某一温度之上,能够恢复到变形前的形状。图 4.9 为普通金属材料与形状记忆合金的应力–应变曲线对比。

马氏体逆相变中表现的形状记忆效应,不仅晶体结构完全恢复到母相状态,晶格位向也完全恢复到母相状态,这种相变晶体学可逆性只发生在产生马氏体相变的合金中。

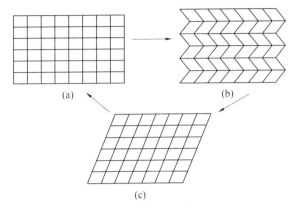

图 4.8　形状记忆机制示意图

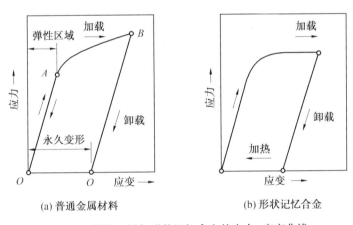

(a) 普通金属材料　　　　　(b) 形状记忆合金

图 4.9　普通金属与形状记忆合金的应力-应变曲线

（2）热弹性马氏体相变

形状记忆合金的马氏体相变属于热弹性马氏体相变,其相变温度滞后比非热弹性马氏体相变小一个数量级以上,有的形状记忆合金只有几度的温度滞后,冷却过程中形成的马氏体会随着温度的变化而继续长大或收缩,母相及马氏体相的相界面会推移,在相变的全过程中一直保持着良好的协调性。

普通的铁碳合金的马氏体相变为非热弹性的马氏体相变,其相变温度滞后非常大。约为几百摄氏度,各个马氏体片几乎是在瞬间长到最终大小,且不会因温度降低而长大。相变过程是以未相变的母相领域内生成新的马氏体的形状进行。

（3）马氏体变体

当形状记忆合金被冷却到相变温度 M_s 以下时,母相的一个晶粒内会生成许多惯性面位向不同,但在晶体学上等价的马氏体,把这些惯性面位向不同的马氏体称为马氏体变体。马氏体变体一般存在 24 个,在各个马氏体变体生成时都伴随有形状变化,在合金的局部产生凹凸,但是作为整体,在相变前、后其形状并不发生改变,这是因为若干个马氏体变体组成菱形状片群,或组成三角锥状片群,它们相互抵消了生成时产生的形状变化,这样的马氏体生成方式称为自协作(Self Accommodation)。

如果存在外部应力或内部应力,特定的马氏体变体,或者说相对于应力处于最有利的马氏体变体就会优先生成,这时,合金的整体将会表现出宏观的形状变化。马氏体变体在相变过程中的自协作是形状记忆效应的重要机制。

(4)应力诱发马氏体相变

形状记忆合金在外部应力作用下,由于诱发产生马氏体相变而导致合金的宏观变形,称为剪切变形。这和滑移变形、孪生变形一样,也是合金的一种变形模式,这种外部应力诱发产生的马氏体相变称为应力诱发马氏体相变(Stress-induced Martensitic Transformation)。

当形状记忆合金受到的剪切分应力小于滑移变形或孪生变形的临界应力,即使在 M_s 温度之上也会发生应力诱发马氏体相变,也就是说,外部应力使相变温度上升。形状记忆合金在 A_f 温度以上产生应力诱发马氏体相变,一般会表现出相变伪弹性相变,但是,应力诱发马氏体相变并非都会产生相变伪弹性效应。

当母相受应力作用转变成马氏体相后,继续增大应力,马氏体相将逐渐单晶化,进而向另一种马氏体转变,如果解除应力,马氏体相将按照路径恢复到母相。

形状记忆合金的相变伪弹性和形状记忆效应本质上是同一个现象。区别仅仅在于:相变伪弹性是在应力解除后产生马氏体逆相变使形状恢复到母相状态。而形状记忆效应是通过加热产生逆相变恢复到母相状态;而形状记忆效应是通过加热产生逆相变恢复到母相。所以,事实上产生的热弹性马氏体相变的大部分合金不仅有形状记忆效应,也表现出超弹性。

一般金属材料受到外力作用后,首先发生弹性变形,达到屈服点后产生塑性变形,留下了永久形变。而对于具有热弹性马氏体相变特性的材料而言,在马氏体状态产生塑性变形后再加热到某一温度之上,能够恢复到变形前的形状。由于合金成分、热处理工艺等因素的影响,形状记忆合金的形状记忆效应可表现出多种形式,归纳起来主要有 3 种,见表 4.1。

表 4.1 形状记忆效应三种类型

类型	初始状态	低温变形	加热	冷却
单程	⌣	——	⌣	⌣
双程	⌣	⌣	⌣	——
全程	⌣	⌣	⌣	⌢

试样在 M_f 以下变形后,加热到 A_f 以上时,会自动恢复母相的原始形状,再继续加热或冷却时,试样形状将不再发生改变,这种为单程形状记忆效应。若试样在 M_f 以下变形后加热到 A_f 以上,自动恢复母相的原始形状,再继续冷却至 M_s 以下时,试样又恢复到马氏体状态的形状,这种在加热冷却过程中形状将交替地发生变化的记忆效应称为双程形状记

忆效应。试样在 M_f 以下变形,加热到 A_f 以上,恢复母相的原始形状,再继续加热时形状不再改变。冷却时试样首先逆变形为原来马氏体形状,进一步深冷时,则发生与加热时方向相反的变形,在随后的加热冷却循环过程中,呈现可逆形状记忆效应,且在冷却时自发变形灵敏,但与通常的可逆形状记忆效应变形方向相反,这种称为全程记忆效应。全程形状记忆效应是一种特殊的双程形状记忆效应,只能在富镍的 Ti-Ni 合金中出现。

3. 形状记忆恢复率测量

形状记忆效应一般用形状记忆恢复率(η)来衡量。设试样在母相状态时的原始形状长度为 L_0,马氏体经变形(若为拉伸)为 L_1,经高温逆相变后长度为 L_2,则合金的单程形状恢复率 η_0 可表示为

$$\eta_0 = \frac{L_2 - L_1}{L_1 - L_0} \times 100\% \tag{4.2}$$

另外,合金的形状记忆效应也可以利用弯曲法来测试,如图 4.10 所示。弯曲实验时,首先将安装在模具上的试样在一定温度的介质中将试样从 0° 位置弯到一定角度,然后卸除载荷。由于试样具有弹性恢复,当载荷去除后实际弯曲角变为 θ_d,即 θ_d 为卸载后的弯曲角。将完成前面两个步骤的试样加热到 A_f 温度以上,由于发生马氏体逆转变,试样弯曲角变到 θ_h,随后冷却试样至室温,试样弯曲角变为 θ_L。此时合金的单程形状记忆效应(η_s)和双程形状记忆效应(η_d)定义为

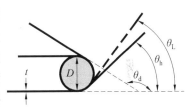

图 4.10 弯曲法测试合金形状记忆回复率原理图

$$\eta_s = \frac{\theta_d - \theta_h}{\theta_d} \times 100\% \tag{4.3}$$

$$\eta_d = \frac{\theta_L - \theta_h}{\theta_d} \times 100\% \tag{4.4}$$

而弯曲时试样的弯曲应变 ε 为

$$\varepsilon = \frac{t}{D} \tag{4.5}$$

式中　　D——弯曲模具直径;

　　　　t——试样厚度。

4.2.3　形状记忆合金的超弹性

1. 超弹性现象及机理

形状记忆合金除具有形状记忆效应外,经一定工艺处理还可呈现另一种重要性质,即超弹性(Super-elasticity,SE),也称伪弹性(Pseudo-elasticity,PE)。所谓超弹性是指合金试样在 A_f 温度及高于 A_f 温度的一定范围内变形,产生远大于其弹性变形极限的应变,在卸载时这种应变可自动回复。

在超弹性效应中,马氏体相不是靠温度冷却而是靠应力诱发形成。由于应力诱发马氏体只在应力作用下才能稳定存在,应力一旦去除,马氏体立即回复到原来稳定的母相状

态,所产生的应变也随之完全消失。这就是超弹性记忆效应的机理。

2. 超弹性产生的条件

超弹性效应中的马氏体相是靠应力诱发形成,其产生条件取决于应力大小和所处温度。图 4.11 是形状记忆效应和超弹性产生模式图,阴影部分就是产生超弹性效应的温度和应力条件。一般来说,只要临界滑移应力足够高,则在同一试样中,依据试验温度不同,形状记忆效应和超弹性均可观察到。

图 4.11 中正斜率直线表示诱发马氏体的临界应力,负斜率直线(AB 线)表示临界滑移应力。在滑移变形临界应力较高(图 4.11 中 A 点)的情况下,当一定温度下施加的外力大于诱发马氏体临界应力后,会产生诱发马氏体产生变形,合金表现出超弹性效应。但如果滑移变形的临界应力很低(图 4.11 中 B 点),那么受到外界应力后,合金首先产生滑移,因为滑移不会因加热或卸载而恢复,此时不可能产生超弹性。

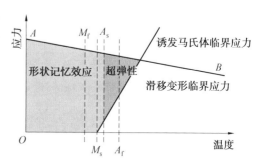

图 4.11 形状记忆效应和超弹性产生模式图

应力诱发马氏体的上限温度一般用 M_d 表示。当变形温度远高于 M_d 时,由于不产生应力诱发马氏体,无相变过程,合金的变形来自于位错的滑移或原子间的滑移,无形状记忆效应或超弹性。而变形温度在 M_d 和 A_f 之间时,应力能够诱发母相转变成马氏体,体现典型的超弹性效应。在 M_s 点以下时,马氏体变形只有通过加热才能恢复形状,这个范围称为形状记忆区。使用温度介于 A_s 和 A_f 时,同时出现部分的形状记忆效应和超弹性记忆效应。

综上所述,超弹性现象产生的内在条件是合金滑移临界应力高于应力诱发马氏体的临界应力,外界条件是适当的温度和外加应力。

4.2.4 形状记忆合金的种类

目前,具有形状记忆效应的基本合金体系有十几种,如果把相互组合的合金或在它们中添加少量其他元素的改良合金记入在内,则超过 100 种。众多种类的形状记忆合金中,在工业上具有实用价值的主要有 3 类:Ti-Ni 基合金、Cu 基合金和 Fe 基合金。进入工业应用阶段的是 Ti-Ni 合金和 Cu-Zn-Al 合金,Cu-Al-Ni 和 Fe-Mn-Si 合金已接近市场引入阶段。

1. Ti-Ni 系形状记忆合金

Ti-Ni 系形状记忆合金不仅具有独特的记忆功能与超弹性功能,而且还具有优良的理化性能和优异的生物相容性,其拉伸强度、疲劳强度、剪切强度和冲击韧性均明显优于普通不锈钢,因而是目前为止各种形状记忆合金中应用最多、最有成效的一种。Ti-Ni 系合金的记忆性能与其成型工艺和热处理条件等有密切的关系,通过不同的热处理工艺可分别获得单程、双程或全程记忆效应。

近年来由于微电子机械系统对新型驱动器的需要,作为驱动材料的形状记忆合金薄膜,特别是 Ti-Ni 薄膜得到了广泛的研究。利用旋转液中纺丝法、急冷薄带法和溅射法可生产非晶或微晶合金薄带或薄膜,不仅可以降低加工成本,还可以实现形状记忆合金的新功能。

2. Cu 基形状记忆合金

Cu 基形状记忆合金具有形状记忆性能好、应用温度范围宽、原料来源广泛、易加工成形、价格低廉等优点,但也存在晶粒粗大、强度低、易脆断和形状记忆稳定性差、耐磨性、耐蚀性不好等缺点。Cu 基形状记忆合金中研究最多的是 Cu-Zn-Al 合金和 Cu-Al-Ni 合金,Cu-Zn-Al 记忆效应良好、易加工制造,但稳定性差;Cu-Al-Ni 合金具有良好的时效稳定性和高温形状记忆效应,但由于晶粒粗大和易产生脆性相 γ_2,因此合金的冷加工性和材料可靠性差。

对 Cu 基形状记忆合金而言,需要解决的问题主要是提高塑性、改善形状记忆效应对热循环和反复变形的稳定性等。晶粒粗大是产生这些问题的重要诱因,所以一旦晶粒粗大问题得到有效地解决,合金就会有良好的应用前景。

3. Fe 基形状记忆合金

Fe 基形状记忆合金具有良好的单程形状记忆效应,价格便宜、加工性好、力学性能高,深受人们关注。最早发现 Fe-Pt 合金和 Fe-Pd 合金具有记忆效应,但由于价格昂贵而没有得到应用。后来又发现其他铁基形状记忆合金,如 Fe-Ni-C、Fe-Ni-Ti-Co 和 Fe-Mn 系合金等具有形状记忆效应,其中尤以 Fe-Mn-Si 系形状记忆合金最便宜、研究最多、应用前景最好。Fe 基形状记忆合金加入铬、镍元素后具良好的耐腐性,可应用于石油输送管道接头和不易焊接的异种材料。

与 Ni-Ti 基和 Cu 基形状记忆合金不同,Fe-Mn-Si 形状记忆合金中母相 γ 和 ε 马氏体的结构都是无序的,因而其形状记忆效应机理具有特殊性。Fe-Mn-Si 系合金的形状记忆效应依赖于 ε 马氏体的可逆性,由于 ε 马氏体与层错有关,因此凡是降低层错能的元素(如 Cr、Ni 等)均有利于 ε 马氏体的形成,对合金的形状记忆效应产生贡献。

形状记忆合金从应用角度上分,主要有高温形状记忆合金和磁控形状记忆合金。

4. 高温形状记忆合金

虽然如今进入实用化的形状记忆合金主要是 Ti-Ni 合金和 Cu-Zn-Al 合金,但它们均只能工作在 100 ℃ 以下的低温。而在相当多的情况下,如火灾或过热情况预警的热动元件,工作温度均超过 100 ℃,核反应堆热敏元件工作温度甚至高达 600 ℃,因此研制高温形状记忆合金就成为一个紧迫的课题。

目前,国内外研究的高温记忆合金主要有 Ti-Ni 基、Ni-Al 基和 Cu 基 3 类。由于 Ti-Ni 基高温记忆合金中需添加价格昂贵的贵金属元素 Au 和 Pt 替代 Ni 或添加 Hf 和 Zr 代替 Ti 来提高相变温度,Ni-Al 基高温记忆合金基体为金属间化合物,存在加工困难和沉淀析出相等问题,因而高温铜基形状记忆合金逐渐得到重视。其中 Cu-Al-Ni 和 Cu-Al-Mn 合金受到的关注最多,新型高耐热铜基形状记忆合金在淬火条件下热弹性逆变温度可高达 400 ℃。

5. 磁控形状记忆合金

近年来,新型功能材料 Ni-Mn-Ga 合金逐渐发展起来,它兼有铁磁性和热弹性马氏体相变特征,是为数不多的铁磁性形状记忆合金之一。Ni_2MnGa 磁控形状记忆合金不仅有较大的恢复应变,而且有快速的响应频率,它的理论最大恢复应变可达 6.6%,最大响应频率可达 5 000 Hz。目前,国内对该类合金的研究主要集中在改善合金脆性,制作合金薄膜,提高磁感生应变和形状记忆功能等方面。

2004 年,以 Y. Sutou 为首的联合研究组首次发现非化学计量比的 Heusler 型 Ni-Mn-In、Ni-Mn-Sn 和 Ni-Mn-Sb 三个新材料系列中能够发生铁磁母相向反铁磁性马氏体转变,并在 2006 年首次报道了在偏离化学配比的 Ni-Mn-In 合金中发现了磁驱相变。Ni-Mn-X(X=In、Sn、Sb)铁磁形状记忆合金与传统磁性形状记忆合金有显著的不同,即其形状记忆直接由磁场驱动相变完成,而不是由磁场驱动马氏体变体重新排列完成,其预期形变量可达到 10%~15%,远大于 Ni_2MnGa 合金。目前,对 Ni-Mn-X(X=In、Sn、Sb)铁磁形状记忆合金的研究尚处于起步阶段。

4.3 形状记忆合金的性质及其制备

4.3.1 Ti-Ni 基形状记忆合金

1. Ti-Ni 合金晶型

Ti-Ni 合金的母相是 CsCl 型体心立方 B_2 结构,具有形状记忆效应的实用 Ti-Ni 合金的 Ti 和 Ni 的原子数相近,原子比为 1:1 左右。在 Ti-Ni 二元合金系中有 Ti-Ni、Ti_2Ni 和 Ni_3Ti 这三种金属间化合物。Ti-Ni 基记忆合金就是基于 Ti-Ni 金属间化合物的合金。Ti-Ni 相在高温时的晶体结构是 B_2(CsCl 结构),点阵常数为 0.301~0.302 nm,也称为母相。由高温冷却时发生马氏体相变,母相转变为马氏体,马氏体的结构为单斜晶体,点阵常数为 $a=0.288\ 9$ nm,$b=0.412$ nm,$c=0.462\ 2$ nm,$\beta=96.80°$,图 4.12 为 Ti-Ni 合金晶体结构示意图。在适当的热处理或成分条件下,Ti-Ni 合金中还会形成 R 相,这个材的结构是菱面体点阵,习惯上称之为 R 相,其点阵参数为 $a=0.602$ nm,$\alpha=90.7°$。在 Ti-Ni 合金冷却时根据成分和预处理条件的不同,会呈现两种不同的相变过程:一是母相直接转变为马氏体;二是母相先转变为 R 相(通常称为 R 相变),然后 R 相转变为马氏体。加热时马氏体逆转变为 R 相,R 相逆转变为母相。上述相变过程都是热弹性马氏体相变,它也按前述的晶体学机制实现形状记忆效应,R 相转变为马氏体也是如此。因此,当 R 相变出现时,Ti-Ni 合金的记忆效应是由两个相变阶段贡献的。当 R 相变不出现时,记忆效应是由母相直接转变成马氏体的单一相变贡献的。除了上述 3 个基本相外,随成分和热处理条件的不同,合金中会有弥散的第二相析出,如 Ti_3Ni_4、Ti_2Ni_3、Ni_3Ti 和 Ti_2Ni 等,其中前两相是亚稳相。这些第二相的存在对 Ti-Ni 合金的记忆效应、力学性能有显著的影响。

Ti-Ni 合金具有丰富的相变现象、形状记忆和超弹性性能稳定、良好的力学性能、生物相容性以及高阻尼特性等优点,因而受到材料科学和工程界的普遍重视。

2. Ti-Ni 合金的成分及组织

钛镍合金成分中 Ni 的原子数分数为 47%~52% 时具有形状记忆性能,合金的密度为 6.4~6.5 g/cm^3,熔点为 1 240~1 310 ℃。图 4.13 是 Ti-Ni 合金相图。由图 4.13 可见,Ti、Ni 合金元素在近等原子比范围的高温范围内形成金属间化合物。在金属间化合物富 Ti 一侧,溶解度极限随温度变化很小;在富 Ni 一侧,溶解度极限随温度的降低而迅速下降。因此,温度降低时高温单相区的宽度急剧变窄,一般认为 650 ℃ 左右时只存在 $x(\text{Ni}) = 50.0\% \sim 50.5\%$。

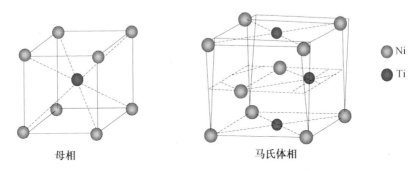

图 4.12　Ti-Ni 合金晶体结构示意图

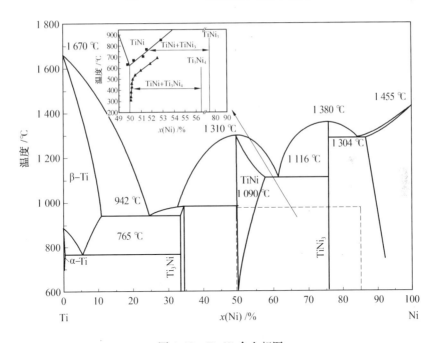

图 4.13　Ti-Ni 合金相图

　　实际上 Ti-Ni 合金的马氏体相变和逆相变是分几个阶段进行的,马氏体相变时为:P(母相 B_2)→IC(无公度)→R(R 相)→M(罗氏体相)。根据平衡相图,近等原子比的钛镍合金室温下析出的主要平衡相有 Ti_2Ni 相和 $TiNi_3$ 相,其中 Ti_2Ni 相为面心立方结构,$TiNi_3$ 相为为六方晶系,$TiNi_3$ 相通常呈块状。由于生产过程难以达到平衡凝固,因此近等原子比的 Ti-Ni 二元合金铸态光学显微组织往往呈现单一均匀的 Ti-Ni 固溶体,合金在固溶处理后的平均晶粒大小只有几十微米。但合金偏离近等原子比成分较多时会有析出相产生。

3. Ti-Ni 合金中的非平衡相

(1)马氏体相

近等原子比 Ti-Ni 合金高温相为 β 母相,为体心立方(bcc)结构。固溶处理时,合金冷却至 1 090 ℃时 β 母相将发生 B_2 有序化转变,形成 CsCl 型超点阵晶体结构(P 相),冷却到室温后,B_2 母相可以保留或发生马氏体转变,这与合金相变的温度有关。图 4.14 为 Ni-Ti 合金固溶态等轴晶粒及马氏体条束。

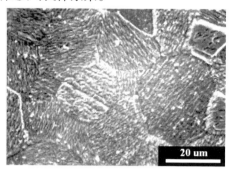

图 4.14 Ni-Ti 合金固溶态等轴晶粒及马氏体条束

最初 Ti-Ni 合金马氏体的晶体结构一直存在争议,后来经过研究得到较为接近的结论,认为 Ti-Ni 合金马氏体为畸变 B_{19} 单斜结构(记为 $B_{19'}$),得到与实验结果更接近马氏体的模型。图 4.15 为 $B_{19'}$ 马氏体的晶体结构示意图,表 4.2 列出了该模型的晶体学参数。

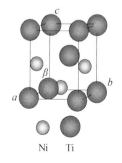

图 4.15 Ti-Ni 马氏体晶体结构

表 4.2 马氏体晶胞的晶体学参数

a/nm	0.289 8
b/nm	0.410 8
c/nm	0.464 6
$\beta/(°)$	97.78
V/nm^3	0.054 79
单胞原子数	4

(2)时效析出相

时效处理对富 Ni 的 Ti-Ni 合金($x(\text{Ni})>50.6\%$)的物相组成和马氏体相变均有显著影响。研究发现,富 Ni 的 Ti-Ni 合金在低于 680 ℃时效时的各析出相的析出顺序为:$NiTi \rightarrow NiTi+Ti_3Ni_4 \rightarrow NiTi+Ti_2Ni_3 \rightarrow NiTi+TiNi_3$;680 ~ 750 ℃范围内为:$NiTi \rightarrow NiTi+Ti_2Ni_3 \rightarrow NiTi+TiNi_3$;750~800 ℃范围内为:$NiTi \rightarrow NiTi+TiNi_3$。在上述的任一温度范围内时效时,合金的最终分解产物均为 $NiTi+TiNi_3$,而 Ti_3Ni_4 和 Ti_2Ni_3 均为亚稳相。

Ti_3Ni_4 相是与钛镍合金形状记忆特性有关的一种非常重要的相,其与基体之间呈共格关系,形态随时效温度和时间的增加而呈现细小颗粒→椭圆薄片状→椭圆透镜片状→

粗片状变化。由于 Ti_3Ni_4 与基体的共格关系以及该相析出导致 Ti-Ni 基体成分变化,因此对合金的相变行为和相变温度产生重要影响。

4. Ti-Ni 合金马氏体的相变行为

(1)马氏体相变过程

对于 Ti-Ni 二元合金及 Ti-Ni 基合金而言,母相为 B_2 有序结构,受成分、热机械处理和添加第三组元的影响,存在如图 4.16 所示的马氏体相变过程。

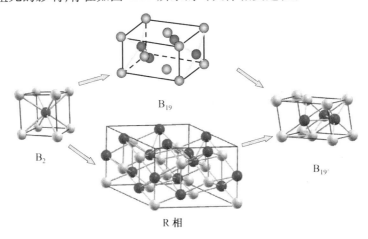

图 4.16 Ti-Ni 合金马氏体相变

首先,在固溶处理态 Ti-Ni 二元合金发生 $B_2 \rightarrow B_{19'}$ 的一步马氏体相变;向 Ti-Ni 合金中加入 Fe、Al 元素,将会发生 $B_2 \rightarrow R \rightarrow B_{19'}$ 的两步相变;其次,在一定条件下,如冷加工后退火、热循环、对富 Ni 的 Ti-Ni 合金进行时效处理等,Ti-Ni 二元合金也可以发生 $B_2 \rightarrow R \rightarrow B_{19'}$ 的两步相变;再次,而当 $x(Cu) > 7.5\%$ 时,Ti-Ni-Cu 三元合金发生 $B_2 \rightarrow B_{19} \rightarrow B_{19'}$ 的两步相变。

可见,所有 Ti-Ni 基合金都有从 B_2 母相转变为 $B_{19'}$ 马氏体的趋势,所有相变的最终产物都是 $B_{19'}$ 马氏体,意味着 $B_{19'}$ 为最稳定的结构。

(2)Ti-Ni 合金中的 R 相

目前研究认为,Ti-Ni 合金中的 R 相为菱方结构,点阵常数为 $a_0 = 0.602$ nm,$\alpha = 90.7°$,若用三角晶系单胞重新标定得 $a_0 = 0.903$ nm,$\alpha = 89.3°$。当合金中出现 R 相变时,合金的记忆效应由母相转变为马氏体相变的单一相变贡献变为 R 相变和马氏体相变两阶段贡献。

图 4.17 为冷拔后经 400 ℃、1 h 退火处

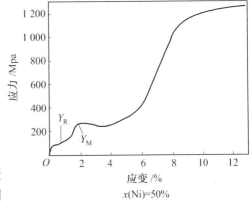

图 4.17 Ti-Ni 合金($x(Ni) = 50\%$)丝的应力-应变曲线

理的 Ti-Ni 合金($x(Ni) = 50\%$)丝材在 30 ℃下拉伸时的应力-应变曲线。拉伸温度低于

R 相变结束温度(R_f)而高于 M_s,所以试样在试验温度处于完全 R 相状态。由图4.17可见,应力-应变曲线上出现两个屈服平台,第一次屈服由 R 相变体再取向引起,该段的延伸率约为0.8%。第二次屈服平台对应于应力诱发 $B_{19'}$ 马氏体相变,这一阶段产生的延伸率达到5%。第二个平台过后开始滑移变形直至断裂,且断裂时延伸率可达15%以上。

5. 影响 Ti-Ni 合金相变温度的因素

Ti-Ni 合金的马氏体相变温度随合金成分、热处理制度、加工工艺不同而不同,其中合金化学成分的变化对相变温度的影响最大。

(1)Ni 含量对 Ti-Ni 合金相变温度的影响

对于二元 Ti-Ni 合金而言,合金的 Ni 含量每改变0.1%,合金的相变温度将变化10 ℃左右。图4.18为 Ni 含量对合金的 A_f 温度的影响曲线。

(2)合金化元素对 Ti-Ni 合金相变温度的影响

加入合金元素对 Ti-Ni 记忆合金的相变乃至记忆效应有显著的影响,合金化是调整 Ti-Ni 合金特性的重要手段。按照合金元素对马氏体影响规律,大致可将合金元素分为两类:一类为降低马氏体相变温度的元素;另一类为升高相变温度的元素。

Fe、Al、Cr、Co、Mn、V、Nb、Mo 等元素的加入可以降低合金的马氏体相变温度,随着这类元素含量的增加,马氏体相变温度近似呈

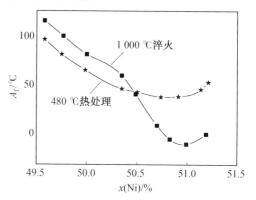

图 4.18　Ni 含量与 A_f 温度的关系

直线下降。Au、Pt、Pd、Hf 和 Zr 等元素的加入可以使马氏体相变温度大幅度升高,从而拓宽了形状记忆合金的使用温度范围,其中 Ti-Ni-Pd、Ti-Ni-Hf 和 Ti-Ni-Zr 合金都是具有代表性的高温记忆合金。

Cu 的质量分数在 Ti-Ni 合金中固溶度可高达30%。在 Ti-Ni 合金中加入一定量的 Cu 置换 Ni 后,合金形状记忆效应和力学性能仍然很好,而合金的成本则降低了很多。加入 Cu 对相变温度有一定影响。图4.19是用 DSC(差示扫描量热分析)法测得的不同 Cu 含量的 $TiNi_{1-x}Cu_x$ 合金在加热和冷却过程中的相变。可见,随 Cu 含量的增加,合金的 M_s 点有升高的趋势,而 A_s 点则变化不大。同时可以注意到,马氏体相变的温区(M_s-M_f)和逆相交的温区(A_f-A_s)都变窄。M_s 升高而 A_s 变化不大意味着热滞减小。这对于制备一些应用条件要求的窄滞后记忆合金十分有利。

与 Cu 的作用相反,在 Ni-Ti 合金中加入一定量的 Nb,可得到很宽滞后的记忆合金。与 Ni-Ti-Cu 合金不同的是,Nb 不是以置换原子的方式溶入 Ni-Ti 相的点阵中,也不与 Ni 或 Ti 原子形成第二相,而是主要以纯 Nb 相弥散分布在 Ni-Ti 基体中。由于 Nb 相很软,其流变应力与马氏体相相近。在施加应力使马氏体变形时,Nb 相也相应地发生塑性变形。逆转变时,马氏体的变形是可恢复的,而 Nb 相的变形是不可恢复的。而且 Nb 相的变形对马氏体的逆转变有阻碍作用,从而导致逆转变温度显著升高,得到宽滞后的记忆合金。

添加 Fe 对 Ti-Ni 记忆合金的相变也有显著的影响,加 Fe 使合金显现出明显的 R 相变,这时合金的相变过程明显分为两个阶段:即冷却时母相(B_2 结构)首先转变为 R 相,进一步冷却又使 R 相转变为马氏体。加热时的相变过程则相反。$Ti_{50}Ni_{47}Fe_3$ 是显现上述现象的一个典型合金成分。在 Ti-Ni 合金中加入适量的 Co 也有类似的作用。

稀土元素也是影响相变温度和相变行为的元素。稀土 Ce 和 Dy 不改变合金的相变次序,而加入 Y 和 Gd 使固溶处理态合金中发生 R 相变。向富 Ni 的 Ti-Ni 合金和等原子比的 Ti-Ni 合金中加入稀土元素后使合金的相变温度呈现先升高后逐渐趋于稳定的趋势。

(3)热处理对 Ti-Ni 合金相变温度的影响

研究发现,当固溶处理温度高于再结晶温度以上时,合金的 M_s 温度变化不大,而在

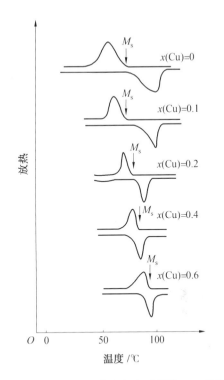

图 4.19 Ti-Ni-Cu 合金相变过程的 DSC 曲线

再结晶温度以下随固溶处理温度的下降 M_s 温度逐渐降低。此外,在 Ni 原子数分数分别为 49.75% 和 51.0% 的合金中发现固溶处理后的冷却速度越快,M_s 温度越低。

此外,由于富 Ni 的 Ti-Ni 合金时效时会析出 Ti_3Ni_4 相,导致合金基体成分发生变化,从而使合金的相变温度发生变化。当然,时效对合金的作用不仅如此。Ti-Ni 时效过程中(温度为 460~500 ℃时)还发生 R 相变,使固溶处理后合金的 $B_2 \rightarrow B_{19'}$ 一步相变转变为两步相变或多步相变。合金的马氏体相变温度 M_s 和 R 相变温度均随时效温度和时间的增加先升后降,呈现峰值效应,在 500 ℃时效时相变温度最高。在时效温度一定时,M_s 温度在时效初期相变温度的上升幅度较大,而后升高幅度减小,逐渐趋于稳定值。图 4.20 为 $Ti_{49.5}Ni_{40.5}Cu_{10}$ 发生 $B_2 \rightarrow B_{19'}$ 相变后表面浮凸显微形貌。

图 4.20 $Ti_{49.5}Ni_{40.5}Cu_{10}$ 发生 $B_2 \rightarrow B_{19'}$ 相变后表面浮凸显微形貌

6. Ti-Ni 合金的性能

(1) Ti-Ni 合金的形状记忆特性

Ti-Ni 合金的形状记忆效应表现在马氏体相变过程中,记忆合金的形状随温度变化而变化(形状恢复),同时产生恢复应力;合金的形状记忆效应随热循环或应力循环次数的增加而开始逐渐衰减以致消失,即存在疲劳寿命等。人们把这些与形状记忆效应相关的性能统称为形状记忆特性。Ti-Ni 合金的形状记忆特性见表 4.3,这些特性与合金的化学成分、热处理工艺和加工工艺密切相关。

表 4.3 Ti-Ni 合金的形状记忆特性

相变温度范围/℃	−200 ~ 110
滞后温度/℃	30 ~ 50
相变应变(多晶)/%	≤8(一次循环)
	≤6(100 次循环)
	≤4(100 000 次循环)
加热可恢复应力/MPa	≤400
抗热循环能力	$10^4 ~ 10^6$
耐热温度/℃	约 250
相变潜热/$(J \cdot g^{-1})$	5.78

(2) Ti-Ni 合金的加工性能

Ti-Ni 合金具有较好的热加工性能,铸锭可以进行模锻、挤压、热轧和拉拔等工艺过程,能够制成各种规格的板材、带材、棒、管和丝材。对 Ti-Ni 合金而言,合适的热加工温度为 700 ~ 850 ℃。在进行热加工前,要将合金在加热温度下保持一定的时间,以使非平衡相充分溶解。Ti-Ni 合金的拉伸延伸率为 20% ~ 60%,是可以进行冷变形的金属间化合物,但与普通金属材料相比,Ti-Ni 合金的冷变形能力较差。这是因为,铸态 Ti-Ni 合金的强度高(为 1 300 ~ 2 000 MPa),而且在冷变形时能迅速造成加工硬化,使合金的强度提高,造成延伸率急剧下降。图 4.21 为 Ti-Ni 合金晶粒尺寸对超弹性的影响。

在宏观上记忆合金的记忆变形是可逆的,记忆合金同样会发生疲劳破坏。这是因为由于第二相或夹杂的存在以及晶粒取向的不同等因素,从微观上看变形总是有不协同性,从而导致在局部的晶界和相界上产生应力集中,最终导致裂纹形成和断裂。由上所述,形状记忆合金具有几种不同的变形机制。不同的变形机制的形状记忆合金的疲劳性能也是不同的:当应变循环机制是应力诱发马氏体相变时,疲劳寿命较短(小于 10^4);而在弹性应变区循环时,疲劳寿命很长。总体上 Ti-Ni 合金具有良好的抗疲劳性能,是所有记忆合金中抗疲劳性能最好的材料。图 4.22 为 Ti-Ni 合金的疲劳曲线。

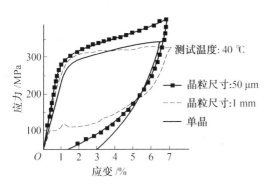

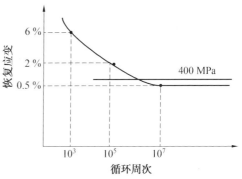

图 4.21　Ti-Ni 合金晶粒尺寸对超弹性的影响　　　图 4.22　Ti-Ni 合金的疲劳曲线

（3）Ti-Ni 合金的应力-应变曲线

Ti-Ni 合金的应力-应变曲线的形状随变形温度的不同而发生变化。由高温单相区淬火的 Ti-Ni 基合金的应力-应变曲线,按照试验温度范围可分为 4 种类型,如图 4.23 所示,图中 T_d 为实验温度。

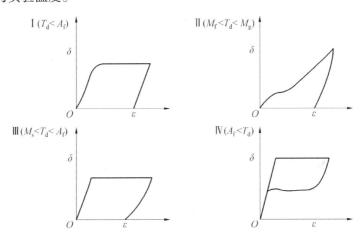

图 4.23　Ti-Ni 合金在不同温度拉伸时的应力-应变曲线

第一种类型发生在 $T_d < M_f$ 温度范围内,试样组织全部是马氏体相,变形是通过马氏体相内的孪晶界面的迁移和变体间的相互吞并方式进行的。Ti-Ni 合金马氏体的屈服强度为 50～250 MPa,此温度范围内出现的平台对应于合金的形状记忆效应。第二种类型发生在 $M_f < T_d < M_s$ 温度范围内,合金通过已有马氏体相的应力诱发生长,新的应力诱发马氏体的生长以及上述机制进行变形。第三种类型在 $M_s < T_d < A_f$ 温度范围内只通过应力诱发马氏体相的生长进行变形。第四种类型在 $A_f < T_d$ 温度下呈现所谓的超弹性效应,马氏体只有在应力作用下才存在。

如果继续升高实验温度,合金在拉伸时仅产生弹性和塑性变形,无应力诱发马氏体相变产生,发生母相的真实塑性变形,其应力-应变曲线与常见材料类似。

7. Ti-Ni 合金的熔炼及处理

（1）Ti-Ni 合金的熔炼

熔炼是制备 Ti-Ni 合金的关键技术,尤其是恰当控制合金元素的配比及杂质元素的含量。实验证实,随 O 含量的增加,Ti-Ni 记忆合金不仅 M_s 点降低,而且其力学性能严重恶化,影响正常使用。N 对 Ti-Ni 的影响与氧相似,因此 N、O 是希望能够严格控制的元素。此外,随 C 含量的增加,合金的相变滞后变大,形状恢复率下降。

Ti-Ni 合金的熔炼要在真空炉中进行,目前工业生产用 Ti-Ni 合金主要是利用真空自耗电弧炉、真空感应炉和真空感应水冷铜坩埚炉熔炼。除高频感应熔炼使用石墨坩埚外,其他几种熔炼方法都使用了水冷铜坩埚,从而保证了利用这些方法熔炼制备的 Ti-Ni 合金不受坩埚的污染。但是电子束和电弧熔炼都需要电极,导致铸锭成分均匀性较差。真空感应水冷铜坩埚熔炼是近年来发展的新技术,由于兼具水冷铜坩埚和涡流搅拌作用,因而获得的铸锭成分均匀且杂质污染少,但是真空感应水冷铜坩埚炉造价昂贵,因此,目前熔炼 Ti-Ni 合金的主要方法还是采用石墨坩埚真空感应熔炼。采用石墨坩埚真空感应熔炼时,控制好熔炼工艺,也能得到高品质的 Ti-Ni 合金铸锭。

（2）Ti-Ni 合金的形状记忆处理

加工成型后的 Ti-Ni 合金必须进行形状记忆处理才能记住加工后的形状。形状记忆处理也称记忆训练或形状记忆热处理。对于单程形状记忆效应和双程形状记忆效应而言,记忆处理的方法是不同的。

①单程形状记忆效应的形状记忆处理。

Ti-Ni 合金的单程形状记忆处理方法有 3 种,分别是低温处理、中温处理和时效处理。

低温处理是将 Ti-Ni 合金在 800 ℃以上高温完全退火,然后在室温下加工成型,再在 200 ~ 300 ℃保温几分钟至数十分钟。由于经过完全退火,合金变得很软,很容易制成各种形状,适合制造形状复杂或曲率半径小的产品。

中温处理是将冷加工后的合金按照所需的形状在 700 ℃加工成型,然后在 400 ~ 500 ℃进行几分钟到几个小时的加热保温。此方法由于工艺简单而被广泛应用。中温处理的关键是处理前的合金材料在轧制、拔丝等冷加工过程中应充分加工硬化。对经热加工变形的 Ti-Ni 合金可在室温下成型,并约束其形状在 450 ℃左右进行处理,同样能获得单程形状记忆效应。但是低温处理的形状记忆特性,特别是疲劳寿命不如中温处理。

时效处理仅适用于富 Ni 的 Ti-Ni(x(Ni)>50.5%)合金获得形状记忆效应。将合金经 800 ~ 1 000 ℃固溶处理后急冷,再在 400 ℃左右时效数小时,即可获得单程形状记忆效应。利用时效处理使合金获得的单程记忆效应和经中温处理所得的相当。但时效处理的工艺成本较复杂,成本比中温处理高。

②双程形状记忆效应的形状记忆处理。

Ti-Ni 合金获得双程记忆功能的处理通常有训练和约束处理两种方法。

训练是将 Ti-Ni 合金在高温下成型,随后在 M_s 点附近进行变形,且其变形量应大于等于 10%;随后加热到高温,使其恢复到原始形状,并不断重复此过程。这样就可以使合金获得双程形状记忆效应的功能。

约束处理是将 A_f 点低于室温的 Ti-Ni 合金,经 700 ℃固溶处理后,在高于 A_f 点温度以上变形并约束此形状,在 500 ℃左右进行时效处理,同样可以获得双程形状记忆效应。由于工艺简单、一致性好,因此成为双程记忆元件的主要处理方法。

4.3.2 铜基形状记忆合金

自 20 世纪 30 年代就发现了 Cu-Zn 合金具有可逆的热弹性马氏体相变点现象。许多铜基合金材料的形状记忆效应被发现,而作为智能性实用材料受到重视还是在 20 世纪 70 年代以后。在所发现的形状记忆合金材料中,铜基合金的记忆特性等性能比不上 Ti-Ni 合金,但是铜基合金的生产成本只是 Ti-Ni 合金的 1/10,再加上加工性能好,使得铜基形状记忆合金材料的研究受到了很大的关注。

对铜基合金的研究是从单晶开始的,因为铜基合金的单晶比较容易制作,所以对多晶材料也进行了系统的研究。铜基合金的形状记忆效应及相变伪弹性的机理已经基本清楚,可是作为一种实用性的材料,仍存在一些有待改善的问题。其中大部分是围绕材料学的问题,如铜基合金在高温相与低温相均会产生时效效应。高温时效时,析出平衡相,改变相变温度 M_s,形状恢复率下降;而低温时效又会使 A_s 点上升,出现马氏体稳定化现象。此外,铜基合金的晶界容易产生破裂,疲劳强度较差,需要采用一些有效的方法,如晶粒细化等技术手段加以改善。

1. 铜基形状记忆合金的种类及其组织

Cu 基记忆合金主要由 Cu-Zn 和 Cu-Al 这两个二元系发展而来,最有使用意义的材料是 Cu-Zn 基和 Cu-Al 基三元合金,且主要是 Cu-Zn-Al 合金和 Cu-Al-Ni 合金。Cu-Zn 二元合金的热弹性马氏体相变温度极低,通过加入 Al、Ge、Si、Sn、Be 等第三元素可以有效地提高相变温度,由此发展了一系列的 Cu-Zn-X(X = Al、Ge、Si、Sn、Be)三元合金。在 Cu-Al 二元合金中,随 Al 含量的增加,由 β 相区淬火易于形成 β′相,但是 Al 含量高时,γ_2 相也随之析出。通过加入 Ni 可增加 β 相的稳定性,抑制 γ_2 相析出,由此发展出 Cu-Al-Ni 系记忆合金。Cu-Zn-Al 基和 Cu-Al-Ni 基形状记忆合金是最主要的两种 Cu 基记忆合金。它们具有形状记忆效应好、价格便宜、易于加工制造等特点。但是与 Ti-Ni 记忆合金相比,它的强度较低,稳定性及耐疲劳性能差,不具有生物相容性。

在已发现的形状记忆合金中铜基形状记忆合金占的比例最多,它们的一个共同点是母相均为体心立方结构,因此一般称为 β 相 Cu 基形状记忆合金。β 型合金在高温时是无序结构,通常被称为 β_0 结构或 A_2 结构。当发生无序到有序相变时,将形成 B_2 有序点阵、DO_3 有序点阵和 L21 有序点阵 3 种有序结构,其中具有 B_2 有序点阵结构的母相被称为 β_2 母相,DO_3 有序点阵结构的母相被称为 β_1 母相。图 4.24 为 Cu 基合金的 B_2 晶型和 DO_3 晶型结构母相示意图。

(1)Cu-Zn-Al 系合金

Cu 基记忆合金的稳定性受到多个因素的影响。首先其相变点对合金十分敏感,在 Cu-Zn-Al 合金中随 Zn、Al 含量的增加,相变点也显著降低。根据实验规律,Al 合金的 M_s 点与成分的关系可近似由如下的经验公式表示:

$$M_s/\text{℃} = 1\,890 - 5\,100w_{Zn} - 13\,450w_{Al} \tag{4.6}$$

含原子数分数为 40% 的 Zn 的 Cu-Zn 二元合金 β 相的无序向有序转变发生在 454 ~ 468 ℃,因此马氏体相变开始温度远低于室温;而在含原子数分数为 38% 的 Zn 的合金中则发生块状转变,成分不变,但相变是扩散型的。通过加入 Al、Ge、Si、Sn、Be 等第三元素

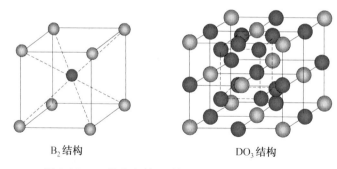

B₂结构   DO₃结构

图 4.24   Cu 基合金的 B₂ 晶型和 DO₃ 晶型结构母相

可以有效地提高相变温度和稳定 β 相,由此发展了一系列的 Cu-Zn-X(X=Al、Ge、Si、Sn、Be)三元合金,其中尤以 Cu-Zn-Al 三元系具有较好的形状记忆特性。

表 4.4   **具有形状记忆效应的铜基形状记忆合金**

合金	成分	M_s/℃	相变滞后/℃
Cu–Zn	$w(\text{Zn})=38.5\% \sim 41.5\%$	$-180 \sim 10$	~10
Cu–Sn	$x(\text{Zn})=15\%$	$-120 \sim 30$	~8
Cu–Zn–X(X=Al、Ga、Si、Sn)	$w(\text{Zn})=14\% \sim 28\%,w(\text{X})\approx 10\%$	$-180 \sim 100$	~10
Cu–Al–Ni	$w(\text{Al})=14.0\% \sim 14.5\%,w(\text{Ni})\approx 4.5\%$	$-140 \sim 100$	~35
Cu–Al–Be	$w(\text{Al})=9\% \sim 12\%,w(\text{Ni})=0.6\% \sim 1.0\%$	$-30 \sim 40$	~6
Cu–Au–Zn	$x(\text{Au})=23\% \sim 28\%,x(\text{Zn})=45\% \sim 47\%$	$-190 \sim 40$	~6

图 4.25 是含质量分数为 6% 的 Al 的 Cu-Zn-Al 合金相图的一个垂直截面图。从图中可以看出,在合金添加 Al 后,β 相区大幅度向低 Zn 浓度一侧移动,且发生相分解的温度范围也向高温一侧扩大。β 相在 427 ℃ 附近容易分解为 α 固溶体(fcc 结构)和 γ 相(Cu₅Zn₈立方相)。

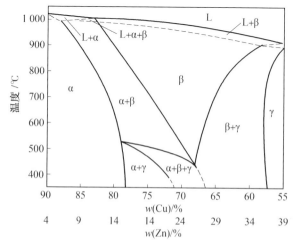

图 4.25   Cu-Zn-Al 三元系在 $w(\text{Al})=6\%$ 时的垂直截面图

Cu–Zn–Al 合金从高温冷却时发生马氏体相变的过程为

$$\begin{array}{ccc} & & \nearrow \text{分级淬火} \\ A_2 & & \xrightarrow{\quad} DO_2(\text{有序}) \xrightarrow{\quad} 18R \text{ 马氏体} \\ (\text{无序}) \longrightarrow B_2(\text{有序}\beta_1) \longrightarrow & & \\ & & \searrow \text{直接淬火} \\ & & \xrightarrow{\quad} 9R \text{ 马氏体} \end{array}$$

Cu–Zn–Al 合金的 M_s 温度与合金成分的关系式为

$$M_s/{}^{\circ}\!C = 2\,221 - 52 \times w_{Zn} - 137 \times w_{Al} \tag{4.7}$$

由于微量的成分变化会导致相变点发生很大的变化,而在熔炼中有时也难以做到十分准确地控制成分,这会导致生产出的合金的相变点发生波动。在这种情况下,可以来用一些后续的处理,在一定的范围内调整合金的相变点。通常提高淬火温度可使相变点有所提高,但升高的幅度一般不超过 10 ℃。另一种方法是将淬火温度降低到略低于 β 单相区的 α+β 两相区。如图 4.25 所示,α+β 两相区 Zn 的含量在比在单相 β 区时高,因此,按式(4.7)将淬火温度降低到 α+β 两相区,M_s 则显著降低。但是,这时合金的组织是 β′相的基体中析出少量的 α 相,但 α 相是不具有热弹性马氏体相变的,α 相过多不利于合金的形状记忆。在 α 相的数量不是很多,并且形态、分布较好时,合金的性能不会受到明显的损害。

Cu–Zn–Al 合金在高温无序 β 相在急剧冷却的中途会产生无序到有序的相变,形成有序结构的 B₂ 相,这就是 Cu–Zn–Al 合金的母相,有序晶格结构为 B₂ 型或 CsCl 型,根据组成不同,有的会在较高温区发生 B₂ ⟷ DO₃ 相变,在常温下为 DO₃ 结构。

Cu 基记忆合金还存在较为严重的马氏体稳定化现象,其表现为淬火后合金的相变点会随着放置时间的延长而增加直至达到一稳定值。稳定化严重时,马氏体在加热的过程中甚至不能逆转变,合金失去记忆效应。马氏体的稳定化主要是由于淬火引入的过饱和空位,偏聚在马氏体界面钉扎甚至破坏了其可动性而造成的。采用适当的时效或分级淬火可以消除过饱和空位,从而消除马氏体的稳定化。

(2)Cu–Al–Ni 系合金

二元 Cu–Al 系合金的 β 相在 838 K 时共晶分解为 α 和 γ₂(Cu_9Al_4 立方相),但是如果从 β 相区淬火至室温,将发生马氏体相变。若 $w(Al) < 11\%$,则生成无序 9R 马氏体;若 $w(Al) = 11\% \sim 13\%$,则为 18R 马氏体;若 $w(Al) > 13\%$,则为 2H 马氏体。母相中 Al 的质理分数大于 14% 时,在其发生马氏体相变前即变成有序相,甚至在 $w(Al) > 14\%$ 时,M_s 温度仍高于室温。Al 的质量分数更高的合金则易发生 γ₂ 相沉淀并且不发生马氏体相变。

图 4.26 为质量分数为 3% 的 Ni 的 Cu–Al–Ni 三元合金的垂直截面图。当加入第三组元 Ni,因为 Ni 阻碍 Cu 和 Al 的扩散而有效地抑制了 γ₂ 相沉淀,使 Al 的质量分数为 14% 并含不等量的 Ni 可以获得很好的形状记忆效应。然而,随 Ni 含量增加使合金变脆,所以最佳成分范围是 $w(Al) = 14\% \sim 14.5\%$,$w(Ni) = 3\% \sim 4.5\%$,其中当 $w(Al) = 14\%$ 时,Cu–Al–Ni 三元合金具有很好的形状记忆效应。

Cu–Al–Ni 合金的 M_s 温度与合金成分的关式为

$$M_s/{}^{\circ}\!C = 2\,020 - 45 \times w_{Ni} - 134 \times w_{Al} \tag{4.8}$$

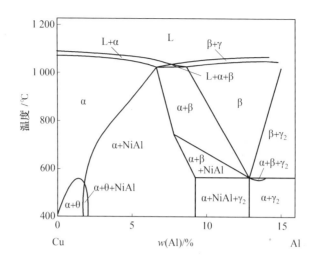

图 4.26 Ni 在 $w(Ni)=3\%$ 处的 Cu–Al–Ni 三元合金的垂直截面图

（3）Cu–Al–Mn 系合金

研究发现,当向 Cu–Al 系中加入 Mn 元素时,由此形成的低 Al 的 Cu–Al–Mn 系合金不仅具有显著的形状记忆效应和超弹性,而且具有极佳的延展性,这是 Cu–Zn–Al 合金和 Cu–Al–Ni 合金所没有的。在 Cu–Al–Mn 合金中,当 $w(Al)<18\%$ 时,合金室温母相的晶体结构为 A_2 或 L21 结构,不存在 B_2 结构,相应的马氏体相的晶体结构为 3R(α,无序 fcc 结构)和 18R(有序的 β_1')。通过适当增加合金中的 Al 和 Mn 含量,可以使合金的 M_s 点降低,从而开发出低相变温度($M_s<29$ K)的 Cu–Al–Mn 合金,可以用作管接头或紧固件,代替价格昂贵的 Ti–Ni–Nb 合金,降低成本,拓宽了 Cu 基形状记忆合金的实际应用领域。但是 Al 的质量分数不能过高,若 $w(Al)>13\%$,将恶化合金的韧性,使合金变得硬而脆。

当合金中 $w(Al)>20\%$ 时,Cu–Al–Mn 合金的 M_s 温度与合金成分的关系式

$$M_s/℃ =919-63.2\times w_{Al}-63.9\times w_{Mn} \tag{4.9}$$

否则

$$M_s/℃ =919-25.5\times w_{Al}-73.2\times w_{Mn} \tag{4.10}$$

3. 铜基形状记忆合金的性能

（1）力学性能

Cu 基记忆合金的力学性能虽然与 Ti–Ni 基记忆合金的相比有较大的差距,但大量的研究实验证实,铜基形状记忆合金具有良好的形状记忆效应和相变伪弹性。在实际应用中使用的多晶铜基合金材料至今还存在一些问题,首先是这一材料形状记忆特性的稳定性问题。随着热循环次数的增加、变形次数的增加、使用温度下时效等,都会使该材料的形状记忆特性发生变化,甚至会衰减、消失。

Cu 基记忆合金的力学性能与 Ni–Ti 基记忆合金相比有较大的差距。另外,Cu 基记忆合金的疲劳强度和循环寿命也远低于 Ni–Ti 记忆合金。Cu 基记忆合金的力学性能较差的主要原因是它们的弹性各向异性常数很大、晶粒粗大,因而变形时很容易产生应力集中,导致晶界开裂。因此,阻止 Cu 基记忆合金的晶间断裂,提高其塑性和疲劳寿命的方法主要有如下两种:一是制备单晶或形成定向织构;二是细化晶粒。细化晶粒是目前采用

的主要方法。细化晶粒的方法有添加合金元素、控制再结晶、快速凝固、粉末冶金等,目前主要采用添加微量元素的方法来细化晶粒。通过单独或联合添加对 Cu 固溶度很小的元素,如 B、Cr、Ce、Pb、Ti、V、Zr 等,再辅以适当的热处理,可以在不同的程度上达到细化晶粒的效果。

Cu-Zn-Al 三元合金的晶粒粗大,一般在毫米数量级,导致断裂应力和应变均很小。Cu-Al-Ni 合金多晶非常脆,2% ~ 3% 的应变后即发生断裂,呈现结晶状断口,为沿晶断裂。表4.5 给出了 Cu 基记忆合金的力学性能。

表4.5　Cu 基记忆合金的力学性能

性能指标	Cu-Zn-Al 合金	Cu-Al-Ni 合金
弹性模量/GPa	70 ~ 100(母相)	80 ~100(母相)
	70(马氏体相)	80(马氏体相)
屈服强度/MPa	350(母相)	150 ~ 300(母相)
	80(马氏体相)	150 ~ 300(马氏体相)
抗拉强度/MPa	400 ~ 900(母相)	500 ~1200(母相)
	700 ~ 800(马氏体相)	1 000 ~ 1 200(马氏体相)
延伸率/%	10 ~ 15(母相)	5 ~ 12(母相)
	10 ~ 15(马氏体相)	8 ~ 10(马氏体相)

(2)形状记忆特性

与 Ti-Ni 合金相似,多晶 Cu 基形状记忆合金也呈现出通常的形状记忆效应和超弹性。表4.6 为 Cu-Zn-Al 合金和 Cu-Al-Ni 合金的一些形状记忆特性数据。铜基系合金的形状记忆效应明显低于 Ti-Ni 合金,而且形状记忆稳定性差,表现出记忆性能衰退现象。另外,铜基记忆合金的疲劳强度和循环寿命也远低于 Ni-Ti 记忆合金,多晶 Cu-Zn-Al 合金的最大单程形状记忆效应约为 5 %,双程形状记忆应变为 2 % 时,仅能循环几次,当双程形状记忆效应小于 0.5 % 时,循环次数可达几千次,最大恢复应力约为 600 MPa。

表4.6　Cu-Zn-Al 合金和 Cu-Al-Ni 合金的形状记忆特性数据

记忆特性	Cu-Zn-Al	Cu-Al-Ni
相变温度/℃	−200 ~120	−200 ~170
相变滞后/℃	5 ~20	20 ~30
相变应变(多晶)/%	5	2
最大恢复应力/MPa	700	600

(3)铜基合金的加工性能

Cu-Zn-Al 形状记忆合金的热加工性能很好,在 α+β 两相共存状态下具有超塑性,用热锻方法能够加工出形状复杂的元件,而 Cu-Zn-Al 合金的冷加工性能与合金的显微组织密切相关。合金组织为 β 相时,晶粒粗大,合金比较脆。合金组织为 γ 相时,合金不仅脆而且很硬,几乎不能进行冷加工。当合金的组织为 α+β 两相共存时,合金可以进行冷加工。Cu-Zn-Al 合金的切削加工性能良好,不论是 β 单相组织,还是 α+β 两相组织,切削都不存在任何问题。

4. 铜基形状记忆合金的时效效应

铜基形状记忆合金在母相和马氏体相状态下都会产生时效效应,即合金的相变温度和形状记忆特性都将发生变化。但是在不同状态下的产生机制是不一样的。

(1)母相时效

Cu-Zn-Al 合金在高温时效中析出平衡相 α 和 γ 相(Cu_5Zn_8 立方相),而 Cu-Al-Ni 合金则析出平衡相 α 和 $γ_2$(Cu_9Al_4 立方相)。它们最先在马氏体形核的晶格缺陷处析出,在这些微细析出物周围形成了共格畸变,抑制了其后的马氏体相变,因此,马氏体相变温度 M_s 下降。可是,随着析出物的逐渐粗大,母相的溶质浓度发生了变化。Cu-Al-Ni 合金的溶质浓度下降。析出相 $γ_2$ 的增加又造成了母相中 Al 浓度的减少。当 Al 浓度减少的效应占据了优势后,相变温度 M_s 又出现了上升趋势。不论 M_s 是下降还是上升,都伴随着析出物的增加,由形状记忆效应和相变超弹性效应引起的形状恢复率都会减少。

铜基合金在急剧冷却过程中由无序到有序的相变分两个阶段进行。首先是从高温无序结构的 β 相转变为 B_2 型有序点阵,随温度继续下降,再由 B_2 型转变为 DO_3 型有序点阵。但是,β 相到 B_2 的转变温度几乎是一定的,约为 500 ℃,而 B_2 到 DO_3 的转变温度则和成分密切相关,如有的合金直到室温附近才发生这一转变。因此,可以认为母相状态产生时效的原因为当试样从高温 β 相无序结构急剧冷却时,原子的再排列并不充分,有序化转变并没有完全结束。

(2)马氏体相时效

铜基形状记忆合金从固溶温度淬火后,在 A_s 以下温度时效,即马氏体状态下的时效同样会对铜基合金的形状记忆特性造成显著影响,主要表现为合金的 A_s 温度上升,即低温时效使得马氏体产生了稳定化的倾向。所以,在马氏体相状态下的时效也称为马氏体的稳定化。

马氏体稳定化的具体表现主要有:①逆转变温度 A_s、A_f 升高,逆转变(M →P)受到抑制;②热弹性马氏体转变量减少,直至消失;③刚淬火时合金的记忆性能良好,然后随时效时间延长,呈现马氏体稳定化现象,记忆效应逐渐恶化直至丧失;④在 A_s 以上温度分级淬火或淬火后立即上淬可抑制马氏体稳定化的发生;⑤在低温时效短时间后,发生的马氏体稳定化可以在上淬至 A_f 以上温度停留后消失;⑥低温时效时间较长时,即使上淬也不能使稳定化消除;⑦合金成分对马氏体稳定化有很大影响。Cu-Zn-Al 合金中 Al 含量增高,稳定化速度趋缓,而 Cu-Al-Ni 合金对稳定化不敏感。

马氏体稳定化现象直接制约了铜基形状记忆合金的实际应用,其产生机制有空位钉扎马氏体/马氏体界面或母相/马氏体界面机制、马氏体再有序机制、残余母相再有序机制、马氏体有序度降低机制和空位聚集机制等 5 种,目前尚无统一的说法。

5. 铜基合金的晶粒细化

铜基记忆合金在实用过程中除存在马氏体稳定化和延性差问题外,还易发生晶界破坏和疲劳寿命短等问题。铜基记忆合金易发生晶界破坏的原因大致有 3 个:一是它们的弹性各向异性常数很大;二是晶粒粗大,铜基合金的平均晶粒尺寸为几百个微米;三是晶界处有偏析,晶界偏析造成自身脆化,从而导致合金在变形时很容易产生应力集中导致晶界开裂。

阻止铜基记忆合金的晶间断裂,提高其塑性和疲劳寿命的方法有如下两种:一是制备单晶或形成定向织构;二是细化晶粒。其中细化晶粒是最常采用的主要方法。细化晶粒的方法有合金化、控制再结晶、快速凝固和粉末冶金等。就铜基形状记忆合金而言,目前主要采用添加微量元素的方法来细化晶粒。通过单独或联合添加对铜固溶度很小的元素,如 B、Cr、Ti、Zr 和稀土元素等再辅以适当的热处理可以在不同程度上达到细化晶粒的效果。

晶粒细化后,Cu 基记忆合金的力学性能有显著的改善,同时合金的记忆效应保持良好。图 4.27 为 Cu-Zn-Al 合金金相组织。

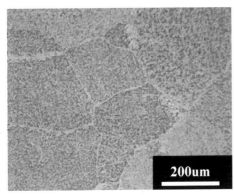
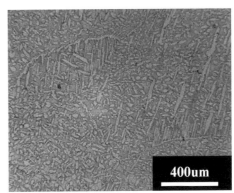

(a) 铸态Cu-Zn-Al合金   (b) 热处理后Cu-Zn-Al合金

图 4.27　Cu-Zn-Al 合金金相组织

6. 铜基形状记忆合金制备

（1）铜基形状记忆合金熔炼

Cu 基形状记忆合金的制备方法有熔炼法、粉末冶金法、急冷凝固法等,其中,熔炼法是最常用的方法。Cu 基形状记忆合金一般不需要在真空中熔炼,可以在空气中进行,熔炼炉可以选择电阻炉和电磁感应炉,其中电磁感应炉熔炼效果较好,既没有材料污染,温度响应还快,又有自动搅拌作用。Cu 基形状记忆合金的熔炼方法与普通 Cu 合金不同,在熔炼时,不论是对原料、熔炼炉、溶剂和计测装置,还是对熔炼温度、熔炼时间等各个方面,都有严格要求。就 Cu-Zn-Al 合金而言,最好是选用电磁感应炉作为熔炼装置。由于 Cu、Zn、Al 3 种元素的密度、熔点、沸点等物理性能相差很大,在熔炼时首先需要加入一定的溶剂,目的是用来隔断合金溶液与空气的氧化,另外还可将金属氧化物再熔化;其次,要根据所需的相变温度来确定合金的具体成分及 3 种元素的配比;最后,还要设定好熔炼条件,先熔炼 Cu-Zn 和 Cu-Al 合金作为 Cu-Zn-Al 合金的母材,然后再添加少量 Al 或 Zn 来调整相变温度。

（2）铜基形状记忆合金的形状记忆处理

①单程形状记忆处理。

单程形状记忆处理是将经过成型的 Cu 基记忆合金元件进行 β 化处理和淬火处理。

β 化处理是指将 Cu 基合金元件加热到 β 相区并保温一段时间,使合金组织全部转变为 β 相,然后在 β 相状态下固定合金元件的形状,在保持形状的同时进行淬火处理。对于 Cu-Zn-Al 合金而言,β 化处理的合适温度为 800 ~ 850 ℃,而且要在保证完全 β 化的前提下,尽量降低处理温度和缩短保温时间。这是因为保温时间过长,合金晶粒易粗大化,且加热到 β 相温度的时间也不宜过长,保温时间一般在 10 min 左右。

经过充分 β 化处理的合金元件还需要进行合适的淬火处理。淬火分直接淬火和分级淬火。直接淬火是将 β 化处理的合金元件直接淬入室温水中或冰水中。对于大尺寸的元件,要使用 KOH 作淬火剂来保证冷却。直接淬火后的试样组织处于不稳定状态,应立即进行稳定化处理。稳定化处理的方法是在淬火后立即将元件投入 100 ℃下保温适当时间。

分级淬火通常是把 β 化处理的合金元件先在 150 ℃左右的油中淬火,停留一定的时间,然后淬入室温水中。合金元件在油中的保温时间必须大于 2 min,否则无法得到完全的形状记忆效应。Cu 基合金的相变温度基本上随在油中的保温时间的增加而呈现升高的趋势。

②双程形状记忆处理。

Cu 基合金的双程形状记忆处理与 Ti-Ni 合金一样,主要为训练和约束处理两种。目前,工业上批量制造 Cu 基形状记忆合金时,主要采用训练法。

4.3.3 Fe 基形状记忆合金

20 世纪 80 年代发现许多 Fe 基合金中也存在记忆效应,使记忆合金的种类拓展到具有非热弹性马氏体相变的合金体系。Fe 基形状记忆合金分为两类:一类基于热弹性马氏体相变;另一类基于非热弹性可逆马氏体相变。铁基记忆合金具有强度高、易于加工成形等优点。但基于非热弹性可逆马氏体相变的 Fe 基记忆合金的形状记忆机制与基于热弹性马氏体相变的机制有所不同。

1. 基于非热弹性可逆马氏体相变的形状记忆机制

热弹性马氏体相变的驱动力、热滞很小,在略低于 T_0(T_0 是母相与马氏体的吉布斯自由能相等的温度,即两相处于相平衡的温度)温度就形成马氏体,加热时又立刻进行逆相变,表现出马氏体随加热和冷却,分别呈现消长现象。在热弹性马氏体相变中,马氏体内的弹性储存能对逆相变的驱动力做出贡献。但在铁基合金中,马氏体相变的点阵畸变较大,发生相变需很高的驱动力(大于几百焦每摩),热滞很大。其逆相变所需的驱动力完全由化学驱动力来提供。

图 4.28 是 Au-Gd 合金中的热弹性马氏体相变和 Fe-Ni 合金($w(\text{Ni}) = 30\%$)的非热弹性马氏体相变的热滞。由前述的形状记忆效应的机制可知,马氏体变体的自协作形成和相变的可逆性是实现形状记忆的关键条件。对于非热弹性可逆马氏体相变而言,由于相变时点阵状变大、相变驱动力高,马氏体形成时常形成位错来协作相变所产生的形状应变,导致马氏体的自协作性差,因此不呈现形状记忆效应。另一方面,母相由于相变热滞大,使马氏体逆转变的温度很高,马氏体在开始逆转变前常发生分解。例如,钢中的马

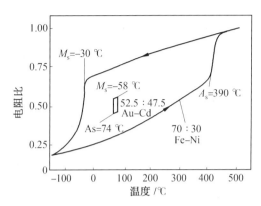

图4.28 Au-Gd 合金中的热弹性马氏体相变 Fe-Ni(w(Ni)=30%)合金的非热弹性马氏体相变的热滞与对比

氏体在回火过程中先分解为 α-Fe 和 Fe_3C 相。因此,一般铁基材料(如普通碳钢、工具钢)虽然发生马氏体相变,但是不能产生形状记忆效应。图4.29 为 Fe 基形状记忆合金 $\gamma \rightarrow \varepsilon$ 转变示意图。

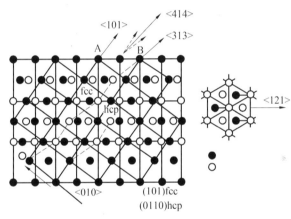

图4.29 Fe 基形状记忆合金 $\gamma \rightarrow \varepsilon$ 转变示意图

具备形状记忆功能的铁基合金通常需要满足以下条件:①母相具有高的屈服点或低的弹性极限;②马氏体相变引起的体积变化和切变应变较小;③马氏体的正方度(c/a)大,有利于形成孪晶亚结构;④M_s 较低,有利于形成孪晶亚结构并提高母相的屈服点。从马氏体的形态方面考察当达到上述要求时,铁基合金中的马氏体一般呈薄片状。通过适当的合金化,铁基合金可以实现热弹性或非热弹性可逆马氏体相变,进而发展出基于这两种相变的铁基形状记忆合金。

2.基于热弹性可逆马氏体相变的铁基形状记忆合金

具有热弹性可逆马氏体相变的铁基形状记忆合金主要有 Fe-Pt、Fe-Pb 和 Fe-Ni-Co-Ti 等。前两个由于含有极为昂贵的 Pt(质量分数约为25%)和 Pd(质量分数约为30%),工业应用的价值不大。Fe-Ni-Co-Ti 合金的典型成分是 w(Fe)=53%,w(Ni)=33%,w(Co)=10%,w(Ti)=4%,将该合金进行 520 ℃时效 30 min 的预处理,即可获得热弹性马氏体相变。母相是 fcc 结构的 ξ 相,马氏体是体心四方结构的 α' 相。但是该合金含有较多的 Co,价格依然偏高,更为不利的是其马氏体相变温度太低(M_s 约为-73 ℃),使其应用受到局限。

3. 基于非热弹性可逆马氏体相变的铁基形状记忆合金

在 Fe-Mn 系合金中,由于冷却形成的马氏体是非热弹性的,马氏体变体不能在外力作用下发生再取向,因此不能像热弹性马氏体那样在马氏体状态通过再取向变形,然后在加热过程中,通过逆转变使变形消失来实现形状记忆效应。但是在 Fe-Mn-Si 合金中,由应力诱发形成的薄片状 ε 马氏体在加热时能够逆转变为奥氏体。因此,当在 M_s 以上施加应力时,马氏体以其相变应变适应应力的方向形成并使合金产生宏观变形,将之加热到 A_f 以上,应力诱发形成的马氏体逆转变回奥氏体,变形随之消失,从而实现形状记忆。研究表明:$w(\text{Mn}) = 28\% \sim 33\%$,$w(\text{Si}) = 5\% \sim 6\%$ 成分范围的 Fe-Mn-Si 合金有较好的记忆效应,而且其 M_s 点在室温附近,对于在常温下的应用十分有利。与 Fe-Mn-Si 类似,Fe-Cr-Ni-Mn-Si-Co 合金也有较好的记忆效应,其可恢复变形高达 4%,合金的 M_s 点在 173 ~ 323 K 之间,而且耐蚀性很好。

4.4 形状记忆材料的应用

自 20 世纪 60 年代初在近等原子比 Ti-Ni 合金中发现形状记忆效应以来,至今发现的记忆合金已达几十种。其中 Ti-Ni 合金和 Cu-Zn-Al 合金已进入工业应用阶段,Cu-Al-Ni 合金和 Fe-Mn-Si 合金已接近市场引入阶段。根据其性能特点,人们构思、设计、发明了利用记忆效应进行工作的元件、机构、装置,应用领域遍及温度继电器、玩具、机械、电子、自动控制、机器人、医疗热机等,已有一些产品进入了市场。形状记忆合金的工程应用主要利用以下特性:①形状记忆效应;②超弹性;③阻尼特性;④耐腐蚀性。应用范围涉及机械、电子、化工、能源、建筑、航空和航天等领域。

4.4.1 连接紧固件

形状记忆材料在工程上的应用很多,最早的应用就是做各种结构件,如紧固件、连接件、密封垫等。形状记忆合金作紧固件、连接件较其他材料有许多优势:①夹紧力大,接触密封可靠,避免了由于焊接而产生的冶金缺陷;②适于不易焊接的接头;③金属与塑料等不同材料可以通过这种连接件连成一体;④安装时不需要熟练的技术。

管接头为由记忆合金加工而成的简单圆筒形零件,内孔加工有凸脊。其内径比被连接管外径小,在低温下扩径后比被连接管外径大,装配时将被连接管插入管接头中,随温度回升,管接头收缩,即实现管路的紧固连接。也可以将经预变形的记忆合金丝或薄板预埋入复合材料管中,连接时将预埋部位加热,使复合材料管收缩而实现紧固连接。记忆合金管接头具有连接施力均匀、结构简单、安装方便、占用空间小、质量轻等优点,现已广泛应用于飞机的液压和气动系统管路连接,在舰艇、海上石油平台等也得到了应用。

图 4.30 为形状记忆材料管接头紧固件。记忆合金紧固圈可用于同轴电缆屏蔽网和接头的紧固连接。紧固圈由丝材焊接而成。安装前可在常温下储存,安装时用加热器加热,使紧固圈径向收缩,实现连接。与普通钎焊、胶皮箍以及其他机械紧固方法相比,具有体积小、质量轻、安装方便、连接无漏丝、安全可靠等优点。

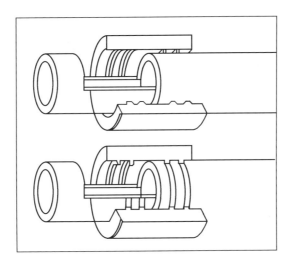

图 4.30　形状记忆材料管接头紧固件

4.4.2　控制及驱动元件

1. 温度控制及调节

记忆合金兼具有感温和驱动双重功能,是一种理想的热敏材料,通过感知外界温度变化,可用来实现温度控制。把形状记忆合金制成的弹簧与普通弹簧安装在一起,可以制成自控元件。在高温和低温时,形状记忆合金弹簧由于发生相变,母相与马氏体强度不同,使元件向左、右不同方向运动。这种构件可以作为暖气阀门、温室门窗自动开启的控制、描笔式记录器的驱动。图 4.31 为含形状记忆合金弹簧的淋浴器恒温混水阀结构示意图。形状记忆合金对温度比双金属片敏感得多,可代替双金属片用于控制和报警装置中。

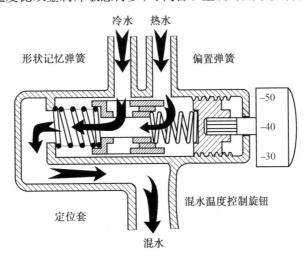

图 4.31　含形状记忆合金弹簧的淋浴器恒温混水阀结构示意图

2. 记忆合金驱动机构

采用记忆合金驱动机构,可以实现各类空间载荷的解锁与释放。美国于 1994 年 2 月在 Clementine 航天器上用记忆合金驱动装置在 15 s 内成功释放了 4 个太阳能帆板。卫星保护罩主要用于防止卫星受宇宙垃圾的撞击而引起损坏。采用记忆合金驱动机构,可实现保护罩在太空的自行展开,其展开体积与折叠体积之比达 72。记忆合金驱动解锁机构代替传统的爆炸解锁,可避免冲击和污染,安全可靠,易于控制。

在核反应器、无尘环境或深海作业时,需要驱动器械完成某一操作,在这种情况下,记忆合金驱动的机械手有其无法替代的优势。如 Ti-Ni 合金抗海水腐蚀能力很强,电阻率较海水低,所以记忆合金驱动器在海底作业时,记忆合金丝可以裸露在海水中,不会发生电流泄漏,同时深海的低温可以加速记忆合金驱动器的响应,其他水下驱动器往往必须密封以防止海水渗入,在深水条件下经常无法工作。图 4.32 为用于深水作业的六爪机器人装置结构示意图。

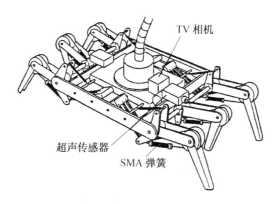

图 4.32　用于深水作业的六爪机器人装置结构示意图

4.4.3　超弹性构件

利用超弹性 Ti-Ni 合金制成的连接紧固件,如均载螺钉、超弹性垫片等,可以使复合材料实现均载连接,避免应力集中,保证构件不产生局部破损。超弹性 Ni-Ti 合金在变形时可以吸收大量能量,具有高的阻尼特性,因而超弹性连接紧固构件具有优异的防松性能。

利用 Ti-Ni 合金非线性超弹性,即在产生较大应变时其弹力变化很小的特性,制成的各种恒弹力构件,用于卫星舱门恒弹力开启和太阳能帆板恒弹力展开机构,可有效地减小使用普通弹性材料可能造成的冲击、振动,保证机构的正常运转。

4.4.4　生物医学应用

形状记忆合金还大量地用于医疗领域,用作牙齿矫形丝、血栓过滤丝、动脉瘤夹、接骨板等。考虑到金属材料与人体的相容性,用于人体的都是 Ni-Ti 合金。在心脏、下肢和骨盆静脉中形成的血栓,通过血管游动到肺时就发生了肺栓塞,十分危险。将一条 Ni-Ti 合金丝在 A_f 以上温度形成能阻止凝血块的罗网形状,而且使其 A_f 温度略低于人体的温度,然后在低温下(M_f 温度以下)将其拉直,通过导管插入腔静脉,进入静脉的 Ni-Ti 丝被体温加热后恢复成原先的罗网形状而成为血栓过滤器,阻止凝血块游动。

用于医学领域的 Ti-Ni 合金其中 Ti 的原子数分数为 50.5% ~51.5%,其强度和疲劳性能均高于不锈钢,弹性模量低,具有良好的耐蚀性和生物相容性。Ti-Ni 合金成为继不锈钢、钛合金、钽和钴基合金之后获得广泛应用的生物医用金属材料。图 4.33 为肠管检查所用的形状记忆合金丝活动弯曲部件。

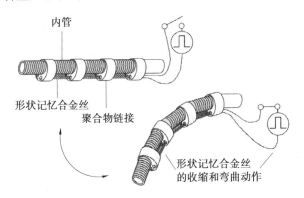

图 4.33　肠管检查所用的形状记忆合金丝活动弯曲部件

Ti-Ni 合金医学应用原理多数情况下是利用 Ti-Ni 合金构件从体外状态(处于环境温度,如室温或冰盐水,伴有约束)转变到体内状态(处于体温,去除约束)过程中,构件感知到两种条件的差异,对材料内部微观结构进行改变或调整,宏观上表现出形状记忆或超弹性形状恢复动作。

第5章　储氢材料

5.1　储氢材料的发展概况

随着社会发展、人口增长,人类对能源的需求将越来越大。以煤、石油、天然气等为代表的化石能源是当前的主要能源,但化石能源属不可再生资源,储量有限,而且化石能源的大量使用,还会造成越来越严重的环境污染问题。因此,可持续发展的压力迫使人类去寻找更为清洁的新型能源。氢能作为一种高能量密度、清洁的绿色新能源,如何有效利用便引起了人们的广泛研究。早在20世纪70年代,日本就出台了发展可再生能源的"阳光"计划。我国的各个重要科技发展计划也都将可再生能源的发展作为重要组成部分。可再生能源一般指太阳能、风能、地热、潮汐等,这些能源在大多数情况下不能直接使用,也不能储存,因此必须将它们转换成可使用的能源形式,或用适当的方式储存起来再加以利用。可再生能源转化与储存材料就是围绕可再生能源的利用这一目标而发展起来的。可再生能源转化与储存材料的种类有很多,本章主要介绍储氢材料方面。

从太阳能、风能、地热、潮汐等获取的能源(有时也称一次能源)主要是热和电的形式,为使这些一次能源获得有效的利用还需将它们储存或输送,因此应有最佳的二次能源形式。氢由于其优异的特性受到高度重视,首先氢由储量丰富的水做原料,资源不受限制;其次,氢燃烧的生成物是水,环境污染极少,不破坏自然循环;再次,氢具有很高的能量密度,其燃烧值为141 700 kJ/kg;此外,氢可以储存、输送,用途十分广泛。图5.1为不同储氢方式的对比情况,但是关键的环节是如何储存与输送氢。氢主要以气体氢、液态氢和金属氢化物3种方式储存和输送。气态储氢主要用高压钢瓶,其储氢密度低。液态储氢的储氢密度远高于气态,但是氢气的液化温度为−252.6 ℃,液化过程需耗费大量的能源,也需要用于超低温的特殊容器存储,价格昂贵。

金属钯(Pd)是最早发现的能可逆地吸收和释放氢气的材料,能够较好的储氢,但钯很贵,缺少实用价值。储氢材料范围扩展至过渡金属的合金。如镧镍金属间化合物就具有可逆吸收和释放氢气的性质。

金属氢化物的储氢密度与液体氢相同或更高,安全可靠,是一种较好的储氢方式。金属氢化物储氢材料通常称为储氢合金。值得注意的是,一些新的储氢材料性能正引起广泛的注意,如包括 C_{60}、碳纳米管等碳材料。

目前,氢能的存储是氢能应用的主要瓶颈。氢能工业对储氢的要求总体来说是储氢系统要安全、容量大、成本低及使用方便。

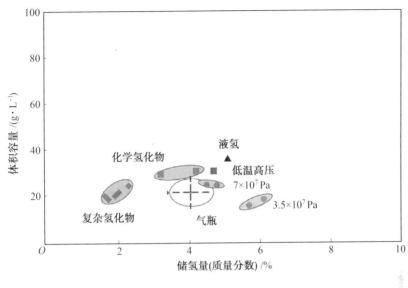

图 5.1　不同储氢方式的对比情况

5.2　储氢材料的定义及分类

5.2.1　储氢材料的定义

储氢材料,也称为"储氢材料",顾名思义,是一种能够储存氢的材料。从狭义上讲,储氢材料是一种能与氢反应生成金属氢化物的物质,但是,它与一般金属氢化物有明显的差异,即储氢材料必须具备高度的反应可逆性(可反复地进行吸储氢和释放氢的可逆反应),而且可逆反应循环的次数(称为循环寿命)必须足够多,如循环次数超过 5 000 次。

在 1970 ~ 1985 年期间,基于 $SmCo_5$ 和 $LaNi_5$ 的可逆吸储氢和释放氢的性质,荷兰 Philips 实验室首先研制 $LaNi_5$ 材料,尤其是 $LaNi_5$ 具有储氢量大、易活化、不易中毒等优良特性,备受重视。20 世纪 80 年代初期,随着对 $LaNi_5$ 的深入研究和不断改进,开发出数十种具备高度可逆性的物质,逐渐成为一大类功能材料。

目前,除用两种金属元素组合的二元型,如 AB_5、AB_2、AB 和 A_2B 外,还开发了多元金属元素组成的复合材料。有人将早期开发的稀土系储氢材料称为第一代储氢材料,而把钛锆系、镁系称为第二代储氢材料。

5.2.2　储氢材料的分类

储氢材料尚无明确的、公认的分类方法,通常把储氢材料根据材料的分类分为 4 种:金属或合金储氢材料、非金属储氢材料、有机化合物及其他储氢材料。

1. 金属或合金储氢材料

合金是储氢材料中研究最多、应用最广的一类储氢材料,包括氢化物或氢化合物。但并不是所有金属氢化物都能作储氢材料,只有那些能在温和条件下大量可逆地吸收和释放氢的金属或合金氢化物才能作储氢材料。储氢合金吸氢和放氢时伴随巨大的热效应，发生热能–化学能的相互转换，这种反应的可逆性好，反应速率快，因而是一种特别有效的储热和热泵介质。储氢合金储热能是一种化学储能方式，长期储存毫无损失。储氢合金的优点是安全、储氢密度高（高于液氢），并且无需高压（大于 4 MPa）及液化可长期储存而少有能量损失，是一种最安全的储氢方式。

氢几乎可以同周期表中各种元素反应，生成各种氢化物或氢化合物。目前已开发的具有实用价值的金属型氧化物有稀土系 AB_5 型；锆、钛系 AB_2 型；钛系 AB 型；镁系 A_2B 型；钒系固溶体型等。其中，A 是指可与氢形成稳定氢化物的放热型金属（La、Ce、Mm–混合稀土金属、Ti、Zr、Mg、V 等），B 是指难与氢形成氢化物但具有氢催化活性的吸热型金属（Ni、Co、Fe、Mn、Al、Cu 等）。这些 AB_x 型金属，其中 x 由大变小时储氢量又不断增大的趋势，但与之相反的是反应速度减慢、反应温度增高、容易劣化等问题增大。这类材料的储氢量一般在 3% 以下，作为功能材料，应用较广。

2. 非金属材料

非金属储氢有两种形式：一种是化合物储氢形式，一种是物理吸附形式。

氢可与许多非金属的元素或物质相作用，构成各种非金属氢化物，如碳氢化合物 C_xH_y，以 CH_4 或 C_7H_{14}（甲基环己烷）的形式存在，还有 NH_3、N_2H_4 等氮氢化合物。

对碳系列储氢材料的研究是 20 世纪 90 年代兴起的一个热门课题，目前对碳系列储氢材料的研究主要集中在活性炭、纳米碳管和纳米碳纤维上。首先是活性炭，它对氢气的吸附能力不太明显，吸附量也相对较低为 3%～6%，且条件苛刻，温度为–197 ℃，压力为 4 MPa。但活性炭便宜且很容易制得，如采用适当方法能改善其性能，会有一定的应用前途。

比表面积高的活性炭，单位质量表面积比常规活性炭大得多，吸附储氢性能也较优越。活性炭吸附储氢性能与储氢的温度和压力密切相关。一般来说，温度越低，压力越高，储氢量越大。比表面积高的活性炭，其体积密度较小，储氢量仅比常规活性炭大 25%。所以应设法提高体积密度，它可使储氢性能提高 2 倍。据报道，在 196 ℃时活性炭的储氢性能已达 5.3%，但低温时氢残留量也较大，需通过真空加热活化。适宜氢气储存、成本较低的表面改性；提高体积密度以提高其储存经济性，改善吸脱附性能。具体的工程应用是作为汽车燃料的低压储氢系统。

玻璃微球也是一种很好的吸氢材料，在低温或室温下具有非渗透性，但在吸较高温度（300～400 ℃）下具有多孔性的特点。按照 21 世纪初的技术水平，采用中空玻璃球（直径在几十至几百微米之间），储氢已成为可能。加热至 200～300 ℃的氢气扩散进入空心玻璃球内，然后等压冷却，氢的扩散性能随温度下降而大幅度下降，从而使氢气有效地储存于空心玻璃微球中。

3. 有机化合物

某些有机液体在合适的催化剂作用下，在较低压力和相对湿度高的情况下，可作氢载体，达到储氢和输送氢的目的，如苯、甲苯、环己烷和甲基环己烷等。其储氢方法是：有机液体生成氢化物，借助储氢载体（如苯和甲烷等）与氢的可逆反应来实现。它包括催化加氢反应和催化脱氢反应。该法的优点是：①储氢量大，环己烷和甲基环己烷的理论储氢量

（质量分数）分别为 7.2% 和 6.18 %，比高压压缩储氢和金属氢化物储氢的实际储氢量大；②储氢载体苯和甲苯可循环使用，其储存和运输都很安全方便。

4.其他储氢材料

除了上述 3 类储氢材料外，还有一些无机化合物和铁磁性材料可用作储氢，如 $KHNO_3$ 或 $NaHCO_3$ 作为储氢剂，其储氢量约为 2%，磁性材料在磁场作用下可大量储氢，储氢量比钛铁材料大 6~7 倍。

5.3　储氢原理

储氢的方法有两种，一种是物理法，一种是化学法。物理法储氢主要是利用物理吸附和液化氢气进行储氢，而化学法储氢是利用氢气和储氢材料生成氢化物储氢，其基本原理是储氢材料和氢气生成氢化物，氢化物在一定条件下放出氢气以达到储氢目的。本节介绍金属或合金储氢原理和非金属储氢原理。

5.3.1　金属或合金储氢

1.储氢反应过程

金属或合金储氢是指在一定温度和氢气压力下，能可逆地大量吸收、储存和释放氢气的金属间化合物。储氢合金由两部分组成：一部分为吸氢元素或与氢有很强亲和力的元素（A），它控制储氢量的多少，是组成储氢合金的关键元素，主要是 ⅠA ~ ⅤB 族金属，如 Ti、Zr、Ca、Mg、V、Nb、Re（稀土元素）；另一部分则为吸氢量小或根本不吸氢的元素（B），它则控制吸/放氢的可逆性，起调节生成热与分解压力的作用，如 Fe、Co、Ni、Cr、Cu、Al 等。

金属使用氢是研究最多、技术最成熟、应用最广泛的储氢材料，其优异的使用性能使之应用越来越成熟，因此，了解它的工作原理是必不可少。

金属储氢是利用氢气与许多金属、合金或金属间化合物生成金属氢化物，并放出热量，金属氢化物受热放出氢气而储氢。其反应式为

$$2M + H_2 \longrightarrow 2MH + \Delta H \tag{5.1}$$

式中　M——金属、合金或金属间化合物；

　　　ΔH——反应热。

正向反应为储氢，逆向反应为释氢，正逆反应构成了一个储氢-释氢的循环，改变体系的温度和压力条件下，可使反应按正、逆反映交替进行，储氢材料就能实现可逆吸收与释放氢气的功能。图 5.2 为储氢材料的表面吸氢过程示意图。

反应式（5.1）是一个可逆反应，吸氢时放热，吸热时放出氢气。不论是吸氢反应，还是放氢反应，都与系统温度、压力及合金成分有关。根据 Gibbs 相律，温度一定时，反应有一定的平衡压力。氢分子在金属表面离解为氢原子，开始吸收少量氢后，氢原子进入金属晶格的间隙，形成含氢固溶体，称为 α 相，相当于 OA 段，A 点为 α 相的最大溶氢量。这时合金结构保持不变，其固溶度 $[H]_M$ 与固溶体平衡压 p_{H_2} 的平方根成正比，即

$$\sqrt{p_{H_2}} = K [H]_M \tag{5.2}$$

达到 A 点后，氢化反应开始，此时，金属中氢的浓度显著增加，而氢压几乎不变，反应

生成金属氢化物,称为 β 相。AB 段为 α、β
相两相共存后,压力恒定,等温线上出现了一
个平台,其对应的压力为氢的平衡压力,氢浓
度[H]$_M$)为金属氢化物在相应温度时的有效
氢容量。显然,高温生成的氢化物具有较高
的平衡压力,同时,有效氢容量减少。从 A 到
B,α 相逐渐转化为 β 相,超过 B 点,则为 β
相固溶体。B 点以后可能出现新相 γ 相和新
的台阶。从图 5.3 可以看出,金属氢化物吸
氢和释氢时,虽然在同一温度,但压力不同,
这种现象称为"滞后"。由于滞后现象可以
导致吸、放氢曲线不完全重合,因此实际的
P–C–T曲线偏离理想状态,呈现不同程度的
倾斜。作为储氢材料,滞后效应越小越好。
通过 P–C–T 特性曲线,人们可以了解氢在 α

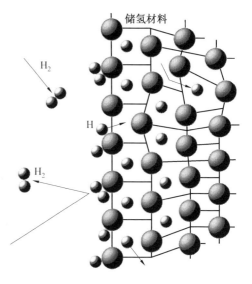

图 5.2 储氢材料的表面吸氢示意图

相中的溶解度、氢化反应中有哪些氢化物生成、氢化物的稳定性、有效的储氢能力和滞后
现象等问题。许多储氢合金的设计和选择是根据材料的 P–C–T 曲线进行的。

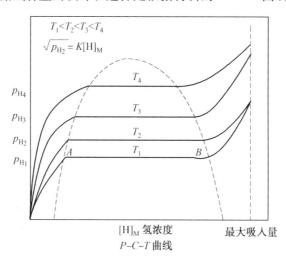

图 5.3 分解压力–组成等温线(P–C–T 曲线)

根据 P–C–T 图可以分析储氢合金平衡压–温度之间关系,如图 5.4 所示,对各种储氢
合金,当温度和氢气压力值在曲线上侧时,合金吸氢,生成金属氢化物,同时放热;当温度
与氢压力值在曲线下侧时,金属氢化物分解,放出氢气,同时吸热。

合金的吸氢反应机理如图 5.5 所示。氢分子与合金接触时,吸附于合金表面上,氢的
H—H 键解离,成为原子态的氢(H),原子态氢从合金表面向内部扩散,侵入比氢原子半
径大得多的金属原子与金属的间隙中(晶格间位置)形成固溶体。固溶于金属中的氢再
向内部扩散,这种扩散必须有由化学吸附向溶解转换的活化用纯氢,固溶体被氢饱和后,

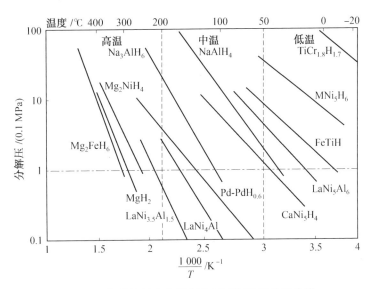

图 5.4　各种储氢合金平衡分解压与温度关系曲线

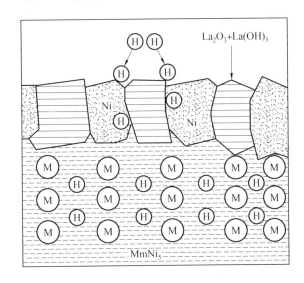

图 5.5　合金的吸氢反应机理

过剩氢原子与固溶体反应生成氢化物,这时产生溶解热。如果用饱和氢,合金的氧化劣化不严重,但是在反复吸氢、放氢循环过程中,导致合金粉化,导热性降低,反应热的扩散,成为反应的控制环节。

　　一般说来,氢与金属、合金的反应是一个多相反应,这个多相反应由下列基础反应组成:①H_2传质;②化学吸附氢的解离;③表面迁移;④吸附氢转换成吸收氢;⑤氢在固溶体中的扩散;⑥氢在氢化物中的扩散。

　　2. 氢在储氢材料中的位置

　　氢同金属或合金的反应,氢侵入其晶格间位置里,金属晶格可看成是容纳氢原子的容器,典型的金属晶格有面心立方晶格 fcc、体心立方晶格 bcc 及密排六方晶格 hcp。在面心立方晶格 fcc 和体心立方晶格 bcc 中,六配位的八面体晶格间位置和四配位的四面体晶格间的位置是氢稳定存在的两个位置。作为储氢材料的金属氢化物,就其结构而论,有两种类型,一类是Ⅰ和Ⅱ主族元素与氢作用,生成的 NaCl 型氢化物(离子型氢化物),如图 5.6 所示,这类化合物中,氢以负离子态嵌入金属离子间。另一类是Ⅲ和Ⅳ族过渡金属及 Pb 与氢结合,生成金属型氢化物。其中,氢以正离子态固溶于金属晶格的间隙中,如图 5.7 所示。

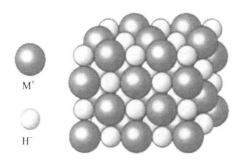

图 5.6　NaCl 型氢化物

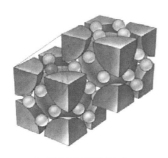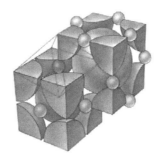

(a) 氢在四面体间隙中　　　　　　(b) 氢在八面体间隙中

图 5.7　金属型氢化物

金属与氢的反应是一个可逆过程,正向反应,吸氢、放热;逆向反应,释氢、吸热。改变温度与压力条件可使反应按正向、逆向反复进行,实现材料的吸氢、释氢。无论金属吸氢生成金属氢化物还是金属氢化物分解释放氢,都受温度、压力与合金成分的控制。

5.3.2　非金属材料储氢

1.碳基储氢吸附材料

对吸附储氢材料的基本要求,除储氢密度高之外,还必须满足吸、放氢条件适中。金属氢化物储氢机理是氢分子与晶格上的金属原子发生化学反应,因此无论是吸氢还是放氢,都不能在常温下进行。然而,基于物理吸收机理的吸附储氢,可以满足吸、放氢条件适中,氢气的吸附与脱附只取决于压力的变化。对各种物理吸附材料的试验测试表明:最好的储氢吸附是碳基材料。碳吸附材料对于少量的气体杂质不敏感,而且可以重复使用,理论寿命是无限的。

碳基储氢吸附材料要求是高比表面积。从吸附机理看,在超临界条件下,气体在固体表面上主要发生单分子层吸附。大量实验数据已充分证明,吸附过程的分子模拟结果也证明了单层吸附机理。

活性炭微孔对氢分子的吸附作用可用两个相对的石墨微晶表面形成的狭缝模型表示。在稳定状态下,气体分子只能停留在势阱最深处,因此在固体表面上只能有一层吸附分子。这意味着吸附量与比表面成正比,所以储氢吸附材料必须具有高比表面积。作为物理吸附,饱和吸附量是温度的函数。由于气体分子的动能随温度的降低而呈指数规律下降,所以饱和吸附量呈指数上升,这就是采用低温吸附的原因。

图 5.8 是一种超级活性炭在 -196 ℃的储氢性能。曲线 1 是根据氢气在 -196 ℃的 $P\text{-}V\text{-}T$ 关系计算的不同压力下的储氢量;曲线 2 是氢气在碳表面的吸附量;曲线 3 是碳表面吸附量与自由空间压缩量之和。这种活性炭的成本为普通活性炭的 5 ~ 10 倍。由此可见,超级活性炭低温吸附储氢具备工程应用前景。

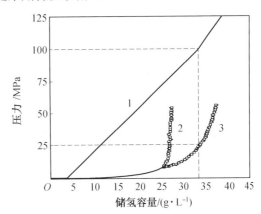

图 5.8　活性炭储氢性能图

碳质吸附储氢是近年来出现的利用吸附理论的储氢方式。氢气在碳质纳米材料中吸附储存主要是在活性炭和碳纳米材料中的吸附存储。单壁碳纳米管(SWCNTs)、多壁碳纳米管(MWCNTs)、碳纳米纤维(CNF)、碳纳米石墨等都可以作为储氢材料。

另外,如果将某些金属与碳纳米管结合使用,即将碳纳米管掺杂,储氢效果会更好。表 5.1 是碳质材料储氢性能比较。

表 5.1　碳质材料储氢性能比较

吸附材料	吸附温度/℃	吸附压力/MPa	吸附容量
活性炭	-197	4.2	6.8%
石墨纳米纤维	27	0.1	较好
碳纳米管	$-73 \sim 127$	0.1	20%
多壁纳米管	27	0.1	1.8%

2. 玻璃微球吸氢材料

中空玻璃微球(Hollow Glass Micro-spheres, HGM)作为一种中空的球形材料,在储氢技术上也得到了应用。玻璃微球即具"中空"结构的 SiO_2 球形粒子,粒径为 25 ~ 500 μm,球壁厚度约为 1 μm。在 200 ~ 400 ℃,材料的穿透性增大,使得氢气可在一定压力的作用下扩散到玻璃球体中。当温度降至室温附近时,玻璃球体的穿透性消失,随后随温度的升高便可释放出氢气。这种材料在 62 MPa 的压力条件下,储氢量可达 10%,经检测 95% 的微球中都含有氢,而且在 370 ℃时,15 min 内可完成整个吸氢或放氢过程。在 1979 ~

1981 年，Robert J. Teitel Associates 尝试以微米级中空玻璃球作为新的储氢材料。他将微米级中空玻璃球放在一耐高压容器中，在 300 ~ 500 ℃ 高温下，通以数十兆帕的氢气，经过一段时间之后，氢气会因为扩散效应通过球壳壁然后充满整个玻璃球。再来将系统降至常温常压。氢气则被密封在玻璃球内，但是会逐渐释出，球内氢气压力的半衰期约为 110 d。当需要用到玻璃球内的氢气作燃料时，可以由加热至 250 ~ 290 ℃ 而放出足量的氢气。当球内氢气全部释放完之后，再次储氢。

后来 Akunets 等人对比了中空玻璃微球与其他传统储氢材料的储氢性能，认为与其他传统储氢材料相比，中空玻璃微球具有较高的储氢密度，这也是目前在储氢材料中人们关注中空玻璃微球的一个关键点。

最近美国 Savannah River National Laboratory(SRNL)制备了一种新型的储氢材料，称为多孔壁–中空玻璃微球(PW–HGM)，如图 5.9 所示。相对于普通玻璃微球，SRNL 制备的微球的薄壁布满了长度在 100 ~ 300 nm 且相互连接的孔洞，这些孔洞为微球提供了吸收气体的通路，并使气体储存在微球内部。

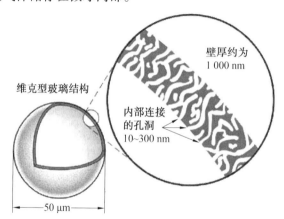

图 5.9　Savannah River National Laboratory (SRNL)制备的多孔壁–中空玻璃微球示意图

中空玻璃微球常用的制备方法如下：

①硬模板法：最常见者为以高分子粒子(如聚苯乙烯)作为固体模板来制造中空球。

②软模板法：目前以软模板在水溶液中制备二氧化硅中空球的技术包括乳液聚合法、喷雾热解法及液滴聚合法等方法。

5.3.3　有机液体氢化物储氢

有机液体氢化物储氢借助于不饱和液体有机物与氢的可逆反应，即加氢反应和脱氢反应实现的，加氢反应实现氢的储存(化学键合)，脱氢反应实现氢的释放。不饱和有机液体化合物作氢剂，可循环使用。

烯烃、炔烃、芳烃等不饱和有机液体均可作储氢材料，但从储氢过程的能耗、储氢量、储氢剂等方面考虑，以芳烃特别是单环芳烃作储氢剂为最佳。表 5.2 列出了几种有机液体储氢性能的比较。

表 5.2 有机液体储氢性能比较

有机液	反应过程	储氢密度 /(g·L^{-1})	理论储氢量 (质量分数)/%	储存 1 kg H$_2$ 的有机液体质量/kg	反应热 /(kJ·mol^{-1})
苯	$C_6H_6+3H_2 \Longleftrightarrow C_6H_{12}$	56.0	7.19	12.9	206.0
甲苯	$C_7H_8+3H_2 \Longleftrightarrow C_7H_{14}$	47.7	6.18	15.2	2.408
甲基环乙烷	$C_8H_{16}+H_2 \Longleftrightarrow C_8H_{18}$	12.4	1.76	55.7	125.5
萘	$C_{10}H_8+5H_2 \Longleftrightarrow C_{10}H_{18}$	65.3	7.29	12.7	319.9

从表 5.2 可以看出,苯、甲苯(TOL)、甲基环乙烷(MCH)、萘($C_{10}H_8$)等均可储氢。萘的储氢量和储氢密度均稍高于甲苯和苯,但在常温下呈固态,且反应的可逆性较差,无法循环利用萘。而苯、甲苯的脱氢为可逆过程,是比较理想的储氢材料。一般这些有机液体的加氢反应必须选择合适的催化剂。氢经过催化加热装置储存于有机液体(如甲苯(TOL)或甲基环乙烷(MCH)等)中。甲苯和甲基环乙烷氢载体在常温下呈液态,储存和运输简单易行。输送到目的地后,经催化脱氢装置使储存的氢脱离载体,有机液体又变成非饱和状态,如此反复循环使用。

5.3.4 金属有机骨架储氢材料

金属有机骨架化合物(Metal-organic Frameworks,MOFs)是由含氧、氮等的多齿有机配体(大多是芳香多酸或多碱)与过渡金属离子自组装而成的配位聚合物。Tomic 在 20世纪 60 年代中期报道的新型固体材料即可看作是 MOFs 的雏形。在随后的几十年中,科学家对 MOFs 的研究主要致力于其热力学稳定性的改善和孔隙率的提高,在实际应用方面没有大的突破。直到 20 世纪 90 年代,以新型阳离子、阴离子及中性配体形成的孔隙率高、孔结构可控、比表面积大、化学性质稳定、制备过程简单的 MOFs 材料才被大量合成出来。其中,金属阳离子在 MOFs 骨架中的作用一方面是作为结点提供骨架的中枢,另一方面是在中枢中形成分支,从而增强 MOFs 的物理性质(如多孔性和手性)。这类材料的比表面积远大于相似孔道的分子筛,而且能够在去除孔道中的溶剂分子后仍然保持骨架的完整性,因此,MOFs 具有许多潜在的特殊性能。

MOFs 作为新型储氢材料是最近 10 年才被报道的,用作储氢材料的 MOFs 与通常的MOFs 相比最大的特点在于具有更大的比表面积。Yaghi 教授的课题组于 1999 年发布了具有储氢功能、由有机酸和锌离子合成的 MOFs 材料——MOF-5,并于 2003 年首次公布了 MOF-5 的储氢性能测试结果。MOF-5 的典型结构如图 5.10 所示,结构单元的直径大约为 1.8 nm,有效比表面积为 2 500 ~ 3 000 m^2/g,密度约为 0.6 g/cm^3。通过改变 MOF-5 的有机联结体可以得到一系列网状结构的 MOF-5 的类似化合物 IRMOFs(Iso-reticular Metal-organic Framework);通过同时改变 MOF-5 的金属离子和有机联结体可以得到一系列具有与 MOF-5 类似结构的微孔金属有机配合物 MMOMs(Micro-porous Metal Organic Materials)。MOF-5、IRMOFs 和 MMOMs 因具有纯度高、结晶度高、成本低、能够大批量生产、结构可控等优点,在气体存储尤其是氢的存储方面展示出广阔的应用前景,国内外研究者近年来对其进行了大量的实验改性和理论计算方面的研究工作。

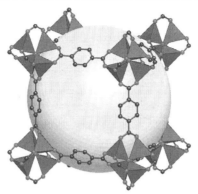

图 5.10 MOF-5 晶型结构

1. MOF-5 储氢材料

MOF-5 晶型结构属于空间群 Fm3m,晶胞参数为 $a = b = c = 2.5$ nm, $\alpha = \beta = \gamma = 90°$。MOF-5 是由 4 个 Zn^{2+} 和 1 个 O^{2-} 形成的无机基团 $[Zn_4O]^{6+}$ 与 6 个羧基桥联成的八面体形式连接而成的三维立体骨架结构。其中每个立方体顶点部分的二级结构单元 $Zn_4O(CO_2)_6$ 是由以 1 个氧原子为中心、通过 6 个羧酸根相互桥联起来的 4 个 Zn^{2+} 为顶点的正四面体组成。

美国密歇根大学 Yaghi 教授的课题组于 2003 年首次报道了 MOF-5 的储氢性能。他们的研究结果表明,MOF-5 在 298 K、2 MPa 的条件下可吸收 1.0% 的氢气,在 78 K、0.07 MPa的条件下可以吸收 4.5% 的氢气。之后,美国加利福尼亚大学伯克利分校的 Long 教授研究组与 Yaghi 教授课题组合作,共同研究了制备过程及其工艺条件对MOF-5 的结构和储氢性能的影响。他们认为,在 MOF-5 的合成过程中,溶解 Zn^{2+} 的溶剂和有机配体 BDC 暴露在气氛或者水溶液中温度的变化与 MOF-5 的结构形成有密切的关系,将 $Zn(NO_3)\cdot 6H_2O$ 与 BDC 混合后于 80 ℃ 放置 10 h 制得的 MOF-5 为无色的立方晶体结构,而增加反应温度和反应时间得到的材料为黄色的晶体。另外,由于 MOF-5 在去溶剂化处理之前会有有机配体以及溶剂分子填充于材料的孔道结构中,去溶剂化作用的条件如煅烧温度和气氛的选择对材料的性能影响也很大。他们通过暴露于空气中制得的 MOF-5 在 77 K、4 MPa 条件下的储氢量为 5.1%,而不暴露于空气中制得的 MOF-5 在同样条件下的储氢量达到了 7.1%。

2. IRMOFs 储氢材料

IRMOFs 系列配合物具有和 MOF-5 非常相似的配位结构,其金属离子的二级结构单元与 MOF-5 完全相同,区别只在于因连接的有机配体的大小和结构等方面的差异而形成的微孔的形状和大小不同。研究这一系列配合物对于通过调节 MOFs 材料的微孔结构进一步改善其吸放氢的性能具有重要意义。Yaghi 教授的课题组 2004 年首次报道了将 MOF-5 经过替换处理制得的 IRMOF-8、IRMOF-11 和 IRMOF-18 于 77 K 的储氢性能。测试结果表明,除 IRMOF-18 的储氢性能比 MOF-5 差以外,IRMOF-8 和 IRMOF-11 在相同条件下的储氢性能都比 MOF-5 好;若折算成每个配合物分子的储氢容量,

IRMOF-11 的吸放氢容量是 MOF-5 的近两倍。他们认为,这主要是因为 IRMOF-8 和 IRMOF-11 骨架中的有机连接体比 MOF-5 和 IRMOF-18 要大得多,因而使得 IRMOF-8 和 IRMOF-11 对氢分子具有更强的亲和力。他们从结构的角度对上述实验结果进行了解释。他们认为,有机联结体本身对 IRMOFs 材料的储氢性能并没有明显的直接影响,真正对氢的吸附起到关键作用的是有机连接体分子的连锁效应及其引起的孔直径和孔体积的变化。比如,IRMOF-13 的有机配体虽然不具有 IRMOF-20 那样长的链结构,但可以通过分子的连锁效应形成高度对称的两分子的自对偶结构,因而使得 IRMOF-13 相对于 IRMOF-20 孔径有所减小,但却重新分布了孔结构,产生了更多的空隙,提高了孔的体积,从而提高了吸氢量。

5.4 储氢材料的制备方法

不同类型的储氢材料有不同的制取方法,其中包括高频感应熔炼法、电弧熔炼法、熔体急冷法、气体雾化法、机械合金化法(MA、MG)、还原扩散法、燃烧法、粉末烧结法等。表 5.3 为各种储氢材料制造方法及特征。

表 5.3 储氢材料的制造方法及特征

制造方法	合金组织特征	方法特征
电弧熔炼法	接近平衡相,偏析少	适于试验及少量生产
高频感应加热法	缓冷时发生宏观偏析	价廉,适于大量生产
熔体急冷法	非平衡相、非晶相、微晶粒柱状晶组织,偏析少	容易粉碎
气体雾化法	非平衡相、非晶相、微晶粒等轴晶组织,偏析少	球状粉末,无需粉碎
机械合金法	纳米晶结构、非晶相、非平衡相	粉末原料,低温处理
还原扩散法	热扩散不充分,组成不均匀	不需粉碎,成本低

5.4.1 感应熔炼法

目前,工业上最常用的储氢材料制备方法是高频电磁感应熔炼法,其熔炼规模从几千克到几吨不等。它具有可以成批生产、成本低等优点;缺点是耗电量大,合金组织难控制。图 5.11 为感应电炉的示意图。其基本组成包括启动开关、变频电源、电容器、感应线圈与坩埚。感应电炉的熔炼工作原理是通过高频电流通过水冷铜线圈后,由于电磁感应使金属炉料内产生感应电流,感应电流在金属炉料中流动时产生热量,使金属炉料加热和熔化。

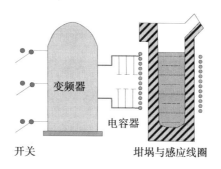

图 5.11　感应电炉示意图

5.4.2　机械合金化法

机械合金化法是用其具有很大动能的磨球,将不同粉末重复地挤压变形,经破裂、焊合、再挤压变形呈中间复合体。这种复合体在机械力的不断作用下,不断产生新表面,并使形成的层状结构不断细化,从而缩短了固态粒子间的相互距离,加速了合金化过程。

机械合金化一般在高温磨球机中进行。在合金化过程中,需要氩或氮气作气氛,防止新生的原子面发生氧化。同时,为了防止金属粉末之间,粉末与磨球及容器壁间的连接,一般还需加入庚烷。磨球过程中球磨桶壁采用冷却水循环冷却。

机械合金化可大致分为 4 个阶段:①首先,金属粉末在球磨的作用下产生冷焊及局部层状组分的形成;②其次,反复的破裂及冷焊过程产生微细粒子,而且复合结构不断细化绕卷成螺旋状,同时开始进行固相粒子间的扩散及固溶体的形成;③再次,层状结构进一步细化和卷曲,单个的粒子逐步转变成混合体系;④最后,粒子最大限度的畸变为一种亚稳结构。

机械合金化与烧结法和熔化法不同,它具有如下特点:①可制取熔点或密度相差较大的金属的合金;②机械合金化生成亚稳相和非晶相;③生成超微组织(微晶、纳米晶等);④金属颗粒不断细化,产生大量的新表面及晶格缺陷,从而增强其吸放氢过程中的反应,并有效地降低活化能;⑤工艺设备简单,无需高温熔炼及破碎设备。

5.4.3　还原扩散法

还原扩散法是将元素的还原过程与元素间的反应扩散过程结合在同一操作过程中而直接制取金属间化合物的方法。此法一般采用氧化物与钙作还原剂来还原。此法的特点是:①还原后产物为金属粉末,不需破碎等加工工艺和设备;②原料为氧化物,价格便宜,设备和工艺简单,成本低;③金属间合金化反应通常为放热反应,无需高温反应和设备,总能耗低于由纯金属熔炼制取的合金。其缺点是:产物受原料和还原剂杂质影响,还原剂一般要过量 1.5 ~ 2 倍,反应后过量还原剂及副产物 CaO 的清除较麻烦。

5.4.4　共沉淀还原法

共沉淀还原法是在还原扩散法的基础上发展起来的,是一种化学合成的方法。采用各组分的盐溶液,加沉淀剂(如 Na_2CO_3)进行共沉淀,也就是说,先制取合金的化合物,烧制成氧化物后,再用金属钙或 CaH_2 还原而制取储氢合金的一种方法。

共沉淀还原法制取储氢合金的优点:①不需纯金属作原料,可用工业级的金属盐作为原料;②合成方法简单,成分均匀,基本上没有偏析现象,能源消耗低;③制得的合金是具有一定粒度的粉末,无需粉碎,比表面积大,催化活性强;④制得的合金容易活化,活化次数和强度较小;⑤可用于储氢材料的再生利用。

5.4.5 自蔓延高温合成法

自蔓延高温合成法(简称 SHS 法)又称燃烧合成法(简称 CS 法),它是利用高放热反应的能量使化学反应自发地持续下去,从而实现材料合成与制备的一种方法。Liquan Li 等人用氢气燃烧合成金属 Ni、Mg 粉末制取 Mg_2NiH_4 氢化物储氢合金,其设备装置图如图5.12 所示。

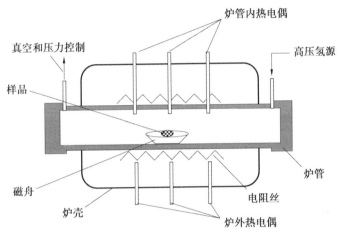

图 5.12 Mg_2NiH_4 氢化燃烧合成炉示意图

由于 SHS 法合成和制备材料具有一系列优点,因此前苏联、日、美等国竞相开发和研究,发展非常迅速。到目前为止,世界上已用 SHS 法生产了包括电子材料、超导材料、复合材料、难熔材料等数百种材料。SHS 法工艺燃烧反应有两种基本模式:从局部引燃粉末反应,燃烧波通过压块的自蔓延反应,称为燃烧模式;另一种模式是迅速压块直至合成反应在整个样品内同时发生的整体反应,称为爆炸模式。

5.5 典型的储氢材料

1. 稀土系储氢合金

$LaNi_5$ 是稀土系储氢合金的典型代表。它具有 $CaCu_5$ 型的六方结构,其点阵常数 $a = 0.5017$ nm,$c = 0.3987$ nm。图 5.13 为 $LaNi_5$ 晶体结构图。形成氢化物后仍保持六方晶体结构,但晶格体积膨胀约 23.5%。$LaNi_5$ 具有优良的储氢性能,块状 $LaNi_5$ 合金在室温下与一定压力的氢气反应即形成相应的氢化物。其化学反应式为

$$LaNi_5 + 3H_2 \Longleftrightarrow LaNi_5H_6 \qquad (5.4)$$

其储氢量约为 1.4% ,适合于室温下应用。LaNi$_5$ 系的 P–C–T 等温线表明:LaNi$_5$ 平衡压力适中而平坦,滞后小,容易活化,具有动力学特性和抗杂质气中毒性。在室温25 ℃时平台压力适中,吸氢放氢滞后很小,但随着温度的升高,滞后变大。

由于 LaNi$_5$ 的成本高(需要纯镧金属作原料),使其大规模应用受到限制,而且也不能满足氢化物工程开发对材料性能提出的不同要求。因此,国内外学者进行了大量研究,发展了稀土系列的多元合金。

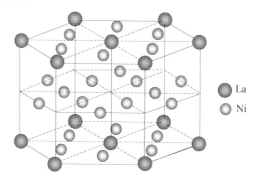

图 5.13   LaNi$_5$ 晶体结构图

(1)LaNi$_5$ 三元系

目前已研究的 LaNi$_5$ 三元系列储氢合金主要有两类:LaNi$_{5-x}$M$_x$(M = Al、Mn、Cr、Co、Cu、Ag、Pd、Pt) 和 R$_{0.2}$La$_{0.8}$Ni$_5$ (R = Zr、Gd、Nd、Th 等)。对于 LaNi$_{5-x}$M$_x$ 系,除了 Pd 和 Pt 外,用 Ni 置换其他元素,可使其金属氢化物稳定性提高,氢化反应标准焓变减小,平台压力降低,因为被置换的所有其他元素均使其氢化物稳定性降低。

(2)MmNi$_5$ 系

由于 LaNi$_5$ 的成本高,给工业应用带来困难,国外很多学者用富铈($w($Ce$) \gg 40\%$) 混合稀土 Mm 代替 La,研制了廉价的 MmNi$_5$ 储氢合金。MmNi$_5$ 可在室温 6.07 MPa 下进行氢化反应生成 MmNi$_5$H$_6$,分解压力为 1.31 MPa,吸氢平衡压约为 3.04 MPa,但活性条件苛刻,难以实际应用。为此,在 MmNi$_5$ 的基础上又开发了许多多元合金。例如,MmNi$_{5-x}$B$_y$ (B = Cu、Fe、Mn、Ga、In、Sn、Cr、Co、Pt、Pd、Ag、Zr 等)系列,其中 Mn、Al 对合金中 Ni 的部分取代,可使平衡压力大幅度降低,且与其取代量成正比。因此,可通过控制合金中 Mn 或 Al 的取代量来获得合适的平台压力,而且 Mn、Al 的引入可有效改善 MmNi$_5$ 的活化特性。在 Mn 成分相同和其他活化条件相同时,MmNi$_5$ 在室温氢压增至 7 ~ 8 MPa 尚不吸氢,但加入适量的 Mn 或 Al 后,在氢压为 4 MPa 时,立即氢化。这是因为 Mn、Al 的原子半径比 Ni 大(Mn 为 0.315 nm,Al 为 0.143 nm,Ni 为 0.125 nm),部分取代 Ni 后合金的点阵常数增大,晶格体积和间隙体积的增大,使氢化物的稳定性增加,也使平台压力降低,活化容易。此外,Al 置换会降低合金的吸氢能力,但是 Mn 的置换对吸氢量的影响不大。

在 MmNi$_{5-y}$B$_y$ 系列储氢合金中,MmNi$_{4.5}$Mn$_{0.5}$储氢量大,释氢压力适当,常用于氢的储存和净化;MmNi$_{4.15}$Mn$_{0.85}$具有较平坦的平台和较小的滞后,可作热泵、空调用储氢材料,MmNi$_{5-x}$Co$_x$ 可通过改变 x 值($x = 0.1 \sim 4.9$)连续改变合金的吸、释氢特性,具有良好的储氢能力。

（3）MINi$_5$ 系

MmNi$_5$ 虽然成本比 LaNi$_5$ 低廉，但平台压力高，滞后压差大，活化条件苛刻，因此，人们研制了富镧（其中 $w(La)+w(Nd) \geqslant 70\%$）混合稀土（MI）储氢合金 MINi$_5$，不仅保持了 LaNi$_5$ 的许多优良特性，而且在储氢量和动力学特性方面优于 LaNi$_5$，而且 MI 的价格为纯镧的 1/5，从而更具有实用价值。

2. 钛系储氢合金

（1）钛铁系

钛和铁可以形成 Ti-Fe 和 Ti-Fe$_2$ 两种稳定的金属间化合物。图 5.14 是钛铁系晶型结构示意图。Ti-Fe 是钛铁系储氢合金的典型代表，具有 CsCl 晶型结构，具有优良的储氢特性，其价格低于其他储氢材料，所以具有很大的实用价值。Ti-Fe 也有明显的不足，首先是活化困难，必须在 450 ℃和 5 MPa 压力条件下才能活化，其次是滞后较大，抗毒性弱（特别是 O$_2$），在反复吸氢、释氢后性能下降。

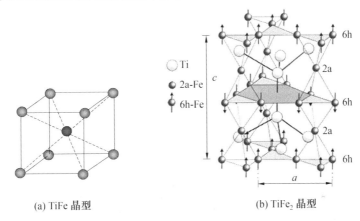

(a) TiFe 晶型 (b) TiFe$_2$ 晶型

图 5.14　钛铁系晶型结构示意图

（2）钛锰系

在钛锰系二元合金中，以 TiMn$_{0.5}$ 储氢性能最佳。该合金可在室温下活化，与氢反应生成 TiMn$_{1.5}$H$_{2.47}$ 氢化物，储氢量达 1.86%，$\Delta H = -2.85$ kJ/mol。研究发现，Ti-Mn 系合金中 Mn/Ti 的摩尔比为 1.5 时，储氢量较大，如果 Ti 量增加，吸氢量增大，但因形成稳定的钛氢化物，导致室温下放氢量减少。

以 Ti-Mn 为基础开发的多元合金系列，其中以 Ti$_{0.9}$Zr$_{0.1}$Mn$_{1.4}$V$_{0.2}$Cr$_{0.4}$ 储氢性能最好。室温时最大吸氢量 2.1%，20 ℃时氢化物的分解压为 0.9 MPa，平台平坦，室温最大释放氢为 233 mL/g，$\Delta H = 29.98$ kJ/mol。

3. 镁系储氢合金

美国 Broukhaven 国家实验室最早研究了镁的吸氢。在 300 ～ 400 ℃和较高的氢压下，镁与氢气生成 MgH$_2$ 的反应式为

$$Mg + H_2 \rightleftharpoons MgH_2 \tag{5.4}$$

MgH$_2$ 的质量分数为 7.65%，$\Delta H = -74.48$ kJ/mol，分解压为 0.101 MPa 时的温度为 287 ℃。MgH$_2$ 属离子型氢化物，稳定性强，释氢困难，分解温度过高。

目前,镁系储氢合金的发展方向是通过合金化,改善镁基合金氢化反应的动力学和热力学性质。一般认为,过渡元素 Ni、Re、La 等具有良好的催化镁氢反应作用,可明显降低氢化反应的活化性能,因此,对 Mg-Re 系、Mg-Ni-Cu 系、Mg-Ni-Cu-M(M=Mn、Ti 等)以及 La-M-Mg-Ni(M=Ca、Zr)系列多元镁基储氢合金的研制还在进行。

除了上述系列储氢合金材料外,锆系储氢合金 $ZrMn_{a-x}M_x$(M=Ti、Cr、Mo、V、Nb、Cu、Fe、Ni、La、Ce 等,$a=1.6\sim3.0$,$x=0.1\sim1.5$)具有良好的储氢性能,如 $ZrMn_{1.5}Cr_{0.5}$、$ZrMn_{1.5}La_{0.5}$ 等合金的吸氢量达 200 mL/g 以上,特别是 100 ℃以上高温仍具有良好的储氢性能。

5.6　储氢材料的应用

5.6.1　在电池上的应用

1. 在小型民用电池上的应用

Ni-MH(镍-金属氢化物)电池最初是在 1990 年首先在日本商业化。这种电池的能量密度为 Ni-Cd 电池的 1.5 倍,不污染环境,充放电速度快,记忆效应少,可与 Ni-Cd 电池互换等。随着各种便携式电器的日益小型化,轻质化,要求小型高容量电池配套,以及人们环保意识的不断增加,从而使 Ni-MH 电池发展更加迅猛,使 Ni-MH 电池在小型可充电市场份额上比例越来越大。

此外,有不少电池厂家生产的不同型号的 Ni-MH 电池,性能规格大多相近,主要用于通讯仪器、激光唱片机、收音机、摄录机、液晶电视机、个人电脑、电动玩具、仪器仪表等诸多方面,可以说小型 Ni-MH 电池的应用,已深入到各个领域,前途广阔。因此,用于Ni-MH电池的储氢材料在这一领域也将很有应用前途。

2. 储氢合金在电动车用电池中的应用

我国的电池行业第十个五年计划中把氢镍动力电池作为发展重点之一,鼓励发展Ni-MH动力电池和提高其性能的研究开发、产业化生产。电动车用 Ni-MH 电池特点是:①能量密度高;②功率密度高;③循环寿命长;④可大电流充放电;⑤无毒害;⑥免维护。因此,用 Ni-MH 电池驱动的电动车具有一系列优点:①一次充电可行驶很长距离;②加速性能好;③紧急状态下充电时间短;④易维护;⑤零排放,不污染环境。但目前价格昂贵,是其最大的缺点。

Ni-MH 电池作为城市环保型汽车的应用很有前途,但是,目前价格较贵,势必影响其推广。混合型电动车既可以降低价格,又有利于环保、节能,是近期内的发展方向,但它不能做到完全零排放。因此,今后应开发高容量、高功率、低成本、长寿命的 Ni-MH 电池,以满足汽车发展的需要。

（3）储氢合金在燃料电池中的应用

燃料电池是一种将储存燃料和氧化剂中的化学能,直接转化为电能的装置。从外部不断向燃料电池供给燃料和氧化剂时,可以连续放电。用氢化物作氢源的燃料电池可作电动汽车的电源,也可用 Ni-MH 电池与燃料电池的混合系统作电源。

5.6.2 储氢合金在能量转化技术中的应用

1. 在储氢与输氢技术中的应用

氢能源是未来社会的新能源和清洁能源之一,它的关键技术之一就是安全而经济的储存和输送。由于金属氢化物储氢密度比液氢还高,氢以原子态储存于合金中,当它们重新被放出来时,经历扩散、相变、化合等过程,受到热效应与速度的制约,不易爆炸,安全程度高。

2. 储氢合金氢化物热泵

储氢合金氢化物热泵是以氢气作为工作介质,以储氢合金作为能量转换材料,由同温度下分解压不同的两种氢化物组成热力学循环系统,使两种氢化物分别处于吸氢(放热)和放氢(吸热)状态,利用它们的平衡压差来确定氢气吸收和释放,从而利用低级热源来进行储热、采暖、空调和制冷。它具有升温和降温热效率高的优点,分为温度提高型、热量增幅型和制冷型3种操作方式。但仍有许多技术问题需要解决,例如:①新材料的开发及配对以获得最大的有效工作氢量;②改善传质问题以克服粉体及容器阻力对氢气流动的延缓作用;③改善传热问题以提高氢化物床的导热性,从而增大氢的吸收速率及系统的制冷能力;④克服材料床体及容器的吸热损失,降低成本等。如果解决了这些问题,储氢合金将用于汽车或轮船的空调上,或在缺乏电能而又需制冷或空调的地区,开发氢化物热泵等方面。

3. 在热能-机械能转换中的应用

氢是重要的工业原料,也是未来的新能源,不同应用领域采用不同纯度和压力的氢源,但多数场合均采用压缩氢,利用金属氢化物进行氢的压缩是一种新的氢压缩方法,它是一种化学热压缩,克服了机械压缩机的弊端。其优点是:①运转安静,无振动;②无驱动部件易维修;③器件体积小,质量轻,其质量和体积可减至机械压缩机的1/5;④释放氢的纯度高,氢气里绝无油、水和空气;⑤可以利用废热,耗电量少,运输费用低;⑥多段压缩可产生高压。唯一的缺点是氢流量受合金吸收、释放氢的循环速度限制。

5.6.3 储氢合金在其他方面的应用

1. 分离、回收氢

工业生产中,有大量含氢的废气排到空气中造成资源浪费,如能对其加以分离、回收、利用,则可节约巨大的能源。氢化物分离氢气的反应法与传统的方法不同,当含氢的混合气体流过装有储氢合金的分离床时,氢被储氢合金吸收,形成金属氢化物,杂质排出;加热金属氢化物即可释放氢气。如果用一种$LaNi_5$与不吸氢的金属粉末及黏结材料混合压制烧结成的多晶颗粒作为吸氢材料。另外,可用金属氢化物分离氢和氦,用$MINi_5$ + $MINi_{4.5}M_{0.5}$二级分离床含He、H_2的混合气体,氢气回收率可达99%,可有效分离H_2和He。

2. 制取高纯度氢气

利用储氢合金对氢的选择性吸收特性,可制备99.999%以上的高纯氢。如含有杂质的氢气与储氢合金接触,氢被吸收,杂质则被吸附于合金表面;除去杂质后,再使氢化物释氢,则得到的是高纯度氢气。

3. 利用储氢合金变风能为热能

日本自 20 世纪 80 年代开始研制利用储氢合金将风能转换为热能的系统。如图5.15所示,利用风轮机的机械能将空气绝热压缩成高温空气。由系统产生的热量,一小部分直接提供给能源用户,而大部分则导入金属氢化物容器中,使氢气从储氢合金中解离出来,同时储存热能。在风况不正常或夜间寒冷时,则使储氢合金与氢气再次反应生成金属氢化物,同时放出热量供热,该系统使用的储氢合金为 $TiFe_{1.15}O_{0.024}$。

4. 利用储氢合金的真空绝热管

利用储氢合金的绝热管是将输送管管壁绝热层内装入一定数量的储氢合金,利用储氢合金的吸氢反应来维持管壁的真空,即储氢合金起真空泵的作用密封在输送管的双层壁内,能长期维持输送管管壁内的真空度。作为真空化使用的储氢合金,必须在制造时和长期使用时解决使合金表面劣化的杂质气体和从表面放出的氢气,以保持绝热层内维持小于 $10^{-1} Pa$ 的真空度,还要特别注意氢气的高传热性。根据各种储氢合金系的试验结果,发现稀土系储氢合金在耐杂质气体特性和长期保持对氢气活性方面是最好的材料。这种真空绝热输送管热损失很小,长期无需维护,耐用年限在 40 年以上。

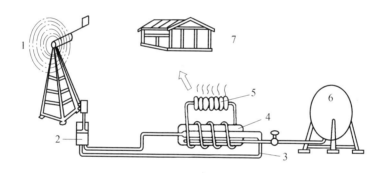

图 5.15 储氢合金变风能为热能系统示意图
1—风轮机;2—绝热压缩机;3—高温空气;4—储氢合金;5—热交换器;
6—氢气储罐;7—农业设施和住宅取暖

第6章 光学材料

6.1 光学材料的发展概况

最早被人们用来制作光学零件的光学材料是天然晶体,人造玻璃作为眼镜和镜子还是13世纪在威尼斯开始的。此后由于天文学家与航海学的发展需要,伽利略、牛顿、笛卡儿等也用玻璃制造了望远镜和显微镜。从16世纪开始玻璃已成为制造光学零件的主要材料了。

现代光学、光电子学等的迅猛发展,光学材料也取得了快速的发展。目前,光学材料主要有光学玻璃、红外光学材料、光学晶体、微晶玻璃、光学塑料、光学纤维、航空有机玻璃及有关液体材料等。其中光学玻璃在成像元件中使用得最多。塑料透镜的质量在很多方面可以达到玻璃透镜的质量要求,特别是在眼镜行业,有取而代之的趋势,但是由于它受到折射率低、散射高、不均匀性以及其他方面的使用限制,所以使它的使用范围不如光学玻璃广泛。

光学透明材料由于与光电子技术的发展密切相关而成为一种日益重要的材料。它不仅应在光学透镜、非线性光学元件等光电子领域,而且作为建材、飞机等用的风挡、眼镜片有广泛的应用和前景。光学透明材料中以光学透明高分子材料的发展历史为最短,它始于二次世界大战期间的美国。随着科学技术和工业生产水平的迅速提高,要求光学元件和仪器日趋轻量化、小型化、低成本和高性能,由此使光学透明材料在当今的发展也以光学特性优良、热稳定性好、机械强度高、耐化学性能强、质轻等高性能、低成本和有特殊功能为目标。光学透明高分子材料由于能克服光学玻璃和光学晶体(即无机光学材料)固有的缺陷,具有易加工成双面非球面透镜等复杂光学元件,质量轻、成本低、抗冲击等优点,目前在全世界的年产量已达万吨级,在许多应用领域基本上替代了无机光学材料。可以说,光学透明高分子材料应用的日趋广泛是目前光学行业发展的一个主要特点。

1962年,R. L. Coble首次报道成功地制备了透明氧化铝陶瓷材料,为陶瓷材料开辟了新的应用领域。近40年来,世界上许多国家,尤其是美国、日本、英国、俄罗斯、法国等对透明陶瓷材料做了大量的研究工作,先后开发出了 Al_2O_3、Y_2O_3、MgO、CaO、TiO_2、ThO_2、ZrO_2 等氧化物透明陶瓷以及 AlN、ZnS、$ZnSe$、MgF_2、CaF_2 等非氧化物透明陶瓷。透明陶瓷不仅具有较好的透明性和耐腐蚀性,能在高温高压下工作,还有许多其他优异性质,如强度高、介电性能优良、电导率低、热导性高等,所以它逐渐在照明技术、光学、特种仪器制造、无线电子技术及高温技术等领域获得日益广泛的应用。

工业上采用塑料制造光学元件始于第二次世界大战期间,以满足战时大量制造望远镜、瞄准镜、放大镜、照相机的需要。但战后由于受到材料品种少、质量低、加工工艺落后等的限制,使塑料在光学上的应用减少。1960年之后,随着合成技术的发展,光学塑料品种的增加，加工工艺的改善以及表面改性技术的出现，进一步提高了光学塑料的性能，从而使其获得迅速发展，并已形成独自的光学材料市场。现在，光学塑料已广泛地应用于摄影、航空、军事及医疗、文教和通信等领域。随着现代光学事业的发展，它还将不断开发出新的应用领域。根据透明塑料在光学领域中应用，可将光学塑料分为3大类：塑料透镜（包括工业仪器用透镜、眼镜和接触透镜、非球面透镜、棱镜、菲涅耳透镜等）、光盘、光导纤维和其他功能性光学塑料元件。

6.2 光学材料的分类

根据光学材料相互作用时产生的不同的物理效应可将光学材料分为光介质材料和光功能材料两大类。光介质材料是指传输光线的材料，这些材料以折射、反射和透射的方式，改变光线的方向、强度和位相，使光线按照预定的要求传输，也可以吸收或透过一定波长的光线而改变光线的光谱成分，如普通的光学晶体、光学玻璃、光学塑料、光学陶瓷等。光功能材料是指在电、声、磁、热、压力等外场作用下其光学性质能发生变化，或者在光的作用下其结构和性能能发生变化的材料，利用这些变化可以实现能量的传输和转换。如激光材料、电光材料、声光材料、非线性光学材料、显示材料和光信息存储材料等。

光学材料按其微观结构可分为单晶光学材料、光学多晶材料、光学玻璃（非晶态）材料和光学塑料材料等；按其形状可分为块状光学材料、纤维光学材料和薄膜光学材料等。

光学晶体材料是指光学晶体（Optical Crystal）用作光学介质材料的晶体材料，主要用于制作紫外和红外区域窗口、透镜和棱镜。光学晶体材料按晶体结构分为单晶和多晶。由于单晶材料具有高的晶体完整性和光透过率以及低的输入损耗，因此常用的光学晶体以单晶为主。

人工晶体按照功能不同，可粗略分为半导体晶体、激光晶体、非线性光学晶体、光折变晶体、闪烁晶体、红外探测晶体、光学晶体、双折射晶体、宝石晶体等。

光学玻璃材料是指能通过或改变光的传播方向，并能改变紫外线光、可见光或红外光的相对光谱分布的玻璃。狭义的光学玻璃是指无色光学玻璃；广义的光学玻璃还包括有色光学玻璃、激光玻璃、石英光学玻璃、抗辐射玻璃、紫外红外光学玻璃、纤维光学玻璃、声光玻璃、磁光玻璃和光变色玻璃。

塑料材料一般分为热塑性和热固性塑料。光学塑料大部分为热塑性塑料，常用的有聚甲基丙烯酸甲酯（PMMA）、聚苯乙烯（PS）、聚碳酸酯（PC）等。

光学塑料按其微观结构和结晶形态分为结晶性（Crystalline）塑料和不定形或非晶性塑料。

光学多晶材料主要是烧结光学多晶陶瓷，即采用烧结工艺获得的多晶陶瓷材料，主要有氧化物多晶陶瓷、氮化物多晶陶瓷、氟化物多晶陶瓷、半导体热压多晶陶瓷等。热压光学多晶除具有优良的透光性外，还具有高强度、耐高温、耐腐蚀和耐冲击等优良力学、物理性能，可作各种特殊需要的光学元件和窗口材料。

6.3 光学材料的透明机理及影响因素

6.3.1 光学材料的透明机理

多数透明材料属于电介质非金属材料,这种电介质非金属材料一般由两个重要的共振区产生吸收光谱带:一个是束缚电子跃迁产生的本征吸收带,图6.1为左侧的紫外截止波段;另一个是共振吸收带,是光学支的晶格振动带。

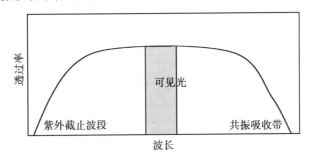

图6.1　透明材料的透过率与波长的关系

原则上,在本征吸收带,非金属材料对光子的吸收有3种机理:①电子极化;②电子受激发吸收光子而跃迁禁带;③电子跃迁进入位于禁带中的杂质或缺陷而吸收光子。

如图6.2所示,当光子能量 $h\nu > E_g$(禁带宽度)时,电子吸收光子从价带激发到导带上,即

$$\frac{hc}{\lambda} > E_g \text{ 或 } \lambda < \frac{hc}{E_g} \tag{6.1}$$

式中　h——Plank 常数;

　　　c——光速;

　　　λ——光子波长。

只有满足式(6.1)才能吸收光子。因此,禁带宽度越大,紫外吸收端的截止波长就越小。而对于杂质引起的吸收比 E_g 小得很多的光子能量,则可将电子和空穴分别激发到导带和价带上。

对于共振吸收带,如图6.3所示,可采用双原子振动模型来描述,质量分别为 m_1、m_2 的两个原子,瞬时间距为 r,谐振子的频率为

$$f = \frac{1}{2\pi}\sqrt{\frac{k(m_1+m_2)}{m_1 m_2}} = \frac{1}{2\pi}\sqrt{\frac{k}{\mu}} \tag{6.2}$$

式中　μ——折合质量,$\mu = \dfrac{m_1 m_2}{m_1 + m_2}$;

　　　k——原子结合力弹性常数。

从而得到

$$\lambda = 2\pi c \sqrt{\frac{\mu}{k}} \tag{6.3}$$

由式(6.3)可以看出,原子的结合力越大,原子质量越小,则振动频率越高,红外截止波长越小;否则截止波长就越大。一般说来,材料的透波范围多数情况是包含可见光的范围,如果可见光不在这个透波范围,那么材料的本质已经决定在可见光范围内是不透明的。

介质透过率高低,也就是介质吸收的光波能量的多少,不仅与介质的电子的能带结构有关,还与光程有关,也就是与光穿过的介质厚度有关。假设入射光的强度为 I_0,那么经过厚度为 x 的介质,其光强度下降,光的强度将变成 I,可推导出

$$I = I_0 e^{-\alpha x} \tag{6.4}$$

式中 α——介质对光的吸收系数;

x——穿过介质的厚度。

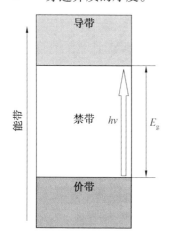

图6.2 能带示意图

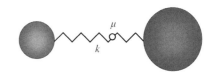

图6.3 双原子分子振动模型

式(6.4)称为勃朗特定律,它表明光强随厚度的变化符合指数衰减规律。不同的材料的 α 又有很大的差别,如空气的 $\alpha \approx 10^{-5} \, \text{cm}^{-1}$,而金属的 α 值在 $10^4 \, \text{cm}^{-1}$ 数量级以上。因此,对于可见光,金属是不透明的。

对于材料的反射系数和影响因素,一束光从介质1(折射率为 n_1)穿过界面进入介质2(折射率为 n_2),出现一次反射,当光在介质2经过第二个界面时,仍要发生反射和折射,从反射定律和能量守恒定律可以推导出,当入射光垂直或接近垂直介质界面入射时,其反射系数 R 为

$$R = \left(\frac{n_{21} - 1}{n_{21} + 1} \right)^2, \quad n_{21} = \frac{n_2}{n_1} \tag{6.5}$$

如果光介质1是空气,即 Fresnel 关系为

$$R = \left(\frac{n-1}{n+1} \right)^2 \tag{6.6}$$

如图6.4所示,达到透明介质右侧的光强为

$$I = I_0 \, (1-R)^2 e^{-\alpha x} \tag{6.7}$$

如果此透明材料为蓝宝石,取寻常光的折射率 n_0 为 1.770,则 R 值为 0.077,蓝宝石的

透过率的极限值为85%。显然,对于特定的材料来说,透过率的极值由材料的特性所确定。如果两种介质折射率相差很大,反射损失相当大;若两种介质折射率相同,则$R=0$,光透过后几乎没有损失。由于陶瓷、玻璃材料的折射率比空气的大,所以损失比较严重。

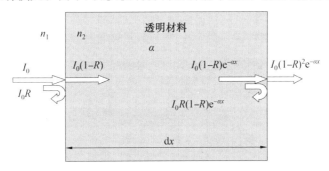

图6.4 光线通过透明介质示意图

6.3.2 光学材料透过率的影响因素

1. 环境温度影响因素

对于透明陶瓷材料,可理解为通过晶界把晶体颗粒方向无序结合在一起的多晶体,因此透明陶瓷的透过率可按照单晶体进行参照分析。对于有些材料如半导体材料,如果环境温度升高到一定程度,在导带中的热激发电子能够吸收较少的能量,从而在带内进入更高的能态,使得电子在足够的温度下能够有更多的概率进入导带,这就使得紫外截止波段随着温度向长波长方向移动,即所谓的红移趋势,如图6.5所示。

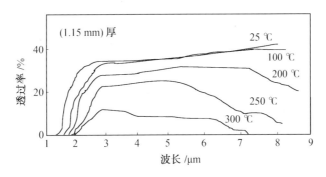

图6.5 不同温度下Ge晶体透过率曲线

对于透明材料折射率温度系数$\mathrm{d}n/\mathrm{d}T>0$,例如蓝宝石,由式(6.6)和(6.7)可以推算出透过率与折射率的关系。随着温度的上升,折射率增大,透过率逐渐减少,所以折射率随温度的变化而影响到透过率。对于透明材料的红外截止波段,随着温度的升高而使原子能量增大,原子的振动频率增大,因而共振吸收截止频率增大,因此红外截止波长缩短,具有蓝移趋势。图6.6为蓝宝石在不同温度下的透过率。透明陶瓷材料如多晶镁铝尖晶石($MgAl_2O_4$)也有相似的情况。

2. 制备影响因素

陶瓷材料制备因素的影响,主要包括杂质、气孔、晶界、微裂纹以及表面的粗糙度等方面。光通过陶瓷材料会受到一系列阻碍,这就导致多晶陶瓷不可能像单晶、玻璃那样的透明,从而使得多数陶瓷看上去不透明。大量研究结果表明,对陶瓷透明性能的影响因素主要有以下几个方面。

(1)原料

原料的纯度是影响透明性诸多因素中的主要因素之一,原料中杂质容易生成异相,形成光的散射中心。图6.7为透明材料内光散射示意图。减弱透射光在入射方向的强度,降低陶瓷的透过率,甚至失透。

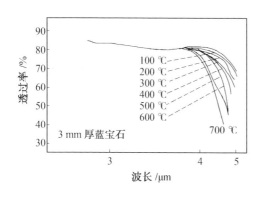

图6.6 蓝宝石在不同温度下的透过率　　　　图6.7 透明材料内光散射示意图

当原料的粒度很小,处于高度分散、烧结时微细颗粒可缩短气孔扩散的路径,颗粒越细,气孔扩散到晶界的路程就越短,容易排除气孔和改善原料的烧结性能,使透明陶瓷结构均匀,透过率高。

原料的活性不仅与原料的分散状态有关,而且与原料的相变或预烧温度有关,预烧温度过高则活性降低;反之,则相变转化不完全,制品在烧结过程中会产生变形等不良的影响。

为了获得透明陶瓷,有时需加入添加剂,抑制晶粒生长。添加剂的用量一般很少,所以要求添加剂能均匀地分布于材料中。另外,添加剂还应能完全溶于主晶相,不生成第二相物质,也就是说,不破坏系统的单相性。

(2)材料气孔率

对透明材料透光性能影响最大的因素是气孔率,将气孔率细分为气孔尺寸、数量及种类。普通陶瓷即使具有高的密度,往往也是不透明的,这是因为其中有很多闭口气孔,陶瓷体中闭口气孔率从0.25%变为0.85%时,透过率降低33%。根据平均气孔的大小、产生的影响也不同,在气孔直径小于光波波长 $\lambda/3$ 时,会产生瑞利散射;当气孔直径与光波波长 λ 相接近时,会产生米氏散射;当气孔直径大于光波波长 λ 时,会产生反散射折射。

6.3.3 光学塑料的透明机理

光学塑料指热塑性塑料,其透明性与光学塑料的结晶性密切相关,结晶性塑料在冷却时形成致密的晶体结构,可见光遇到这些晶体后就会发生光的散射和反射,从而阻止了光的透过。结晶的颗粒较小,当结晶的颗粒度小于可见光的波长时,对光的散射和折射减少,改善了光学性能。对于非晶性塑料,由于只是分子链的杂乱的冻结在一起,没有晶核和晶粒的生长,可见光由于波长较短(400~800 nm)可穿过这些分子链的间隙,这就是光学塑料透明的机理。

光学塑料对光的折光率与光学塑料本身密度有关,晶区与非晶区密度不同,因而对光的折光率也不相同。

①光线通过结晶高聚物时,在晶区与非晶区面上能直接通过,并发生折射或反射,所以两相并存的结晶高聚物通常呈乳白色,不透明,如尼龙、聚乙烯等;结晶度减少时,透明度增加;完全非晶的高聚物如聚甲基丙烯酸甲酯(PMMA)、聚苯乙烯(PS)是透明的。

②并不是结晶高聚物一定不透明,因为:①如果一种高聚物晶区密度与非晶区密度非常接近,这时光线在界面上几乎不发生折射和反射;②当晶区中晶粒尺寸小到比可见光的波长还要小,这时也不发生折射和反射,仍然是透明的。在有些情况下,利用淬冷法获得有规高聚物的透明性,就是使晶粒很小而实现的,或者加入成核剂也可达到此目的。

1. 结晶性塑料

结晶性塑料有明显的熔点(T_m),固态时分子呈规则排列,强度较强,拉力也较强。熔解时密度变化大,固化后较易收缩,内应力不易释放出来,成品不透明,成型中散热慢,冷模生产后收缩较大,热模生产后收缩较小。塑料高分子链排列整齐,在凝固过程中由晶核到晶球的生成过程,并依照固定样式排列高分子链。一般而言,由于具备晶格结构,因此在发生物相变化如熔解时,需突破结构的能量势垒,使晶格结构破坏。因此结晶性塑料具备明显的相变温度及潜热值。结晶性塑料的特性为不透明,在链排列方向及垂直排列方向有不均匀的物理性质(各向异性)。常见的结晶性塑料主要有聚乙烯(PE)、聚丙烯(PP)、聚甲醛(POM)、尼龙等。

2. 不定形或非结晶性塑料

非结晶性塑料无明显熔点,固态时分子呈不规则排列,熔解时密度变化小,固化后不易收缩,成品透明性好,材料温度越高色泽越黄,成型中散热快,塑料高分子链凌乱排列,未形成有序的排列结构,在凝固过程中没有晶核及晶粒生长过程,仅是自由的高分子链被"冻结"的现象。从宏观上看,非结晶性塑料没有明显的相变温度,熔化过程为一定温度范围而非固定熔点。非结晶性塑料多具透明外观,各向异性不显著,物理性质较为均匀。常见的非结晶性塑料包括聚苯乙烯(PS)、聚碳酸酯(PC)及聚氯乙烯(PVC)等。

6.4 光学材料的制备方法

6.4.1 光学晶体的制备方法

光学晶体分为天然光学晶体和人造光学晶体两类。天然光学晶体产量有限,光学性能不稳定,所以现在主要靠人工方法来培育光学晶体。人工培育光学晶体的方法主要有焰熔法、提拉法、温度梯度法、助熔剂法和从溶液中生长晶体法等。

1. 溶液中生长晶体

生产者设计了各种从溶液中培养晶体的方法,尽管工艺各不相同,但原理基本相同:一是要获得过饱和溶液,这期间采用降温法或采用恒温蒸发法或两者兼用;二是要避免非均匀成核。为此,可采用引入籽晶的办法,同时控制溶液浓度使之始终处于亚稳态过饱和区内。保持溶液清洁,减少杂质引起的非均匀成核概率。

(1)降温法

降温法是从溶液中培养晶体最常用的一种方法。它的基本原理是利用晶体物质较大的正溶解度温度系数,将在一定温度下配制的饱和溶液,于封闭的状态下保持溶剂总量不变,而逐渐降低温度,使溶液成为过饱和溶液,析出的溶质不断结晶在籽晶上。图6.8为水溶液法生长晶体示意图。

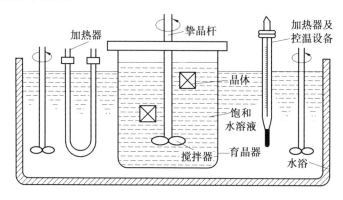

图6.8 水浴液法生长晶体示意图

(2)流动法

流动法生长晶体装置如图6.9所示,一般由3部分组成:生长槽(育晶器)C,溶解槽A和过热槽B。三槽之间的温度是:B槽的温度高于A槽,而A槽的温度又高于C槽。A槽中过剩的原料在不断地搅拌下溶解,使溶液在高于C槽的温度下饱和,然后经过滤器进入过热槽B,过热槽的温度一般高于生长槽温度5~10 ℃。可以充分溶解从溶解槽流入的微晶,以提高溶液的稳定性。经过过热后的溶液用泵打入生长槽C,C槽的溶液是过饱和的,保证晶体生长有一定的驱动力。由于晶体的生长,从而使变稀的溶液流回到溶解槽溶解原料,使溶液重新达到饱和,溶液如此循环流动,晶体不断生长。

(3)蒸发法

蒸发法生长晶体的基本原理是将溶剂不断蒸发移去,而使溶液保持在过饱和状态,从而使晶体不断生长。这种方法比较适合于溶解度较大而其温度系数很小或是具有负温度系数的物质。蒸发法和流动法相似,晶体生长也是存恒温下进行的,不同的是流动法用补充溶质,而蒸发法用移去溶剂来造成过饱和度。

蒸发法生长晶体的装置(图6.10)和降温法的装置十分类似,所不同的是在降温法中,育晶器中蒸发产生的冷凝水全部回流,而蒸发法则是部分回流。降温法通过控制降低温度来控制过饱和度,而蒸发法则是通过控制回流比来控制过饱和度。

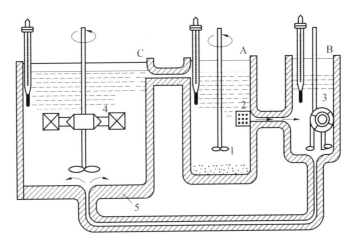

图 6.9 流动法生长晶体装置

1—原料；2—过滤器泵；3—泵；4—晶体；5—加热电阻丝

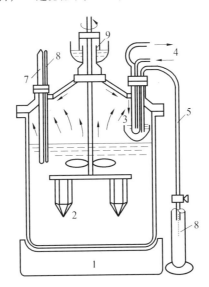

图 6.10 蒸发法生长晶体装置

1—底部加热器；2—晶体；3—冷凝器；4—冷却水；5—虹吸管；

6—量筒；7—接触控制器；8—温度计；9—水封

（4）电解溶剂法

电解溶剂法是从溶液中生长晶体的一种独特的方法。其原理基于用电解法分解溶剂，以除去溶剂，使溶液处于过饱和状态。显然这种方法只能应用于溶剂可以被电解而其产物很容易从溶液中移去（如气体）的体系，同时还要求所培养的晶体在溶液中能导电而又不被电解。因此，这种方法特别适用于一些稳定的离子晶体的水溶液体系。

在育晶器中装有铂电极，也起电解槽的作用，当通以稳定的直流电，溶剂就被电解，其速度由电流密度控制，溶液要搅拌以免产生浓差极化，溶液表面用流动液层覆盖以防溶剂蒸发。电解的气体产物从冷凝器中排出，在生长过程中，溶液的 pH 值保持稳定。电解溶剂法生长晶体装置如图 6.11 所示。

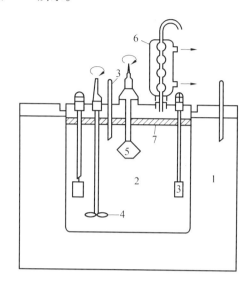

图 6.11　电解溶剂法生长晶体装置图
1—恒温槽；2—溶液；3—铂电极；4—搅拌器；5—晶体；
6—冷凝器；7—覆盖流动层；8—温度计

2. 水热法生长晶体

　　水热法是 19 世纪中期地质学家模拟自然界成矿作用而开始研究的。1900 年后科学家们建立了水热合成理论,以后又开始转向功能材料的研究。目前用水热法已制备出百余种晶体。水热法又称热液法,属液相化学法的范畴。水热法生长晶体示意图如图 6.12 所示。

　　水热法的原理是:水热法制备粉体的化学反应过程是在流体参与的高压容器中进行的。高温时,密封容器中有一定填充度的溶剂和溶质,充满整个容器,从而产生很高的压力。为使反应较快、较充分地进行,通常还需要在高压釜中加入各种矿化剂。水热法一般以氧化物或氢氧化物作为前驱体,它们在加热过程中溶解度随温度的升高而增加,最终导致溶液过饱和并逐步形成更稳定的氧化物新相。反应过程中的驱动力是最后可溶的前驱物或中间产物与稳定氧化物之间的溶解度差。根据热力学反应类型的不同,水热法制备粉体有以下几种方法:

　　①水热氧化。利用高温高压水、水溶液等溶剂与金属或合金可直接反应生成新的化合物。

　　②水热沉淀。某些化合物在通常条件下无法或很难生成沉淀,而在水热法条件下容易反应生成新的化合物沉淀。

　　③水热合成。允许在很宽范围内改变参数,使两种或两种以上的化合物起反应,合成新的化合物。

　　④水热还原。金属盐类化合物、氢氧化物、碳酸盐或复合盐用水调浆,只需少量或无需试剂,控制适当温度和氧分压条件,即可制成超细金属微粉。

⑤水热分解。某些化合物在水热条件下分解成新的化合物,进行分离而得单一化合物。

⑥水热结晶。以非晶态氢氧化物、氧化物或水凝胶为前驱物、在水热条件下结晶成新的氧化物晶粒。

水热法的特征是由于在高温高压的水热条件下,水处于临界状态,物质在水中的物性与化学反应性能起很大的变化,因此水热反应大异于常态。在高温高压下,水热反应有两个特征:一是复杂离子间的反应加速;二是水解反应加速。因此此时难溶或溶解度小的前驱反应物在水热条件下能得到充分溶解,形成具有一定过饱和度的溶液,而后进行反应,形成原子或分子生长的基元,经过成核和晶体生长而生长晶粒。水热法合成的粉体,其晶粒发展完整,粒度分布均匀,颗粒之间少团聚,颗粒度可控。

3. 熔体中生长晶体

法国科学家用焰熔法生长出第一块人工晶体红宝石以来,至今已有近百年的历史。这期间人们发明和设计出了包括提拉法、下降法、助熔剂法、导模法以及冷坩埚法在内的三四十种生长方法。

当结晶物质的温度高于熔点时,它就熔化为熔体,当熔体的温度低于凝固点时,熔体就会转变成结晶固体。

(1)焰熔法

人造红宝石是人工晶体家族中的"开山鼻祖",它最早是由法国科学家维尔纳叶于1890年采用焰熔法制成的。所以后人也就

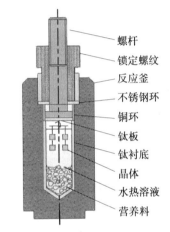

图6.12 水热法生长晶体示意图

把焰熔法称为维尔纳叶法,也有称为火焰法。多年以来,这种生长方法虽有不断改进,但基本原理仍没有改变。这种方法目前是工业上大规模生产红宝石的主要方法。焰熔法生长红宝石如图6.13所示。

生长红宝石的原料是一种非常疏松的 γ-Al_2O_3 粉末,它被置入料筒中,γ-Al_2O_3 粉料经过敲击或振动装置从筛网中均匀地撒落下来,经过氢气和氧气燃烧产生的高温区,粉料熔为液滴并滴落在结晶台上。由于一定的温度梯度分布,所以滴落在结晶台上的液滴便会凝固成晶体。

(2)提拉法

提拉法又名引上法或 Czochralski 法,是熔体生长中最常用的一种生长方法。许多重要而实用的晶体都是用这种方法制备的。提拉法晶体生长的装置如图6.14所示。将经过加工处理的原料放入坩埚,再将坩埚置于单晶炉内,加热使原料完全熔化,加热器与保温屏(罩)配置使熔体内部及上部有一个合适的温度场。在籽晶杆的底部固定一块按要求选择的籽晶,当原料熔化并达到平衡温度后,将籽晶逐渐浸渍到熔体中与表面接触,精密地控制和调整温度,使熔融的原料在"回熔"的籽晶端部开始生长。缓慢地向上提拉籽晶杆,并以一定速度旋转。当生长到预定直径后,即进入等径生长阶段,严格控制加热功

率,使结晶过程在固液界面上连续地进行,直到晶体生长达到预定高度时止。为了控制晶体的尺寸和质量,要选择合适的生长条件,这主要是指固液界面附近气体和熔体中垂直和水平方向上的温度梯度、旋转速度和提拉速度。

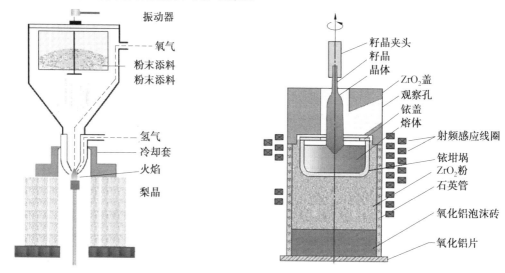

图 6.13　焰熔法　　　　　　图 6.14　提拉法晶体生长装置示意图

（3）下降法

下降法首先是由布里奇曼提出,后又经斯托克巴杰进一步改进和完善。所以这种方法又可以称为布里奇曼-斯托克巴杰方法。坩埚下降法生长晶体示意图如图 6.15 所示。将原料放入具有特殊形状的坩埚里加热使之熔化。通过下降装置使坩埚在具有一定温度梯度的结晶炉内缓缓下降,经过温度梯度最大的区域时,熔体便会在坩埚内自下而上地结晶为整块晶体。这个过程也可以用坩埚不动,结晶炉沿着坩埚上升,或坩埚和结晶炉都不动,而是通过缓慢降温来实现生长。下降法使用的结晶炉与提拉法的截然不同。为了提

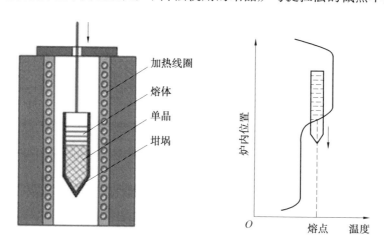

图 6.15　坩埚下降法生长晶体示意图

供一个合适的温度场,下降法所使用的结晶炉通常由上、下两部分组成,上腔为高温区,原料在高温区中充分熔化;下腔为低温区,为了造成上下腔之间有较大的温度梯度,除了上、下腔可分别采用温度控制系统之外,还可以在上、下腔之间加一块散热板,如果炉体设计合理,就可以保证得到足够的温度梯度以满足晶体生长的需要。

(4)泡生法

泡生法于 1926 年由 Kyropouls 发明,后经科研工作者不断改造和完善,目前是解决晶体提拉法不能生产大晶体的好方法之一。其晶体生长的原理和技术特点是:将晶体原料放入耐高温的坩埚中加热熔化,调整炉内温度场,使熔体上部处于稍高于熔点的状态,使籽晶杆上的籽晶接触熔融液面,待其表面稍熔后,降低表面温度至熔点,提拉并转动籽晶杆,使熔体顶部处于过冷状态而结晶于籽晶上,在不断提拉的过程中,生长出圆柱状晶体。图 6.16 为泡生法生长晶体示意图。

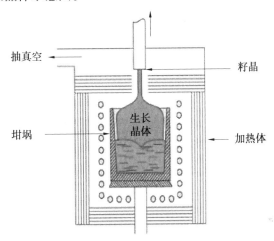

图 6.16 泡生法生长晶体示意图

泡生法与提拉法的区别在于,泡生法是利用温度控制生长晶体,生长时只拉出晶体头部,晶体部分依靠温度变化来生长,而拉出颈部的同时,调整加热功率压以使得熔融的原料达到最合适的生长温度范围。

(5)熔盐法

晶体生长熔盐法又称助熔剂法,它是在高温下从熔融盐熔剂中生长晶体的一种方法。利用熔盐生长晶体的历史已近百年,现在用熔盐生长的晶体类型很多,从金属到硫族及卤族化合物,从半导体材料、激光晶体、光学材料到磁性材料、声学晶体,也用于生长宝石晶体,如熔盐法宝石和祖母绿。

在熔体生长方法中,用熔盐法生长晶体也是相当重要的一种方法。熔盐法是指在高温下从熔融盐溶剂中生长晶体的方法,如图 6.17 所示。称为助熔剂的高温溶剂,可以使溶质相在远低于其熔点的温度下进行生长,这种温度的降低或许是熔盐法胜过纯熔体法的主要优点。

熔盐法是将组成宝石的原料在高温下溶解于低熔点的熔盐中,使之形成饱和溶液,然后通过缓慢降温或在恒定温度下蒸发溶剂等方法,使熔融液处于过饱和状态,从而使宝石晶体析出生长的方法。助熔剂通常为无机盐类,故也被称为盐熔法或熔剂法。熔盐法根据晶体成核及生长的方式不同分为两大类:自发成核法和籽晶生长法。

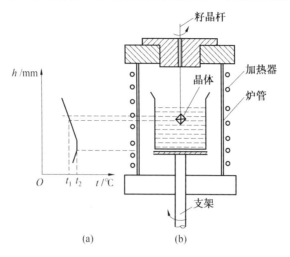

图 6.17 熔盐法生长晶体示意图

（6）导模法

晶体作为一种功能材料,应用的范围越来越广,需要的器件形状也越来越多了。例如,高压钠灯需要的是三氧化二铝管,航天器上的加速度计用的是铌酸锂单晶管等。这些异型晶体,如果用普通方法生长的晶体加工而成,则浪费惊人。

为了满足人们的上述要求,发展了异型晶体的生长技术,实际上它是提拉法的一种变形,如图 6.18 所示。将一个开有狭缝的特制导模放入拟生长的单晶物质熔体中,要求导模顶面与所拟生长的晶体截面形状相同。

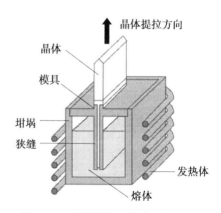

图 6.18 熔体导模法晶体生长示意图

由于狭缝的毛细现象作用,使得熔体自狭缝的底部上升到顶部,从而在狭缝口处形成一凹型液面。

控制导模顶端的温度,使其略高于拟生长晶体材料的熔点,然后将一定向籽晶放下,使之与狭缝中的凹液面接触,同时观察籽晶端部的熔化。熔化了的籽晶端部和狭缝中的熔体汇成一体,数分钟后可开动提拉机构,由于熔体与新生晶体的亲和力以及熔体表面张力的作用,狭缝中的熔体将在导模顶端展开,直至全部覆盖,可得到所需形状的晶体。

由此液膜中缓慢提拉,采用这种方法拉制出的晶体,其截面积形状不是由导模毛细孔的形状决定,而是由导模顶端的外形和尺寸决定。因此,这种方法也称为边缘限定薄膜供料生长,简称 EFG 方法。

6.4.2　光学玻璃的制备方法

制造光学玻璃的主要原料有 SiO_2、B_2O_3、P_2O_3 等酸性氧化物和氢氧化物、碳酸盐、硝酸盐等。另外还有着色剂、澄清剂、助熔剂等辅助原料。熔炼光学玻璃所用的原料纯度要高,配料要精确。并根据配方的要求,引入磷酸盐或氟化物。为了保证玻璃的透明度,必须严格控制着色杂质的含量,如铁、铬、铜、锰、钴、镍等。配料时要求准确称量、均匀混合。

光学玻璃的制造过程可分为 4 个阶段:配料→高温熔炼→成型→精密退火。

高温熔炼是将配好的玻璃料在高温下加热使其转变成均质的玻璃液的过程。整个熔炼过程包括玻璃生成反应、澄清和均化 3 个互相影响的分过程。光学玻璃熔炼分坩埚熔炼(黏土坩埚和铂坩埚)和连续熔炼两类。光学玻璃成型就是指把经过高温熔炼后的玻璃做成所要求的形状,并冷却到固化状态的过程。通常把光学玻璃液浇铸在模具里冷却固化成块状,然后根据需要再切割成不同形状的坯料。玻璃在成形过程中,由于冷却过程温度的不均匀性,在其内部会产生较大的残余应力,会产生应力双折射、折射率分布不均等现象,破坏了光学玻璃光学性质的均匀性。为此,应把成型后的光学玻璃坯料放在退火炉中升至退火点温度,保持一段时间后再缓冷到室温,这就是所谓的精密退火。通过精密退火,可以消除玻璃中的残余应力。图 6.19 为光学玻璃模压成型示意图。

直接模压成型光学玻璃对压型用的模具有较高的要求。一般传统的光学玻璃的软化温度为 500～700 ℃(近年来开发的环保玻璃的软化温度为 600～700 ℃),进行模压的温度通常超过玻璃的软化温度 50～60 ℃,也就是说,在 650 ℃以上才能进行模压。为解决这个问题,国外公司研制生产了适宜于精密模压成型的低软化点温度的光学玻璃,使玻璃的软化温度降到 600 ℃以下,从而可延长模具的使用寿命,可达到降低成本的目的。

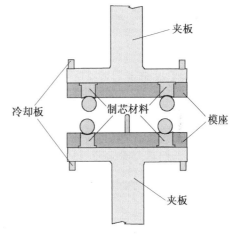

图 6.19　光学玻璃模压成型示意图

6.4.3　光学多晶陶瓷制备方法

光学陶瓷采用陶瓷制备工艺制取的具有一定透光性的多晶材料。光学陶瓷制备分为 3 个阶段:粉料制备、成型及陶瓷烧结。

1. 粉料制备

透明陶瓷的原料粉有 4 个要求:①具有较高的纯度和分散性;②具有较高的烧结活性;③颗粒比较均匀并呈球形;④不能团聚,随时间的推移也不会出现新相。传统的粉料制备方法主要有固相反应法、化学沉淀法、溶胶–凝胶法、不发生化学反应的蒸发–凝聚法(PVD)和气相化学反应法。除此之外,新的陶瓷制粉工艺也不断地涌现出来,如等离子体法、激光气相法和自蔓延法等。

2. 成型

透明陶瓷成型可以采用的方法主要有干压成型和等静压成型等工艺。干压成型是将粉料加少量结合剂,经过造粒然后将造粒后的粉料置于钢模中,在压力机上加压形成一定形状的坯体。干压成型的实质是在外力作用下,借助内摩擦力牢固地把各颗粒联系起来,保持一定的形状。实践证明,坯体的性能与加压方式、加压速度和保压时间有较大的联系。干压成型具有工艺简单、操作方便、周期短、效率高、便于实行自动化生产等优点,而且制出的坯体密度大、尺寸精确、收缩小、机械强度高、电性能好。但干压成型也有不少缺点:模具磨损大、加工复杂、成本高、加压时压力分布不均匀,导致密度不均匀,收缩不均匀,会产生开裂、分层等现象。

　　等静压成型是利用液体介质不可压缩性和均匀传递压力性的一种成型方法,它将配好的坯料装入塑料或橡胶做成的弹性模具内,置于高压容器中,密封后打入高压液体介质,压力传递至弹性模具对坯体加压,如图 6.20 所示。等静压成型有如下特点:①可以生产形状复杂、大件及细长的制品,而且成型质量高;②成型压力高,而且压力作用效果好;③坯体密度高而且均匀,烧成收缩小,不易成形;④模具制作方便,寿命长,成本较低;⑤可以少用或不用黏结剂。

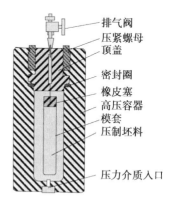

图 6.20　等静压成型示意图

3.陶瓷烧结

　　透明陶瓷的烧结方法多种多样,最常用的是无压烧结,Maguire 等人以 Al_2O_3、AlN 为原料,在 1 700 ~ 1 900 ℃无压烧结24 ~ 28 h,制备出大尺寸光学透明的 γ- AlON 陶瓷。由此可见,无压烧结的温度很高,这种方法生产成本低,是最普通的烧结方法。除此之外,还采用特种烧结方法,如热压烧结、热等静压烧结、气氛烧结、微波烧结及 SPS 放电等离子烧结技术。图 6.21 为透明陶瓷热等静压烧结示意图。图 6.22 为中科院大学上海光机所真空烧结制备的透明陶瓷。

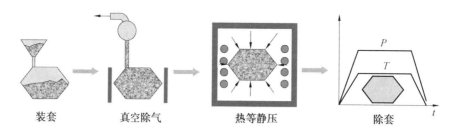

装套　　　　真空除气　　　　热等静压　　　　除套

图 6.21　透明陶瓷热等静压烧结示意图

(1)热压烧结

　　热压烧结是在加热粉体的同时进行加压,因此,烧结主要取决于塑性流动,而不是扩散。20 世纪 80 年代初,在美国国防部大力资助下,Roy 采用真空热压、热等静压的手段研制透明铝酸镁陶瓷,并成功地制备出光学性能、机械性能优异的铝酸镁多晶材料。对于同一种材料而言,压力烧结与常压烧结相比,烧结温度低得多,而且烧结体中气孔率也低,另外,由于在较低的温度下烧结,就抑制了晶粒的成长,所得的烧结体致密,且具有较高的强度。热压烧结的缺点是:加热、冷却时间长,而且必须进行后加工,生产效率低,只能生产

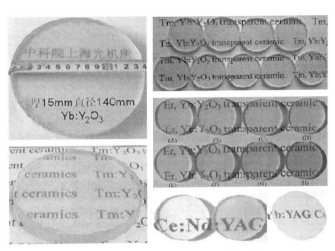

图 6.22　中科院大学上海光机所真空烧结制备的透明陶瓷

形状不太复杂的制品。

（2）气氛烧结

气氛烧结是透明陶瓷常用的一种烧结工艺。G. S. Snow 于 1972 年首先采用气氛烧结工艺，制备了透明 PLZT 电光陶瓷，由此种方法制备的陶瓷在透明度上可以和热压烧结工艺制备的相媲美。Yoshikawa 等人也采用气氛烧结，在氧气气氛中使用两步烧结法，制备出透明 PLZT 陶瓷，采用此种方法，同时也可缩短烧结时间。

（3）微波烧结

微波烧结是利用在微波电磁场中材料的介电损耗使陶瓷及其复合材料整体加热至烧结温度而实现致密化的快速烧结的新技术。微波烧结的速度快、时间短，从而避免了烧结过程中陶瓷晶粒的异常长大，最终可获得高强度和高致密度的透明陶瓷。

（4）放电等离子烧结

放电等离子烧结 20 世纪是 90 年代发展成熟的一种烧结技术。SPS 装置设备非常类似于热压烧结炉，所不同的是这一过程给一个承压导电模具加上可控脉冲电流，脉冲电流通过模具，也通过样品本身，并有一部分贯穿样品与模具间隙。通过样品及间隙的部分电流激活晶粒表面，击穿孔隙内残余气体，局部放电，甚至产生等离子体，促进晶粒间的局部结合，通过模具的部分电流加热模具，给样品提供一个外在加热源。所以，在 SPS 过程中样品同时被内、外加热，加热可以很迅速。

6.4.4　光学塑料的制备方法

光学塑料可采用注射、浇铸、热压、车削等加工方法，不必精磨抛光，特殊光学零件加工如非球面，成本仅为玻璃零件的 $\frac{1}{10} \sim \frac{1}{30}$。

热压成型法是利用一定尺寸和形状的塑料放入加热过的模具中，施加压力，使塑料充满型腔，在加热下使塑料保持高弹态，保持加热和加压，使其在模具中成型冷却后，脱模取出零件，这是目前我国制造塑料光学零件的重要方法。图 6.23 为光学塑料加压成型示意图。

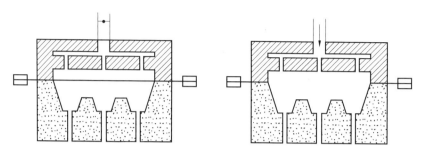

图 6.23　光学塑料加压成型

注射成型是热塑性塑料的主要成型方法,近年来也推广用来成型热固性塑料。塑料注射的过程是将塑料树脂颗粒或粉料螺杆或柱塞在加热情况下进行塑化,成为黏流态后,推压射入闭合的模腔内,经冷却后固化成型,开模后脱模得成品。图 6.24 为光学塑料压型装置示意图。

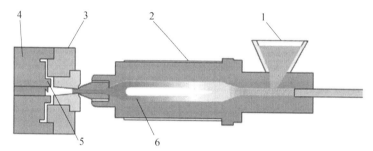

图 6.24　光学塑料压型装置示意图
1—加料;2—加热板;3、4—压板;5—光学塑料;6—注射装置

模塑的 4 个阶段包括:

(1)充模阶段:从螺杆开始向前移动到充满型腔为止。

(2)压实阶段:自熔体充满型腔到螺杆撤回时为止。

(3)倒流阶段:从螺杆后退时开始到浇口处熔料冻结时为止。

(4)冷却阶段:从浇口的塑料完全冻结起到零件从模腔中顶出时为止。

6.5　光学材料的应用

6.5.1　光学晶体的应用

光学晶体的原子排列是有序的,在空间有规律地排列在一定的阵点上。光学晶体的主要特点是透光范围较宽,所以光学晶本作为在更宽的波段上(紫外线、红外线)的光学材料,如透镜、棱镜等补充光学玻璃的不足。有一些光学晶体如冰洲石($CaCO_3$)、水晶(SiO_2)等有明显的双折射性能,可用于制作偏光镜、波长片和补偿器等光学元件。有一些光学晶体自如氟化锂(LiF)、氟化钙水晶(CaF_2)等可见光波段色散特别小,可用于制作色差镜头。利用光学晶体有序排列的结构可制成晶体光栅,用作 X 射线、γ 射线等高能射线谱线上分析元件。许多光学晶体都有特殊的光学功能,是优良的光功能材料。图6.25为蓝宝石晶体在导弹窗口的使用。

图6.25 蓝宝石晶体在导弹窗口的使用

6.5.2 光学玻璃的应用

光学玻璃是制造光学仪器和光学机械系统的核心部件——光学元件的材料,这些光学元件主要有能满足各种要求的透镜、反射镜、棱镜、滤光镜、导光纤维和光导纤维等。这些光学仪器和光学机械系统在工业、科研、医学、通信和国防等领域有着广泛的应用。如材料研究领域中用到的金相显微镜和偏光显微镜,生物和医学领域中用到的生物显微镜和胃镜,天文学领域中用到的天文望远镜,国防上所用的光学瞄准镜、夜视仪、潜望镜等。图6.26为 VLT Telescope 甚大望远镜的生产车间及其装备示意图。

(a) 生产车间   (b) 装备示意图

图6.26 VLT Telescope 甚大望远镜

6.5.3 光学陶瓷的应用

光学陶瓷最早是使用在灯具上。高压钠灯是一种发光效率很高的电光源,但在钠蒸气放电时产生1 000 ℃以上的高温,具有很强的腐蚀性,玻璃灯管根本无法耐受,所以高压钠灯一直没能问世,直到有了透明陶瓷,高压钠灯才得到实际应用。除高压钠灯外,透明陶瓷还用于其他新型灯具,如铯灯、铷灯、钾灯等。如尾蛇导弹头部的红外探测器,外面有一个整流罩,它不仅要有足够的强度,还要能透过红外线,以确保导弹能跟踪敌机辐射的红外线,而适合的材料只有透红外陶瓷,响尾蛇导弹的整流罩就是用透红外陶瓷制成的。锆钛酸铅镧透明铁电陶瓷能透光、耐高温,用它造成具有夹层的护目镜,能根据光线的亮暗自动进行调节,有了这种护目镜,电焊工人工做起来就十分方便,这种护目镜,正在核试验工作人员和飞行员中得到广泛的应用。图6.27为透明陶瓷制备的高压钠灯罩。

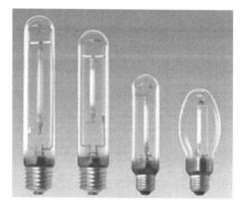

图6.27 透明陶瓷制备的高压钠灯罩

6.5.4 光学塑料的应用

光学塑料是近年来发展的重要光学材料,具有成本低、轻量化、小型化、性能高、易复制等很多优良的光学特性,且其他性能,如热稳定性能、化学性能、机械强度等可以进行设计,因此广泛应用于建材、航空、航天以及液晶显示、光学透镜、衍射光栅、非线性光学元件等。

各类光学仪器如望远镜、显微镜和照相机都离不开透镜、棱镜等透明光学元件,透明塑料的出现,使应用玻璃制造的这些元件有了改用透明塑料的可能性。早在第二次世界大战期间英、美等国就提出使用光学塑料代替玻璃来制造光学仪器,但当时的光学塑料材料耐磨性差、折射率不稳定,使应用很困难,因此进展比较迟缓。近年来随着科学技术的进步光学塑料品种越来越多,性能也越来越好,特别是用光学塑料可以比较容易地制造非球面,这就使光学塑料在光学仪器中的应用有了突飞猛进的发展。目前,世界各国有很多公司和厂校都在从事光学塑料的研究生产、光学塑料元件的开发与应用的研究,美国杜邦公司和联合碳公司很早就在从事光学塑料的试制,并用试制的光学塑料制成光学元件。美国体斯公司采用塑料光学元件制作有线制导导弹的反射镜;法国用光学塑料制成望远镜,并用光学塑料制成防原子、防化学、防生物、防激光致盲和防霜冻的潜望镜。日本采用光学塑料制成摄影机、电视机镜头。

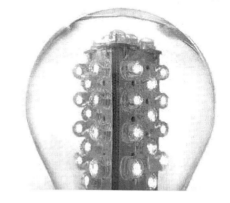

图6.28 聚碳酸酯PC在LED照明的应用

总之,随着光学塑料新品种的不断出现和研究的进展,光学塑料在树脂眼镜片、照相摄像仪器、投影电视、光盘、光导纤维等方面的应用广泛和深入,光学塑料有着良好的应用前景。图6.28为聚碳酸酯PC在LED照明的应用。

第7章 超导材料

7.1 超导材料的发展概况

1911 年,荷兰莱登(Leiden)大学的卡梅林·昂纳斯(Kamerlingh Onnes)在测量水银 Hg 的电阻时,发现它在 4.2 K 附近电阻突然跳跃式地下降到仪器无法测量到的最小值。经多次实验证实后,他将这种在一定温度下金属突然失去电阻的现象称为超导现象或超导电性——物质的一种新状态,发生这种现象的温度称为临界温度(T_c),而金属失去电阻后的状态称为超导态。1913 年,他在一篇论文中首次以"超导电性"一词来表达这一现象。我们把某些物质在冷却到某一温度以下电阻为零的现象称为超导电性,相应的物质称为超导材料,又称超导体(Superconductor)。实际上,仪器的灵敏度是有限的,实验只能确定超导态电阻的上限,而无法严格地直接证明零电阻态的电阻等于零。目前,人们所能检测的最小电阻率已达 $10^{-28}\ \Omega \cdot m$,而昂纳斯当时确定的上限仅为 $10^{-5}\ \Omega \cdot m$。可以认为,材料的电阻小于仪器所能检测的电阻率时为零电阻,而材料有电阻的状态就称为正常态。

1. 低温超导材料

1911 年至 20 年代末,昂纳斯发现了超导电现象。在这一阶段,研究人员以研究和探索元素超导体为主,发现了 Pb、Sn、In、Ta、Nb 和 Ti 等众多的元素超导材料,并对超导态的基本参量即超导临界温度 T_c、超导临界电流 I_c、超导临界磁场 H_c 完成了确认。

20 世纪 20 年代末至 50 年代初研究人员发现了许多具有超导性的合金、NaCl 结构的过渡金属氮化物和碳化物,临界温度(T_c)得到了进一步的提高。在这一阶段,超导的表象理论得到了极大的丰富,一些超导的重要特征被发现,如完全抗磁性、穿透深度、负的界面能等。

1950 ~ 1973 年是低温超导研究取得丰富成果的一个阶段。1950 年,Maxwell 和 Reynolds 等人同时报道了超导的同位素效应,此后发现了超导能隙并对其测定。1957 年,J. Bardeen、L. V. Cooper 和 J. R. Schrieffer 三人提出了 BCS 理论,其微观机理才得到一个令人满意的解释。这一理论把超导现象看作一种宏观量子效应。根据这个理论,超导材料体系存在所谓的"麦克米兰极限",即超麦克米兰认为传统的超导材料的最高的转变温度为 39 K。临界温度(T_c)低于 39 K 的超导体称为低温超导体,反之为高温超导体。1973 年,Nb_3Ge 的发现使临界温度(T_c)的最高纪录达到 23.2 K,超导材料的制备技术和实用化进程取得了巨大发展。

常规超导体主要包括元素超导体、合金和化合物超导体,如 NbTi 具有 NaCl 立方结构的超导材料和具有 A-15 结构的超导材料,常规超导体能较好地用 BCS 理论及相关的传统理论予以解释。

1973 ~ 1986 年,随着制备工艺技术的成熟,实用超导材料的性能获得了进一步提高,应用领域得到了拓宽。自 20 世纪 70 年代以来,人们发现了一系列非常规超导体,如有机超导体、重费米子超导体、磁性超导体、低载流子浓度超导体、超晶格超导体和非晶超导体等。其中,低载流子浓度超导体包括氧化物超导体、简并半导体(如 GeTe、SnTe)、低维层状化合物(如 $NbSe_2$ 和 NbS_2)等。而非常规超导体则较难解释,这就为超导研究提出了许多新的问题,有些仍然是当今凝聚态物理研究的前沿课题,进而发展成为具有重大实用价值的一类新型材料。高临界温度氧化物超导材料的发展就是在这种背景下产生的。

2. 高温超导材料

1986 年 4 月,Bednorz 和 Müller 报道 Ba–La–Cu–O 氧化物系中的超导临界温度可能达到 35 K,使国际上高临界温度超导材料研究领域的情况发生了骤变,一个世界范围内的探索、研究高温超导材料的热潮迅速涌起,高温超导材料的最高温度被一次又一次地刷新,使得整个科技界受到极大的震惊和鼓舞,同时也引起各国政府的高度重视和社会各界的深切关注,其热烈程度在世界科技史上实属罕见。

超导临界温度(T_c)是超导材料最重要的参数之一,提高临界温度(T_c)一直是超导研究最执着的追求目标。Cu–O 系超导材料的发现,对传统的超导理论提出了挑战,也使人们有依据设想和提出新的导致超导电性的机制,期望到达更高的临界温度(T_c),甚至室温超导材料,意义重大。

1987 年,朱经武和吴茂昆等制备出了 Y–Ba–Cu–O 材料系,临界温度(T_c)达到了 90 K 以上,几乎同时,中国的赵忠贤等人也独立地发现该体系,并首先公布了其成分。从此,超导转变温度打破了液氮这个极大的阻碍超导技术应用的瓶颈温度,突破到了液氮温区。1998 年,Maeda 等人发现了 Bi–Sr–Ca–Cu–O 体系,其中的 Bi2223 相,将临界温度(T_c)又提高到 110 K。同年,Sheng 等人发现了 Ti–Ba–Ca–Cu–O 再次刷新了纪录,将临界温度(T_c)提高到 125 K。1993 年,Hg–Ba–Ca–Cu–O 系的发现,又进一步将临界温度(T_c)提高到 135 K,高压下临界温度(T_c)达到了 164 K,这是迄今为止最高的超导转变温度。

2008 年 2 月,日本东京工业大学的 Hideo Hosono 发现的一种氟掺杂镧氧铁砷(LaOFeAs)化合物的新型超导材料,它在 26 K(–247.15 ℃)时具有超导电性,称为铁基超导体。这项成果打破了科学家一直认为铜基氧化物才是高温超导材料的看法,让全世界受之鼓舞,各国科学家相继投入研究。2008 年 3 月,中科院物理所超导国家重点实验室闻海虎课题组通过在 LaOFeAs 材料中用 Sr 替换 La 成功地将空穴载流子引入系统,发现有 25 K 以上的超导电性,该超导体名称为锶掺杂镧氧铁砷。2008 年 3 月,陈仙辉教授发现了氟掺杂的镧氧铁砷化合物的临界温度超过了 40 K,突破了"麦克米兰极限",证明了这类超导体是除铜氧化合物高温超导体外的又一高温超导体家族。2008 年 3 月底,中科院物理研究所赵忠贤课题小组报告,F 掺杂 PrFeAsO 化合物的高温超导临界温度可达 52 K。

图 7.1 为超导体的发展进程,尽管高温超导材料的氧化物陶瓷特征以及其各向异性和短的相干长度,为使用超导材料的制备增添了极大的难度。但是在高温超导材料发现至今,各国众多科学工作者通过大量的研究工作,发展了许多特种工艺技术,在高温超导线材、块材和薄膜等方面取得了重大进展,并以从基础性研究转向应用开发及产业化

研究。

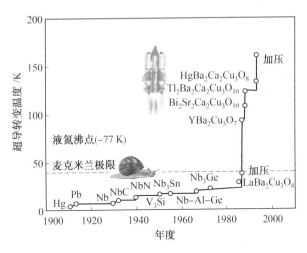

图 7.1　超导体的发展进程

3. 高温超导材料的进展

目前,高温超导材料指的是钇系(92 K)、铋系(110 K)、铊系(125 K)和汞系(135 K)以及 2001 年 1 月发现的新型超导体二硼化镁(39 K)。其中最有实用前途的是铋系、钇系(YBCO)和二硼化镁(MgB_2)。氧化物高温超导材料是以铜氧化物为组分的具有钙钛矿层状结构的复杂物质,在正常态它们都是不良导体。同低温超导体相比,高温超导材料具有明显的各向异性,在垂直和平行于铜氧结构层方向上的物理性质差别很大。高温超导体属于非理想的第Ⅱ类超导体,且具有比低温超导体更高的临界磁场和临界电流,因此是更接近于实用的超导材料,特别是在低温下的性能比传统超导体高得多。

(1)高温超导线带材

高温超导体在强电方面众多的潜在应用(如磁体、电缆、限流器、电机等)都需要研究和开发高性能的长线带材(千米量级)。所以,人们先后在 YBCO、BSCCO 及 MgB_2 线材带实用化方面做了大量的工作。目前,已在 Bi 系 Ag 基复合带线材、铁基 MgB_2 线材和柔性金属基 Y 系带材方面取得了很大进展。

①第一代 Bi 系高温超导线材。BSCCO 超导体晶粒的层状化结构使得人们能够利用机械变形和热处理来获得具有较好晶体取向的 Bi 系线带材,即把 Bi(Pb)–Sr–Ca–Cu–O 粉装入金属管(Ag 或 Ag 合金)中进行加工和热处理的方法。经过多年的发展,利用这种方法,已经开发出长度为千米级的铋系多芯超导线材。美国、日本、德国、中国等已具备生产几百米到上千米的批量能力。可以说,铋系高温超导带材的临界电流密度、长度已经基本上达到了电力应用的要求,而其价格对于限流器应用来说也基本满足要求,从而为开展强电应用研究奠定了基础。因此,各国都已大力开展有关超导磁体、输电电缆、超导变压器和故障限流器等方面的应用研究。

②第二代 YBCO 高温超导带材。由于第一代 Bi 系带材的高成本以及它的一些性能问题如磁场下临界电流的急剧衰减等,使得基于它的超导技术在工业上的大规模应用前景变得渺茫。超导界不得不将研究重点转移到开发基于 YBCO 体系的第二代高温超导带

材上来,因为 YBCO 在磁场下具有更为优异的性能,是真正的液氮温区下强电应用的超导材料。与 Bi 系相比,YBCO 的各向异性比较弱,可以在液氮温区附近较高磁场下有较大临界电流密度,但由于晶粒间结合较弱,难以采用装管法制备。采用沉积、喷涂等镀膜方法制备钇系超导带材是当前高温超导强电应用材料研究的重点。近年来,采用 IBAD/PLD 和 RABiTS/PLD(MOCVD 或 MOD)复合技术制备涂层带材已取得重大进展。2005年,美国、德国等也已制备出百米量级的 YBCO 带材,而后日本 ISTEC 公司已制备出在液态氮温度(-196 ℃)下临界电流达 245 A 线材长度为 212 m 的第二代带材。

③新型 MgB_2 超导线带材。2001 年 1 月,日本科学家发现了临界转变温度为 39 K 的 MgB_2 超导体,引起了全世界的广泛关注。综合制冷成本和材料成本,MgB_2 超导体在 20 ~ 30 K 低场条件下应具有明显的价格优势,尤其是在工作磁场 1 ~ 2 T 的核磁共振成像 MRI 磁体领域。这也是国际 MgB_2 超导体应用研究持续升温的关键原因之一。近几年来已经用各种方法制备了 MgB_2 线带材。目前的研究集中在粉末装管技术,这是因为装管工艺能很容易推广到大规模工业生产中。美国、日本以及欧洲一些国家在线材实用化方面进行了大量的研究工作,已能生产百米量级的线带材。图 7.2 为 MgB_2 晶型结构示意图。

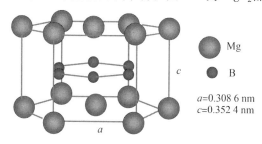

a=0.308 6 nm
c=0.352 4 nm

图 7.2 MgB_2 晶型结构示意图

目前,国内从事 MgB_2 带材研究和开发的单位主要有西北有色金属研究院和中科院电工研究所等。特别是近年来,中科院电工研究所在 MgB_2 带材制备技术、掺杂及元素替代等方面开展了大量工作,如在国际上首次报道采用 $ZrSi_2$、ZrB_2 和 WSi_2 化合物掺杂大幅度提高 MgB_2/Fe 线带材临界电流密度的新方法,开辟了在高磁场中获高临界电流密度的新途径。

2005 年,中科院电工研究所在较低的制备条件要求下,通过纳米 SiC 和 C 掺杂 MgB_2 制备了临界电流密度达世界先进水平的 MgB_2 线带材,并在世界上首次证明,对于 MgB_2 材料,掺杂 C 可以得到和掺杂 SiC 一样优异的临界电流密度。这些研究成果标志着我国在改善 MgB_2 高场超导性能领域达到了国际先进水平。另外,中科院电工研究所在国际上首次将强磁场热处理技术应用于 MgB_2 超导体制备过程,并用这种方法进行了 MgB_2 超导体的掺杂和改性实验,改进了 MgB_2 在强磁场下的超导性能,同时还利用制备的 MgB_2 长线材开展了线圈绕制、测试等 MRI 磁体前期研究工作。

(2)超导块材

研究 YBCO 超导块材的目标之一是利用它在超导态下的迈斯纳效应及磁通钉扎特性导致的磁悬浮力,应用于超导轴承、储能以及磁浮列车等。经过多年的发展,高临界温度氧化物超导块材取得了很大的进展,主要表现在临界电流密度的提高。1988 年,熔融织构工艺首先在临界电流密度提高方面取得了突破,随后又相继发展出液相处理法、淬火熔融生长和粉末熔化处理等熔化工艺。

(3)超导薄膜

自从高温超导体发现以来,人们对高温超导薄膜的制备与研究都给予了极大的重视,特别是液氮温度以上的高温超导体的发现,使人们看到了广泛利用超导电子器件优良性能的可能性。想得到性能优良的高温超导器件就必须有质量很好的薄膜,但由于种种原因使制备高质量高 T_c 超导薄膜具有相当大的困难。高质量的外延 YBCO 薄膜的 T_c 在 90 K 以上,零磁场下 77 K 时,临界电流密度已超过 $1 \times 10^6 \mathrm{A/cm}^2$,工艺已基本成熟,并有了一批高温超导薄膜电子器件问世。

7.2 超导现象、超导理论及超导性质

7.2.1 超导现象

1. 零电阻的特性

当超导材料被冷却到某一温度之下时,其电阻会突然消失,该温度称为超导临界温度 (T_c)。电阻消失之前的状态称为"正常态",电阻消失之后的状态称为"超导状态"。精密仪器测量表明,当材料处于超导状态时,其电阻率小于 $10^{-24}\ \Omega \cdot \mathrm{cm}$,比通常金属的电阻率小 15 个数量级以上。超导材料的零电阻特性是超导材料实用化的最重要的基础。

在导电的性能角度上,晶态金属和合金中电阻的来源主要包含晶格振动和晶格不完整性引起的电子散射两部分。随着温度的下降,材料的电阻将随着晶格振动的减弱而减小,理论上认为,如果晶体是完整的理想晶体,那么,当温度下降到 0 K 时,由于晶格振动被冻结,材料的电阻应为零。但是,实际材料中的晶体不可能完整无缺,它或多或少存在缺陷(如位错、空位、杂质)或应力等使电子散射的外界因素,故实际晶体的电阻只能随温度的降低逐渐减小到某一常数。

而超导性是一种材料宏观尺度表现出的量子效应,它的机理为:当材料在一定磁场中达到某一温度时,材料产生超流电子,它们的运动是无阻的,超导体内部的电流全部来自超流子的贡献,它们对正常电子起到短路作用,正常电子不传导电流,所以样品内部不存在电场,使材料没有电阻效应,宏观上没有电阻。

2. 完全的抗磁性

1933 年,迈斯纳(W. Meissner)发现:当置于磁场中的导体通过冷却过渡到超导态时,原来进入此导体中的磁力线会被完全排斥到超导体之外,超导体内磁感应强度变为零,这表明超导体是完全抗磁体,这个现象称为 Meissner 效应。

最初发现超导现象时,人们从零电阻现象出发,一直把超导体和完全导体(或称无阻导体)完全等同起来,在完全导体中不能存在电场。后来,德国物理学家迈斯纳和奥克森菲尔德的磁测量实验表明,超导体的磁性质与完全导体不同,从而否定了"冻结"概念。这一实验表明:不论是在没有外加磁场还是有外加磁场的情况下,只要 $T<T_c$,超导体进入超导态,在超导体内部总有 $B=0$。所以,不能把超导体和完全导体等同起来。除了零电

阻特性外,超导体还有其独特的磁场特性,如图7.3所示。

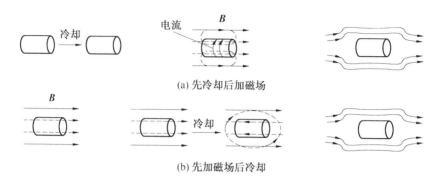

(a) 先冷却后加磁场

(b) 先加磁场后冷却

图 7.3　超导体的 Meissner 效应

既然超导体没有电阻,说明超导体是等电位的,超导体内没有电场,超导体中的电流就会像理想导体中的电流一样成为永不衰减的永久电流。那么,超导体与理想导体有什么区别呢? 按照物理学解释,磁通线可以穿透没有电阻的理想导体。当外部磁通变化时,根据楞次定律,理想导体中产生的感生电流所引起的磁通变化将抵消其体内磁通量的变化,它的磁性与施加在它身上的磁场的历史有关。然而,超导体的磁性则与施加在它身上的磁场的历史无关,无论在超导态之前还是之后,给超导体施加不太强的磁场时,磁力线都无法穿透超导体,超导体内的磁感应强度始终保持为零。这种完全的抗磁性称为 Meissner 效应,它是超导体的另一重要特性。

当施加一外加磁场时,在超导体内部不出现净磁通密度的特性称为完全抗磁性,或称为迈斯纳效应。超导体的磁状态是热力学状态,即在给定温度和磁场条件下,它的状态是唯一确定的,与达到这一状态的具体过程无关。

迈斯纳效应给出超导体一个特有的磁场特性:在超导体内磁感应强度 $B=0$,即

$$B = \mu_0(H + M) = 0$$

式中　μ_0—— 真空磁导率;

　　　H,M—— 外磁场和感生磁场,$H+M=O$,而 $H=\chi M$,故 $\chi=-1$,说明超导体的完全抗磁性。

Meissner 效应的发现揭示了超导态的一个本质:在外磁场条件下,超导体内部磁感应强度 B 必须为0,这是自然界一个特有的规律。因此,超导体的充要条件是同时具有超导体电阻率 $\rho=0$ 及其内部磁感应强度 $B=0$ 两个条件。

3. 同位素效应

同位素效应也称为元素替代效应。从物质的微观结构来看,金属是由晶格点阵及共有化电子构成的。概括地讲,主要有 3 大类的相互作用:①电子和电子之间的相互作用;②晶格离子与晶格离子之间的相互作用;③电子与晶格离子之间的相互作用。

1950 年,麦克斯韦和雷诺、塞林同时发现了超导微观理论的同位素效应。即超导体的临界温度与同位素的质量有关,同样一种元素,所选的同位素质量较高,临界温度就较低。临界温度 T_c 的同位素效应定量分析可描述为:$T_c \propto M^{-\beta}$,其中 M 是组成晶格点阵的离子的平均质量,β 为正数。临界温度 T_c 的同位素效应表明:共有化电子向超导电子"有

序态"转变的过程受晶格点阵振动的影响。因此,必须考虑晶格点阵运动以及共有化电子两个方面,这也说明,电子与晶格离子点阵之间的相互作用,可能是决定超导转变的关键因素。

4. 超导能隙

当频率为 ν 的电磁波照射到超导体时,如果电磁波光子能量 $h\nu$ 等于或大于 E_g,就可预期产生激发过程。此频率处于微波或远红外频谱部分。当 $h\nu \gg E_g$ 时,和 $h\nu_0$ 相比,能隙实际为零,出于这个原因,超导体在这些频段的行为同正常金属实际上没有区别。

许多实验表明,当金属处于超导态时,超导态的电子能谱与正常金属不同。如图 7.4 所示,在 $T=0$ K 下,金属超导态能谱的显著特点是:在费米能级 E_F 附近,有一个半宽度为 Δ 的能量间隔,在这个能量间隔内禁止电子占据,人们把 2Δ 或 Δ 称为超导态的能隙。在绝对 0 K 下,处于能隙下边缘以下的各能态全被占据,而能隙上边缘以上的各能态全空着。这种状态就是超导基态。

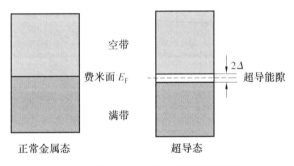

图 7.4 绝对 0 K 下的电子能谱示意图

实验表明,超导体的临界频率 ν_0,实际上也就是超导体的能隙 E_g,不同的超导体,其 E_g 不同,且随温度升高而减小。当温度达到临界温度 T_c 时,有 $E_g=0$,$\nu_0=0$。实验结果表明,一般超导体的临界频率 ν_0 为 10^{11} Hz 量级,相应的超导体能隙的量级为 10^{-4} eV 左右。

7.2.2 超导理论

在温度高于 0 K 时,晶格点阵上的离子并不是固定不动的,而是要在各自的平衡位置附近振动。各个离子的振动,通过类似弹性力那样的相互作用耦合在一起。因此,任何局部的扰动或激发,都将通过格波的传播,导致晶格点阵的集体振动。

在处理与热振动能量相关的一类问题时,往往把晶格点阵的集体振动等效成若干个不同频率的互相独立的简正振动的叠加。而每种频率的简正振动的能量都是量子化的,其能量量子 $\hbar\omega(q)$ 就称为声子,q 表示该频率下晶格振动引起的格波动量或波矢。根据德拜模型,声子的频率有一上限 ω_0,称为德拜频率。

引进声子的概念后,可将声子看成一种准粒子,它像真实粒子一样和电子发生相互作用。通常把电子与晶格点阵的相互作用,称为电子-声子相互作用。这样处理既简明又生动。当一个电子通过相互作用,把能量、动量转移给晶格点阵。激起它的某个简正频率的振动,称为产生一个声子;反之,也可以通过相互作用,从振动着的晶格点阵获得能量和动量,同时减弱晶格点阵的某个简正频率的振动,称为吸收一个声子。这种相互作用的直接效果是改变电子的运动状态,产生各种具体的物理效应,其中包括正常导体的电阻效应和超导体的无阻效应。

电子在晶格点阵中运动,它对周围的正离子有吸引作用,从而造成局部正离子的相对集中,导致对其他电子的吸引作用。这种两个电子通过晶格点阵发生的间接吸引作用,可以用电子–声子相互作用模式处理,如图7.5 所示。

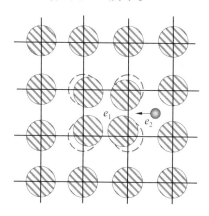

图 7.5 电子在晶格点阵中运动

在讨论电子–声子相互作用的基础上,库柏证明了只要两个电子之间有净的吸引作用,不管这种作用多么微弱,它们都能形成束缚态,两个电子的总能量将低于 $2E_F$。此时,这种吸引作用有可能超过电子之间的库仑排斥作用,而表现为净的相互吸引作用,这样的两个电子称为库柏电子对。从能量上看,组成库柏对的两个电子,由相互作用所导致的势能降低,将超过动能比 $2E_F$ 多出的量,即库柏对的总能量将低于 $2E_F$。此时,这种吸引作用有可能超过电子之间的库仑排斥作用,而表现为净的吸引相互作用,这样的两个电子被称为库柏电子对。从能量上看,组成库柏对的两个电子,由相互作用所导致的势能降低,将超过动能比 $2E_F$ 多出的量,即库柏对的总能量将低于 $2E_F$。

在 0 K 下,对于超导态,低能量的即在费米球内部深处的电子,仍与在正常态中的一样。但在费米面附近的电子,则在吸引力作用下按相反的动量和自旋全部两两结合成库柏对,这些库柏对可以理解为凝聚的超导电子。在有限温度下,一方面出现一些不成对的单个热激发电子,另一方面,每个库柏对的吸引力减弱,结合程度较差。这些不成对的热激发电子相当于所谓正常电子。温度越高,结成对的电子数量越少,结合程度越差。达到临界温度时,库柏对全部拆散成正常电子,此时超导态即转变成正常态。

从动量角度看,在超导基态中,各库柏对中单个电子的动量(或速度)可以不同,但每个库柏对总是涉及各个总动量为零的对态,因此,所有库柏对都凝聚在零动量上。在载流的情况下,假设库柏对的总动量是 p。则每一库柏对所涉及的对态为 $[(pi+p/2)\uparrow,(-pi+p/2)\downarrow]$,这相当于动量空间的整个动量分布整体移动了 $p/2$,如图7.6 所示。如果有一个观察者以速度 $p/(2m)$ 运动,那么观察者所看到的情况和前面讨论过的总动量为零的情况是一样的。

当正常金属载流时,将会出现电阻,因为电子会受到散射而改变动量,使这些载流电

子沿电场方向的自由加速受到阻碍。而在超
导体况下,组成库柏对的电子虽会受到不断
散射,但是,由于在散射过程中,库柏对的总
动量维持不变,所以电流没有变化,呈无阻状
态。必须指出,库柏对是由吸引力束缚在一
起的两个电子,实际上使它们结合在一起的
吸引作用并不强,其结合能仅相当于超导能
隙的量级。利用测不准关系,可估计出一个

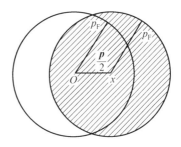

图 7.6　形成库柏对的条件示意图

库柏对的尺寸,约为 10^{-6} m,这个尺寸相当于晶格常数的 10 000 倍。由此可见,一个库柏
对在空间延展的范围是很大的,在这空间范围内存在着许多个库柏对互相重叠交叉的分
布。库柏对有一定的尺寸,反映了组成库柏对的两个电子不像两个正常电子那样完全互
不相关的独立运动,而是存在着一种关联性,库柏对的尺寸正是这种关联效应的空间尺
度,称为 BCS 相干长度。

另外,所谓库柏对,还有超导能隙,都应理解为全部电子的集体效应。一对电子间的
吸引力,并不仅仅是两个电子加上晶格就能存在的,它是通过整个电子形成库柏对的条件
气体与晶格相耦合而产生的,它的大小取决于所有电子的状态。因此,把一个库柏对拆散
成两个正常电子时,至少需要 2Δ 的能量也是这个道理。

7.2.3　超导性质

1. 临界温度 T_c

许多元素和化合物在各自特有的转变温度 T_c 下都具有超导电性,并以 T_c 表示开始
失去电阻时的临界温度。测量 T_c 主要有电测法和磁测法两种:电测法是利用零电阻效
应,磁测法是利用超导体的磁性质来测量 T_c。电阻也有不是陡降的情况,存在电阻转变
区间,即零电阻温度 T_s 和起始转变温度 T_f。由正常态向超导态的过渡是在一个温度间隔
内完成的,也就是电阻下降到零的过程,是在一个有限的温度间隔内完成的,称这个温度
间隔为转变宽度 ΔT。通常把电阻下降到正常态电阻值约一半时所处的温度定为 T_c。ΔT
宽度的大小取决于材料的纯度、晶体的完整性和超导体内部的应力状态等因素。在不同
的 T_c 下,周期表中有相当一部分元素会出现超导电性。T_c 是物质常数,同一种材料在相
同的条件下有严格的确定值。如图 7.7 所示,采用“四引线电阻测量法”可测出超导体的
R–T 特性曲线。

2. 临界磁场 H_c

昂纳斯在零电阻现象发现之后,随后又发现超导体在一定的外磁场作用下会失去超
导电性,当磁场达到一定值时,超导体就恢复了电阻,回到正常态。如图 7.8 所示,当超导
体处在低于 T_c 的任一确定温度下时,若外加磁场强度 H 小于某一确定数值 H_c,则超导体
具有零电阻;当 $H > H_c$ 时,电阻突然出现,超导态被破坏,转变为正常态。使超导体电阻恢
复的磁场值称为临界磁场 H_c。在 $T < T_c$ 的不同温度下,H_c 的值是不同的,但 $H_{c(0)}$ 是物质
常数。和定义 T_c 一样,通常把 $R = Rn/2$ 相应的磁场称为临界磁场。合金、化合物超导体
以及高温超导体的临界磁场转变很宽,定义临界磁场的方法很多,除定义 H_c 为 $R = Rn/2$

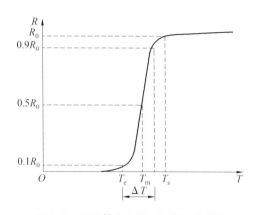

图 7.7　超导体的电阻-温度关系曲线

T_s—起始转变温度；T_m—转变温度；

T_e—完全转变温度或零电阻温度；ΔT—转变宽度

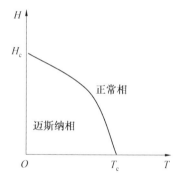

图 7.8　超导体的磁化行为示意图

外，也有定义 H_c 为 90% Rn 或者 10% Rn 的，还有将 $R \sim H$ 转变正常态直线部分延长与转变主体部分延长线交点相应的磁场定义为 H_c。H_c 称为超导体的临界磁场，它是温度的函数，记为 $H_c(T)$，并有如下经验公式：

$$H_c(T) = H_{c(0)}\left[1-\left(\frac{T}{T_c}\right)^2\right] \quad (7.1)$$

式中　$H_{c(0)}$ 是 $T=0$ K 时超导体的临界磁场。

（1）第一类超导体

第一类超导体在磁场 H 达到临界磁场之前，具有完全的导电性和可逆的 Meissner 效应。因为超导体内磁感应强度为 $H+M$，当此处 $H<H_c$ 时，$B=0$，即 $M=-H$，超导体就处于完全抗磁性；当 $H>H_c$ 时，超导态转变为常导态 $B=\mu_0 H$，$M=0$。除钒、铌、钽外的超导元素属于第一类超导体，第一类超导体只有一个临界磁场，其磁化曲线如图 7.9(a) 所示。第一类超导体在超导态时，满足 $M/H=-1$，具有 Meissner 效应。

（2）第二类超导体

第二类超导体有两个临界磁场，即上临界磁场 H_{c2} 和下临界磁场 H_{c1}，如图 7.9(b) 所示。当外加磁场小于下临界磁场 H_{c1} 时，第二类导体处于迈斯纳状态，磁通被完全排出体外，具有同第一类超导体一样的行为。当外加磁场增加至上临界磁场 H_{c2} 和下临界磁场 H_{c1} 之间时，第二类超导体处于混合态，也称涡旋态，这时体内有部分磁通穿过，体内既有超导态部分，又有正常态部分。

超导体分为第一类超导体和第二类超导体的关键在于超导态和正常态之间存在界面能，第一类超导体的界面能为正值，超导态——正常态界面的出现会导致体系能量的上升，因此不存在超导态与正常态共存的混合态，这类超导体从超导态向正常态过渡时，不经过混合态；而第二类超导体的界面能为负值，表明超导态——正常态界面的出现对降低

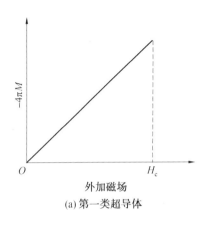

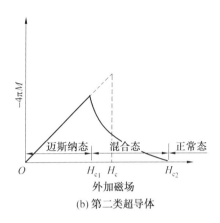

图 7.9　两类超导体的磁化曲线

体系的能量有利,体系中将出现混合态。超导体只有当临界温度、临界磁场、临界电流较高时才有实用价值。第一类超导体的临界磁场较低,因此应用十分有限;第二类超导体的临界磁场明显高于第一类超导体,目前有实用价值的超导体都是第二类超导体。第二类超导体具体包括铌、钒、钽以及大多数超导合金和超导化合物。在远低于 T_c 的温度区,第Ⅰ类超导体的临界磁场 $H_c(T)$ 的典型数值为 $10^{-2}T$,第Ⅱ类超导体的上临界磁场可达 $10T$。所以,前者称为软超导体,后者称为硬超导体。由于其高临界磁场 H_c,第Ⅱ类超导体已成为实用价值很高的超导材料。

3. 临界电流 I_c

昂纳斯发现,当通过超导体的电流超过一定数值 I_c 后,超导态便被破坏,称 I_c 为超导体的临界电流。对此,西耳斯比(F. B. Silsbee)提出,这种由电流引起的超导–正常态转变是磁致转变的特殊情况,即电流之所以能破坏超导电性,纯粹是由它所产生的磁场(自场)而引起的。西耳斯比认为:在无外加磁场的情况下,临界电流在超导体表面所产生的磁场恰好等于 H_c,从而有

$$I_{c\ (T)} = I_{c\ (0)} \left[1 - \left(\frac{T}{T_c} \right)^2 \right] \tag{7.2}$$

式中　$I_{c(0)}$——当 $T = 0$ K 时,超导体的临界电流。

实验发现,当对超导体通以电流时,无阻的超流态要受到电流大小的限制,当电流达到某一临界值 I_c 后,超导体将恢复到正常态。对大多数超导金属元素正常态的恢复是突变的,称这个电流值为临界电流 I_c,相应的电流密度为临界电流密度 j_c。对超导合金、化合物及高温超导体电阻的恢复不是突变的,而是随 I 增加逐渐变到正常电阻 R_0。

4. 超导电性的隧道效应

1961 年,Josephson 根据经典超导理论(BCS 理论)提出,当两块超导体间的非超导层薄到一定程度时,这两块超导体间将有隧穿电流通过,该电流称为 Josephson 电流。不加电压时的现象称为直流 Josephson 效应,当加上电压时,隧穿电流将受到电压的调制,其频率与电压成正比,称为交流 Josephson 效应,也称为超导电性的隧道效应。1963 年,Anderson 和 Rowell 从实验上观察到了 Josephson 效应。超导电子学器件如放射线和电磁

波传感器、电压标准计量、超导计算机等的工作原理正是 Josephson 效应。

在经典力学中,如果两个空间区域被一个势垒所隔开,则只有粒子具有足够的能量穿过这个势垒时,它才会从一个空间进入另一个空间区域中去。而在量子力学中,即使粒子没有足够的能量,它也可能会以一定的概率"穿过"势垒,这就是隧道效应。

绝缘体通常对于从一种金属流向另一种金属的传导电子起阻挡层的作用。如果阻挡层足够薄,则由于隧道效应,电子具有相当大的概率穿越绝缘层。当两种金属都处于正常态,夹层结构(或隧道结)的电流在低电压下是欧姆型的,即电流正比于电压。

Giaever 发现如果金属中的一种变为超导体时,电流电压的特性曲线由直线变为曲线。这种现象可以用超导能隙来解释正常金属–绝缘体–超导体(NIS)结和超导体–绝缘体–超导体(SIS)结的超导隧道效应。

上面说到的 NIS 和 SIS 结,其隧道电流都是正常电子穿越势垒。正常电子导电,通过绝缘介质层的隧道电流是有电阻的。这种情况的绝缘介质厚为几十纳米到几百纳米,如 SIS 隧道结的绝缘层厚度只有 1 nm 左右,那么理论和实验都证实了将会出现一种新的隧道现象,即库柏电子对的隧道效应,电子对穿过势垒后仍保持着配对状态,这种现象就是约瑟夫森隧道电流效应。

7.3 低温超导材料制备

低温超导材料的种类达数千种,有元素超导材料、化合物超导材料、合金超导材料及有机超导材料等。表 7.1 是一些典型的低温超导材料的晶体结构及超导电性特征。其中已经实用化和正在开发的材料有 Pb、Nb、V_3Ga、Nb_3、NbN 及 $PbMo_6S_8$ 等。

表 7.1 典型的低温超导材料的晶体结构及超导电性特征

	材料	结构	T_c/K	H_{c2}(4.2 K)/T	能隙 $\Delta(0)$/meV	相干长度 $\Delta(0)$/meV	磁场穿透深度 $\lambda(0)$/mm	发现时间
元素	Pb	A_1(fcc)	7.2	0.08	1.34	约100	40	1913 年
	Nb	A_2(bcc)	9.25	0.4	1.5	39	31.5	1930 年
	V	B_2(bcc)	5.4	0.8	0.72	44	37.5	1930 年
合金	Pb–Bi	六方	8.8	约3	1.7	约20	202	1932 年
	Pb–In	A_1(fcc)	6.8	0.4	1.2	约30	150	1932 年
	Nb–Zr	A_2(bcc)	11.5	11	—	—	—	1953 年
	Nb–Ti		9.8	12.5	1.5	约4	300	1961 年

1. 低温超导薄膜

低温超导薄膜主要用于超导电子器件的开发,它的制备方法主要有溅射法、化学气相沉积法及电子束蒸发法等。溅射法的原理是:在氩气气氛中,将靶材置于 −200 ~ −2 000 V 的电位,通过电子的撞击将氩原子电离,带正电荷的氩离子被电场加速撞向负电位靶材,并将靶中的元素打击沉积在基片上,生长超导薄膜。为了提高沉积速率,往往在靶材表面施加一磁场,称为磁控溅射,图7.10为磁控制溅射装置示意图。用磁控溅射法几乎可以制备所有的超导薄膜,尤其是高熔点材料的薄膜以及非平衡态薄膜,且表面平整、均匀。但是制备高质量的超导薄膜的条件较为苛刻。一般来讲其真空度在 10^{-7} ~ 10^{-5} Pa,溅射气压在 0.1 ~ 100 Pa,溅射气体的纯度在 97.999% 以上,极其微量的杂质元素,如 B、Si、Ge、C、N 等对薄膜性能有很大影响。

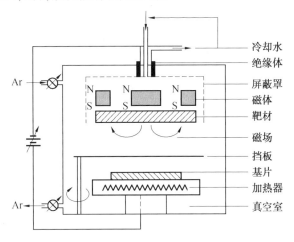

图 7.10　磁控制溅射装置示意图

　　图 7.11 为化学气相沉积(CVD)法制备 Nb_3Ge 超导薄膜的工艺流程示意图。图 7.12 为电子束蒸发制备 Nb_3Ge 超导薄膜的装置示意图。CVD 法是利用薄膜组元的氯化物在基片表面和氢气反应从而形成超导薄膜的一种工艺方法,它的沉积速度率可以达到磁控溅射的 100 倍,因此在制备超导带材方面有着很大的优越性。

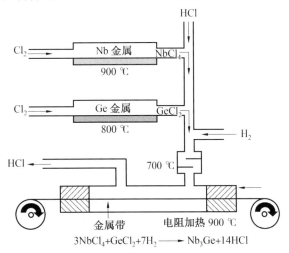

图 7.11　化学气相沉积(CVD)法制备 Nb_3Ge 超导薄膜的工艺流程示意图

2. 低温超导线材

20 世纪 50 年代,一些强磁场超导材料,如 V_3Ga、Nb-Zr、Nb-Ti 等的相继问世,及其

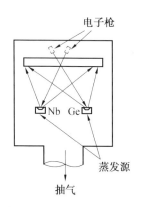

图 7.12 电子束蒸发制备 Nb_3Ge 超导薄膜的装置示意图

线材的研制成功,终于实现了超导电性的强电应用。低温超导线材分为合金线材和化合物线材两种,其中 Nb-Ti 合金线材在超导市场上占据着主导地位。

合金线材最早开发的是 Nb-Zr 合金,现在以 Nb-Ti 合金为主。为了消除磁通跳跃,提高导线的截流稳定性,20 世纪 60 年代发展了多芯化合与良导体(Cu、Al)的复合化工艺。化合物线材有多种,如 V_3Ga、Nb_3Al、$PbMo_6S_8$ 及 Nb_3Sn 等是其中的具有代表性材料。由于线材化难度大,在 20 世纪 60 年代后期工艺上才有突破,如图 7.13 所示,当时采用表面扩散法成功地制备出了高性能的 Nb_3Sn、V_3Ga 带材。1970 年,复合加工法(青铜法)发明,实现了具有稳定化功能地极细多芯化合物线材的批量制备。图 7.14 是 NbTi 极细多芯线材的制造工艺。图 7.15 是 Nb_3Sn 及 V_3Ga 多芯线材的复合加工法工艺流程。

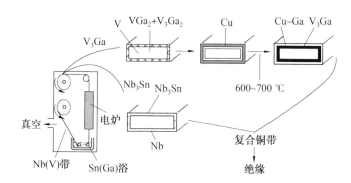

图 7.13 Nb_3Sn 及 V_3Ga 带材的表面扩散法制备工艺流程

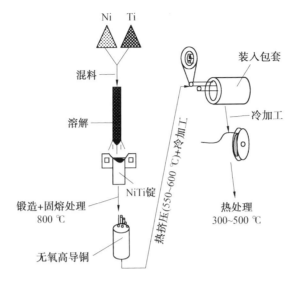

图 7.14 NbTi 极细多芯线材的制造工艺

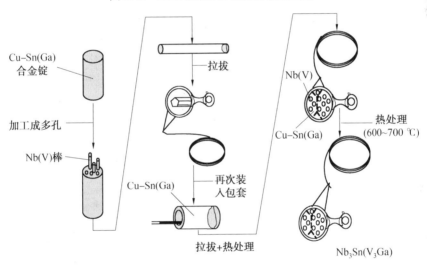

图 7.15 Nb₃Sn 及 V₃Ga 多芯线材的复合加工法工艺流程

7.4 高温超导材料

从 1986 年至今,历经多年努力,有四类铜氧化物的高温超导材料已从物理性的基础研究进入到了材料工程的工艺研究和应用开发阶段,它们是:①Y–Ba–Cu–O 系,以 Y1232 相为主,$T_c = 95$ K;②Bi–Sr–Ca–Cu–O 系,以 Bi2223 相和 Bi2212 相为代表,T_c 分别为 110 K 和 80 K;③ Ti–Ba–Ca–Cu–O 系,以 Ti2220 相为代表,T_c 已达 128 K;④Hg–Ba–Ca–Cu–O 系,其中 Hg1223 相的 T_c 达到 135 K,在加压状态下,可达到 164 K。其中 Y 系和 Bi 系材料的实用化进展更大一些,而 Ti 系和 Hg 系虽具有较高的 T_c,但由于含有有毒元素,已不再是实用化开发的重点。

高温超导材料的材料工艺研究总的格局是:①线带材研究,着眼于强电应用(电缆、变压器、电动机、发电机、磁体等),以 BSCCO/2223 和 B2212 为主;同时开发 Ti 系和 Y 系(第二代带材)的线带材;②块材研究,也着眼于强电及特殊期间应用(无摩擦轴承、无接触运输、飞轮储能等),以稀土氧化物超导材料为主;③薄膜材料研究,着眼于弱电应用,即超导电子学的器件(SQUID,数字电路)和微波器件(谐振器、天线、延迟线、滤波器等)的开发,以 YBCO/123 和 Ti 系薄膜为主。

7.4.1 Y 系超导材料

1. Y 系超导材料的结构特征

$YBa_2Cu_3O_{7-\delta}$(简称 YBCO)超导材料是人类发现的第一个具有液氮温区超导转变温度的材料,由于其具有很好的高温载流性能,因而最有应用前景。它具有层状钙钛矿结构,其氧含量通常随制备条件而改变。当 $\delta=0$ 时,为正交结构,如图 7.16 所示。在这一结构中 Y^{3+} 于邻近的 8 个氧离子形成配位六面体,其排列方式接近密堆积。当 $\delta=0.5\sim1$ 时,YBCO 变成四方结构,不再具有超导电性能。

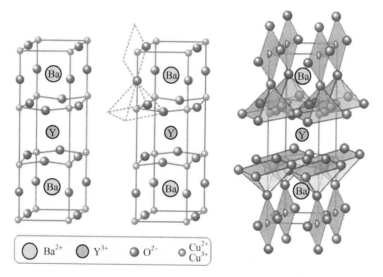

图 7.16　$YBa_2Cu_3O_7$ 高温超导材料的晶体结构

2. Y 系超导材料的制备和性能

YBCO 超导相的合成可采用粉末烧结法。将含有 Y、Ba、Cu 的氧化物或者碳酸物混合均匀,在 930 ℃烧结,然后再进行氧化处理,即可很容易得到单一的超导 123 相。但是由于高温超导材料相干长度很短,大角晶界成为降低超导材料载流性能的弱连接。因此烧结样品尽管 T_c 很高,也只能在低场、低电流情况下应用。为改善这一情况,发展了熔融织构生长工艺(Melt-Texture-Growth,MTG):将 Y 系 123 相化合物加热至 1 050 ℃左右,即稍高于氧气氛下的包晶反应温度,使其分解成富铜的液相和 Y_2BaCuO_5。然后从包晶温度缓慢冷却到 900 ℃,使 123 相成核和长大,并行成单畴结构。

YBaCuO 的薄膜材料即是高温超导电子学器件和微波器件的基础材料,也是高温超导强电应用的最有前景的材料。几乎所有的制模手段都可以用来制备 Y 系薄膜,其中,磁控溅射法和激光沉积法(PLD)由于工艺简单、稳定、重复率高且制备的超导薄膜临界电溅射是一种广泛应用的制模方法,制备 YBCO 薄膜时,根据靶材和基片的相对位置不同,可分为偏轴溅射和正轴溅射。PLD 法比磁控溅射可获得更高的沉积速率,且生长温度也低一些,但是制备出的薄膜往往含有一些较大的非超导颗粒,不利于降低薄膜的微波表面电阻。目前,外延 YBCO 超导薄膜的尺寸已达到 20 cm,高质量薄膜的表面微波电阻已达到 0.25 $\Omega \cdot cm$ 以下。

第二代高温超导材料的制备工艺主要有两种:一种是离子束辅助沉积工艺,即 IBAD 工艺(Ion-Beam-Assisted-Deposition);一种是轧制辅助双轴织构衬底法,即 RABTS 法(Rolling-Assisted Biaxially Textured-Deposition)。前一种工艺流程是:在能够弯曲的、无取向的、多晶金属衬底上,采用离子束辅助的方法,沉积上一层或多层具有双轴织构的氧化物过渡用传统的轧制热处理工艺制备出具有双轴织构的金属基带,然后在其上面沉积过渡层和超导层。用这两种方法都制备出了临界电流密度 j_c 达到 $10^6 A/cm^2$ 的 YBCO 带材的短样。采用 IBAD 技术已经制备出 1.9 m 长的超导带材,整根带材的 j_c 为 $2.3 \times 10^5 A/cm^2$;美国橡树岭国家实验室(ORNL)正在研制 1 m 长的 YBCO 带材,并和六家美国公司合作,利用 RABTS 技术,推进 YBCO 线带材的商业化。

7.4.2 Bi 系超导材料

1. Bi 系超导材料的结构特征

Michel 等人首先发现在 Bi-Sr-Cu-O 材料系中存在 $T_c = 20$ K 的超导相。后来的工作证实,其化学式为 $Bi_2Sr_2CuO_6$,简写为 Bi2201,在这一体系中掺入 Ca 元素后,会出现两个高 T_c 的超导相 $Bi_2Sr_2CaCu_2O_6$(Bi2212)和 $Bi_2Sr_2Ca_2Cu_3O_{10}$(Bi2223),其 T_c 分别为 85 K 和 110 K。它们具有其他高温氧化物超导材料所共有的结构特征,即 Cu-O 层。这些 Cu-O 层被碱土金属离子 Sr、Ca 和 Bi_2O_2 层分开,形成钙钛矿结构的一种变体。

图 7.17 是 Bi2201、Bi2212、Bi2223 相的结构示意图,它们拥有共同的超导导电层(Cu-O 层)和载流子层(Bi_2O_2 层),不同的是 Cu-O 层的数目:Bi2201 相为 1;Bi2212 相为 2;Bi2223 相为 3。Bi 系超导材料的化学式可以写成:$Bi_2Sr_2Ca_{m-1}Cu_mO_{2m+4}$,$m = 1, 2, 3$,分别对应于 Bi2201、Bi2212、Bi2223 相。其层状结构也可以总结为

$$\| BiO/SrO/Cu(1)O_2/Ca(1) \cdots /Ca(m-1)/Cu(m)O_2/SrO/BiO \|$$

随着 Cu-O 层数目的增加,T_c 大幅度提高。人们试图合成含更多 Cu-O 层的 Bi 系超导材料,但至今尚未成功。

2. Bi 系超导材料的制备和性能

Bi 系块材的制备一般采用粉末冶金法。它是将组成 Bi 系超导材料元素的氧化物或者碳酸物按照标准化学配比混合后烧结制成。由于烧结样品不够致密、晶粒取向杂乱等导致样品的临界电流密度较小,而又发展了熔融织构法、脉冲激光加热法及区熔法等,来进一步提高样品的临界电流密度。由于其低热导率零电阻,可以极大地减小低温热损耗,可以作为低温超导磁体的电流引线。

Bi2223 带材(线材)的制备方法以粉末装管法(PIT 法)为主。图 7.18 是涂层法制备

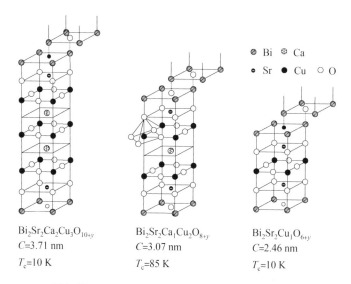

$\mathrm{Bi_2Sr_2Ca_2Cu_3O_{10+y}}$　　　$\mathrm{Bi_2Sr_2Ca_1Cu_2O_{8+y}}$　　　$\mathrm{Bi_2Sr_2Cu_1O_{6+y}}$
$C=3.71\ \mathrm{nm}$　　　　　$C=3.07\ \mathrm{nm}$　　　　$C=2.46\ \mathrm{nm}$
$T_c=10\ \mathrm{K}$　　　　　　$T_c=85\ \mathrm{K}$　　　　　$T_c=10\ \mathrm{K}$

图 7.17　Bi2223、Bi2212 和 Bi2201 相的晶体结构

Bi2223 带材的工艺流程图。银包套的选择是从机械强度、热稳定性及热处理时氧的透过性等角度考虑的;轧制或者压制是为了形成织构和增加氧化物致密度,有时为了改善晶体取向,热处理和轧制要重复多次。目前,美国 ASC、日本住友、丹麦 NST 等多个公司都采用这种方法,并已制备上千米的 Bi2223 多芯带材,有的临界电流密度已达到 20 000 A/cm²,工程临界电流密度(全电流密度)接近 6 000 A/cm²。用 Ag-Mg 合金或者 Ag-Mn 合金替代纯银包套,可极大地改善 Bi2223 带材的力学性能,提高临界电流退化的应力值(从 35 MPa 可提高到 90 MPa)。

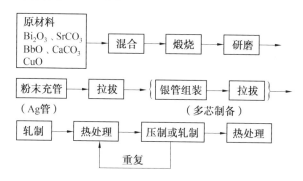

图 7.18　氧化物粉末装管法制备 Bi2223 带材的工艺流程

　　Bi2212 线带材制备主要有两种工艺:一种是 PIT 法,类似 Bi2223 带材;一种是表面涂层法,其工艺流程如图 7.21 所示。Bi2212 线带材在低温、高场下载流性能优于 Bi2223 带材,因此其主要用于高场磁体,如日本金属材料研究所研制的 1 GHz(23.5 T)的 NMR 系统,在 21.1 T 的低温超导背景场中插入 Bi2212 饼状线圈产生一个 2.4 T 的叠加场。

　　Bi 系超导材料由于组元多、成相过程复杂、成相温区窄,因此获得单相较为困难,尤其是 Bi2223。其主要的制备工艺参数有氧化物粉末的成分、带材的厚度、热处理条件、轧制精度、残余碳含量及第二相含量等,严格控制好这些参数,是制备出高质量带材的前提。

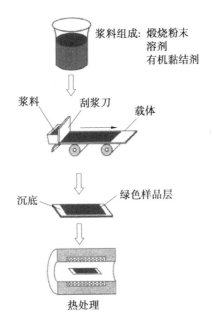

图 7.19 涂层法制备 Bi2212 带材示意图

7.5 超导材料的应用

超导电性现象被发现之后,如何应用就成为重要的问题。随着近年来研究工作的渗入,超导体的某些特征已具有实用价值。例如,超导磁悬浮列车已在某些国家运行,超导量子干涉器也研制成功,超导材料以深入到科研、工业和人们的生活中。

超导材料的用途非常广阔,大致可以分为 3 类:大电流应用(强电效应)、电子学应用(弱电效应)和抗磁性效应。大电流应用即超导发电、输电和储能;电子学应用包括超导计算机、超导天线、超导微波器件等;抗磁性主要用于磁悬浮列车和热核聚变反应等。

7.5.1 能源领域的应用

(1)骤变反应堆磁封闭体

核骤变反应时,内部温度高达 $(100 \sim 200) \times 10^6 ℃$,没有任何常规材料可以包容这些物质。而超导产生的强磁场可以作为"磁封闭体",将热核反应中的超高温等离子体包围约束起来,然后慢慢释放,从而使受控核聚变能源成为取之不尽的新能源。图 7.22 为环绕超导电磁线圈的托卡马克装置示意图。

(2)超导输电线路

超导材料还可以用于制作超导电线和超导变压器,从而把电力几乎无损耗的输送给用户。据统计,目前的铜或铝导线输电,约有 15% 的电能损耗在导电线路上。

(3)超导发电机

普通的大型发电机需要用 15 ~ 20 t 铜线绕成线圈,如果用超导材料线圈,只要几百克就够了。利用超导线圈磁体可以将发电机的磁场强度提高到 50 ~ 60 kGs,并且几乎

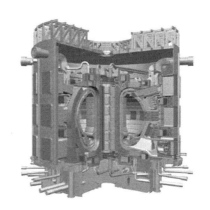

图 7.22　环绕超导电磁线圈的托卡马克装置

没有能量损失,这种发电机便是交流超导发电机。超导发电机的单机发电容量比常规发电机提高 5 ～ 10 倍,达 10^4 MW,而体积却减少 1/2,整机质量减轻 1/3,发电效率提高 50%。图 7.23 为超导发电机概念图。

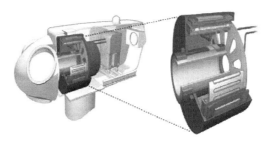

图 7.23　超导发电机概念图

7.5.2　交通领域的应用

利用超导材料的抗磁性,将超导材料放在一块永久磁体的上方,由于磁体的磁力线不能穿过超导体,磁体和超导体之间会产生排斥力,使超导体悬浮在磁体上方。利用这种磁悬浮效应可以制作高速超导磁悬浮列车。

用超导材料制造的磁悬浮列车,速度可达 500 km/h,与民航飞机差不多。如果磁悬浮列车在真空隧道中运行,其速度可达 1 600 km/h,比超音速飞机还快。

7.5.3　电子信息领域的应用

(1)超导计算机

高速计算机要求集成电路芯片上的元件和连接线密集排列,但密集排列的电路在工作时会发生大量的热,而散热是超大规模集成电路面临的难题。超导计算机中的超导规模集成电路,其元件间的互连线用接近零电阻和超微发热的超导器件来制作,不存在散热问题,同时计算机的运行速度大大提高。

试验结果表明,高温超导材料如铝系、银系等可以经过激光技术或蒸发技术在极薄的绝缘体上形成薄膜,并制成约瑟夫森器件。这种具有高速开关性的器件是制作超高速电子计算机不可多得元件。其结果将使电子计算机的体积大大缩小,能耗大大降低,计算速度大大提高。把超导数据处理器与外存储芯片组装成的约瑟夫森式计算机,可以获得高速处理能力,在 1 s 内可进行 10 亿次的高速计算,是现有大型电子计算机速度的 15 倍。

（2）超导电磁测量装置

利用超导器件对磁场和电磁辐射进行测量,灵敏度非常高。超导电磁测量装备使极微弱的电磁信号都能被采集、处理和传递,实现高精度的测量和对比。例如,利用约瑟夫森器件制成的超导量子干涉仪对周围磁场的变化及其敏感,灵敏度可达 $10^{-10} \sim 10^{-13}$ T,比常规方法高出 3 个数量级。

（3）超导红外-毫米波探测器

利用超导器件可制成灵敏度的超导红外-毫米波探测器。它不但灵敏度高,可探测 10^{-15} V 的电信号,而且还具有频带宽的特点。其探测范围几乎可覆盖整个电磁波频谱,填补了现有探测器不能探测亚毫米波频段的空白。利用超导器件还可制成大型外聚焦阵列探测器。

7.5.4　军事领域的应用

（1）超导储能系统

超导材料具有高载流能力和零电阻的特点,可长时间无损耗地储存大量电能,需要时储存的能量可以连续释放出来,在此基础上可制成超导储能系统。1987 年,美国"战略防御计划"办公室就提出建立超导储能工程实验模型（ETM）的计划,已投资 2 000 万美元建成了一个储能系统,其最大储能可达到 204 GW·h（7.35×10^{10} J）。超导储能系统容量虽大得惊人,但体积却很小。有了它,就能换掉军车、坦克上笨重的油箱和内燃机,这对军用武器装备来说是一次革命。

超导磁悬浮飞轮储能系统如图 7.22 所示。从图 7.22 可看出,电力电子变换装置从外部输入电能驱动电动机旋转,电动机带动飞轮旋转,飞轮储存动能（机械能）,当外部负载需要能量时,用飞轮带动发电机旋转,将动能转化为电能,再通过电力电子变换装置变成负载所需要的各种频率、电压等级的电能,以满足不同的需求。

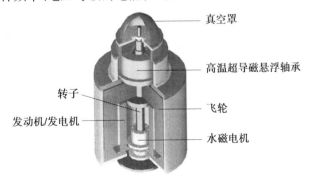

图 7.22　超导磁悬浮飞轮储能系统

（2）超导粒子束武器和自由电子激光器

离子束武器和自由电子激光器是未来反导、反卫星的新星,具有重要的战略意义。但它们在发射时需要巨大的能量,因而使得武器系统过于庞大,这就给它们的实际使用造成了困难。超导技术的出现,为这两种武器带来了新生。利用磁性极强、无损耗的超导磁体制成的高能加速器,不仅能提供巨大的能量,体积也很大,使这两种原本威力巨大的新概念武器,又倍添灵活,其前景甚为可观。

(3)超导电磁炮

电磁炮是利用电磁力加速弹丸的现代化电磁发射系统,美国将它作为下一代坦克炮方案之一。超导技术使它拥有体积小、质量轻、可重复使用的能源,同时能减少导轨的磁性损失和焦耳热损耗,提高了系统效率。目前,正在研究用超导线圈产生磁场,以便减小通过导轨的电流,从而减小导轨的剩磁损耗和热损耗,增加弹丸的动能,达到提高电磁炮系统效率的目的。

(4)超导电磁推进系统和超导陀螺仪

用超导材料制成的超导电磁推进系统取代舰艇的传统推进系统,具有推进速度快、效率高、控制性能好、结构简单、易于维修和噪声小等特点,可使舰艇的航速和续航能力倍增,并可大大提高舰艇的机动作战能力和生存能力。此外,利用超导体的抗磁特性,可制成超导陀螺仪,能大大提高飞机的飞行精度。

第8章　生物医学材料

8.1　生物医学材料的发展概况

生物医学材料是用于与生命系统接触和发生相互作用的,并能对其细胞、组织和器官进行诊断治疗、替换修复或诱导再生的一类天然或人工合成的特殊功能材料,也称为生物材料。由于生物医学材料的重大社会效益和经济效益,近年来,已被许多国家列为高技术材料发展计划,并迅速成为国际高技术的制高点之一,其研究与开发得到了飞速发展。此外,生物医学材料是材料科学与生命科学的交叉学科,代表了材料科学与现代生物医学工程的一个主要发展方向,是当代科学技术发展的重要领域之一。

人类利用天然物质和材料治病已有很长的历史。公元前 5 000 年前,古代人就尝试用黄金修复失牙。公元前 2 500 年,在中国和埃及人的墓葬中发现有假手、假鼻、假耳等人工假体。公元前 400 ~ 300 年,腓尼基人已用金属丝结扎法修复牙缺损。公元 2 世纪已有使用麻线、丝线结扎血管制止静脉出血的记载。我国在隋末唐初就发明了补牙用的银膏(成分是银、锡、汞)与现代龋齿充填材料——汞齐合金相类似。1851 年,发明天然橡胶的硫化法后,开始用天然高分子硬橡木制作人工牙托和颊骨进行临床治疗。1852 年,Dressman 将硫酸钙用于充填骨缺损,这是陶瓷材料植入人体的最早实例。

尽管生物医学材料的发展可追溯到几千年以前,但取得实质性进展则始于 20 世纪初,第一次世界大战以前所使用的材料为第一代生物医学材料。代表材料有石膏、金属、橡胶以及棉花等物品。这一代的材料大多已被现代医学所淘汰。

第二代生物材料起源于 20 世纪六七十年代,在对工业化的材料进行生物相容性研究基础上,开发了第一代生物材料及产品在临床的应用,例如,体内固定用骨钉和骨板、人工关节、人工心脏瓣膜、人工血管、人工晶体和人工肾等。代表材料有羟基磷灰石、磷酸三钙、聚羟基乙酸、聚甲基丙烯酸羟乙基酯、胶原、多肽、纤维蛋白等。上述生物材料,具有一个普遍的共性——生物惰性。即生物材料发展所遵循的原则是尽量将受体对植入器械的异物反应降到最低。在此期间,数以千万的患者植入了由惰性材料制成的器械,他们的生活质量也在植入后的 5 ~ 25 年内有了明显的改善。

第三代生物医学材料是一类具有促进人体自身修复和再生作用的生物医学复合材料。这种具有活性的材料能够在生理条件下发生可控的反应,并作用于人体。20 世纪80 年代中期,生物活性玻璃、生物陶瓷、玻璃-陶瓷及其复合物等多种生物活性材料开始应用于整形外科和牙科。与惰性材料相比,这些材料在体内不存在免疫和干扰免疫系统的问题,材料本身无毒,耐腐蚀好,强度高,表面带有极性,能与细胞膜表层的多糖和糖蛋白等通过氢键相结合,并有高度的生物相容性。

除具有活性外,第三代生物材料的另一个优势在于材料具有可控的降解性。生物降解性材料容易在生物体内分解,其分解产物可以代谢,并最终排出体外。现今人口快速老龄化,生物惰性、生物活性及可降解植入物在临床的成功应用具有非常重要的意义。

由于组织工程已不属于材料学的范围,故本章简要介绍生物医学材料的基本内容。

8.2 生物医学材料的基本要求和分类

随着医学水平和材料性能的不断提高,生物医学材料的种类和应用不断扩大。不夸张地说,从头到脚、从皮肤到骨头、从血管到声带,生物材料已应用于人体的各个部位。生物医学材料的用途主要有以下3方面:①替代损害的器官或组织,如人造心脏瓣膜、假牙、人工血管等;②改善或恢复器官功能的材料,如隐形眼镜、心脏起搏器等;③用于治疗过程,如介入性治疗血管内支架、用于血液透析的药物载体与控释材料等对生物医学材料的基本要求。

由于生物材料与生物系统直接结合,除了应满足各种生物功能等理化性质要求外,生物医用材料还必须具备生物学性能,这是生物医用材料区别于其他功能材料的最重要的特征。生物材料植入机体后,通过材料与机体组织的直接接触与相互作用而产生两种反应:一是材料反应,即活体系统对材料的作用,包括生态环境对材料的腐蚀、降解、磨损和性质退化,甚至破坏;二是宿主反应,即材料对活体系统的作用,包括局部和全身反应,如炎症、细胞毒性、凝血、过敏、致病、畸形和免疫反应等,其结果可能导致机体中毒和机体对材料的排斥。因此,生物医学材料应满足以下基本要求。

1. 生物相容性

生物相容性包括:①对人体无毒、无刺激、无致畸、致敏、致突变或致癌作用;②生物相容性好,在体内不被排斥,无炎症,无慢性感染,种植体不致引起周围组织产生局部或全身性反应,最好能与骨形成化学结合,具有生物活性;③无溶血、凝血反应等。

2. 化学稳定性

化学稳定性包括:①耐体液侵蚀质,不产生有害降解产物;②不产生吸水膨润、软化变质;③自身不变化等。

3. 力学条件

生物医学材料植入体内替代一定的人体组织,因此它还必须具有:①足够的静态强度,如抗弯、抗压、拉伸、剪切等;②具有适当的弹性模量和硬度;③耐疲劳、耐摩擦、耐磨损、有润滑性能。

4. 其他要求

生物医学材料还应具有:①良好的空隙度、体液及软硬组织易于长入;②易加工成型,使用操作方便;③热稳定好,高温消毒不变质等性能。

生物医学材料的分类有多种方法,最常见的是按材料的物质属性来划分,按此方法可将生物医学材料分为医用金属材料、医用生物陶瓷、医用高分子材料和医用复合材料4类。另外,一些天然生物组织,如牛心包、猪心瓣膜、牛颈动脉、羊膜等,通过特殊处理,使其失活,消除抗原性,并成功应用于临床,这类材料通常称为生物衍生材料或生物再生材料。生物医学材料也可按材料的用途进行分类,如口腔医用材料、硬组织修复与替换材料

（主要用于骨骼和关节等）、软组织修复与替代材料（主要用于皮肤、肌肉、心、肺、胃等）、医疗器械材料。以下按材料物质属性的分类法介绍各类生物医学材料。

8.3 生物医学材料的应用

8.3.1 生物医学金属材料

生物医用金属材料必须是一类生物惰性材料,除应具有良好的力学性能及相关的物理性质外,还必须具有优良的抗生理腐蚀性和组织相容性。最先应用于临床的金属材料是金、银、铂等贵重金属,原因是它们都具有良好的化学稳定性和易加工性能。早在 1829 年人们就通过对多种金属的系统动物实验,得出了金属 Pt 对机体组织刺激性最小的结论。已应用于临床的医用金属材料主要有不锈钢、钴基合金和铁基合金 3 大类。它们主要用于骨和牙等硬组织修复和替换,心血管和软组织修复以及人工器官制造中的结构元件。

1. 不锈钢

不锈钢按其显微组织的特点可分为奥氏体不锈钢、铁素体不锈钢、马氏体不锈钢、沉淀硬化型不锈钢等。奥氏体不锈钢的典型牌号是 0Cr18Ni9,铁素体不锈钢的典型牌号是 0Cr13。

铁素体和马氏体不锈钢中的主要成分是 Fe、Cr、C,其中 Cr 具有扩大铁素体(α)区的作用,而 C 具有扩大奥氏体(γ)相区的作用。当 C 含量较低而合金的含量较高时,可使合金从低温到高温都为单相,故称为铁素体不锈钢。当 C 含量较高而含 Cr 量较低时,合金在低温时为 α 相,在高温时为 γ 相,因此,可通过加热到高温的 γ 相区后快速冷却的淬火过程实现 $\gamma \rightarrow \alpha$ 的转变,这一转变属马氏体相变,这种不锈钢称为马氏体不锈钢。铁素体和马氏体不锈钢的耐蚀性随含碳量的降低和含铬量的增加而提高,提高含碳量,形成马氏体组织则有利于提高合金的硬度。目前,用于医疗器械,如刀、剪、止血钳、针头等的材料主要是 3Cr13 和 4Cr13 型不锈钢。

奥氏体不锈钢的主要合金元素是 Cr 和 Ni,Ni 具有扩大奥氏体相区的作用,其中 $w(\text{Cr})=18\%$、$w(\text{Ni})=9\%$,俗称为 18-8 不锈钢。与铁素体和马氏体不锈钢相比,奥氏体不锈钢除了具有更良好的耐蚀性能外,还有许多优点。它具有高的塑性,易于加工变形制成各种形状,无磁性,韧性好等。因此,奥氏体不锈钢长期以来在医疗上有广泛的临床应用。奥氏体不锈钢的生物相容性和综合力学性能较好,在骨科常用来制作各种人工关节和骨折内固定器,如人工髋关节、膝关节、肩关节;各种规格的截骨连接器、加压板、鹅头骨螺钉;各种规格的皮质骨与松质骨加压螺钉、脊椎钉、哈氏棒、鲁氏棒、颅骨板等。在口腔科常用于镶牙、矫形和牙根种植等各种器件的制作,如各种牙冠、固定支架、卡环、基托、正畸丝等。在心血管系统常用于传感器的外壳与导线、介入性治疗导丝与血管内支架等。

不锈钢在口腔医学的应用,由于不锈钢具有良好的力学性能,延伸率好,不易折断,硬度也适中,故一直被用于齿科正畸,如在活动矫治器中有以下用途:①固位用卡环,如单臂卡环、改良箭头卡环以及单曲舌卡;②用于近上唇向错位弹簧,如单曲纵簧;用于舌向/腭向错位弹簧,如双曲舌簧;扩弓用弹簧,如分裂簧;③矫治吐舌用舌挡丝以及固定唇弓用切端钩。在固定矫治器中用作带环、锁槽、锁栓、结扎丝、矫治丝、颊面管。另外,还可用作固位钉,即黏结固位钉,不锈钢丝截断加工而成;摩擦固位钉,钉道用螺旋钻制备;自攻螺旋固位钉,自身带有螺旋的不锈钢。

不锈钢的生物相容性也是在不断改进中加以完善的。从成分上讲,不锈钢最重要的合金成分是铬,其质量分数至少应大于12%,这样才能形成抗腐蚀所需要的钝化氧化铬层。低碳含量也是使其在模拟生理环境下对盐和氯具有更好的抗腐蚀能力。其作用机制是低碳含量可减少晶界碳化物的形成,而晶界碳化物正是植入体内后晶粒间腐蚀的多发部位。当然,加入质量分数为2%～4%的钼能提高不锈钢的抗腐蚀能力,其抗腐蚀的机制可能是通过表面吸收钼酸根离子(MoO_4^{2-})而使表面重钝化。

此外,加工技术也对不锈钢施加影响,如冷加工可大幅度提高不锈钢的强度而不会引起塑性、韧性明显下降,这有利于外科手术的应用。同时采用机械抛光和电解抛光,都能提高不锈钢的表面光洁度,有助于消除其表面易腐蚀及应力集中的隐患因素,提高不锈钢的使用寿命。

2. 钴基合金

与不锈钢相比,钴基合金的钝化膜更稳定,耐蚀性更好,而且其耐磨性是所有医用金属材料中最好的,因而钴基合金植入体内不会产生明显的组织反应。医用不锈钢发展的同时,医用钴基合金也得到很大发展。最先在口腔科得到应用的是铸造钴铬钼合金,20世纪30年代末又被用于制作接骨板、骨钉等固定器械。20世纪60年代,为了提高钴基合金的力学性能,又研制出锻造钴铬钨镍合金和锻造钴铬钼合金,并应用于临床。为了改善钴基合金抗疲劳性能,于20世纪70年代又研制出锻造钴铬相钨铁合金和具有多相组织的MP35N钴铬镍合金,并在临床中得到应用。由于铸造钴基合金中易于出现铸造缺陷,其性能低于锻造钴基合金。相对不锈钢而言,医用钴基合金更适于用于体内承载苛刻条件的长期植入件。

钴基合金通常指的是以钴和铬为主要成分的合金,目前最常用的有两种,即钴铬钼合金和钴铬钼镍合金。由于钴铬钼合金对加工硬化较为敏感,一般采用铸造加工工艺,当然铸模温度应精确控制,因为铸模温度直接影响最终铸件的晶粒大小。通常模型温度控制在800～1 000 ℃,合金熔液温度为1 350～1 400 ℃。显然还必须注意加工温度,较高的加工温度也会导致较大尺寸的碳化物沉淀析出。

钴铬钼合金的结构为钴基奥氏体。由于其钴的质量分数高达30%,故其耐蚀性为不锈钢的40倍。在钴铬合金中加入质量分数为5%～7%的钼制造钴铬钼合金,其目的是防止该合金中晶粒长大。提高合金的耐蚀性并改善其疲劳性能。正是由于其耐磨性能高,故适于制造人工关节的金属间滑动连接件。例如,用钨(质量分数为14%～16%)代替钼,再加入质量为数9%～11%的镍,锻造成钴铬钨镍合金,其机械性能比钴铬钼更佳,可适用于制作各种板材和线材。

钴基合金的性能取决于其微观结构,而加工工艺正是微观结构直接控制且深受影响的重要因素。目前钴基合金的加工工艺有铸造、精锻和模锻。用于骨科植入物的钴铬钼合金大多是由熔模精密铸造而成。铸造过程使铸件产生粗大的颗粒及冶金缺陷。精锻合金则具有一致的单相微观结构,材质的颗粒微小。尽管工艺所致的结构有一定的缺陷,但仍可通过加工方法予以调节,如热处理可以改善铸件的化学均匀性,高温静压可改善铸件的机械性能。精锻合金可通过冷加工和沉淀硬化热处理达到强化目的。此外,还可通过表面抛光,减少表面产生磨损碎屑,或表面涂层,对合金植入物的微观结构和性质产生显著影响。

医用钴基合金是医疗中常用的金属材料,相对于不锈钢而言,医用钴基合金更适合于制造体内承载条件苛刻的长期植入件。

许多生物学方面的研究结果表明,钴基合金的生物相容性良好,适于制作外科植入物。而且钴基合金具有良好的耐腐蚀性、耐磨性及抗热疲劳性能等,在临床上主要用于制造体内承重的植入体,如各种人工关节、人工骨及骨科内外固定器件。在口腔科主要用于制作齿科修复中的义齿、各种铸造冠、嵌体及固定桥。此外,还可用于心血管外科及整形外科。但也必须十分重视临床实践中经常出现的问题,如关节松动率,金属磨损微粒在体内引起组织炎症反应,疲劳断裂的概率也不亚于不锈钢等。

钴基合金是在制造各种骨科内植物材料中应用最广泛的生物材料。由于它具有极好的抗磨损特性,常被用作关节表面的材料。例如,髋关节的股骨头假体是由模锻的钴铬钼合金制造;膝关节的股骨部件是用铸造的钴铬钼合金制造。

3. 钛基合金

20 世纪 30 年代,钛和钛基合金开始引起人们的重视。钛属难熔稀有金属,熔点达 1 762 ℃。钛的性能优点是密度小、比强度高,钛的密度是 4.5 g/cm³,强韧性比铁好很多。钛和钛基合金的发展是与冶金技术的逐步完善密不可分的。也就是说,在 20 世纪四五十年代,随着钛冶炼工艺的成熟,便开始探索其在医学中的应用。1951 年,研究人员将纯钛制成骨板和骨钉,植入到猫的股骨中,实验发现钛与不锈钢、钴铬镍合金一样,具有良好的生物相容性,而且机械性能好,化学性能较好,很适宜作植入材料。但后来发现纯钛的力学性能较差,继而开发了合金,即钛铝钒(Ti-6Al-4V)合金。该合金不仅大大改善了力学性能,而且其耐腐蚀性、抗疲劳性和比强度高,且弹性模量低,因而被成功地应用于临床,成为具有发展潜力的金属材料之一。

纯钛在低于 882 ℃以下是六方密排(hcp)的 α 单相组织(α-Ti)。而高于此温度时转为体心立方结构(β-Ti)。此时加入铝,能稳定 α 相,即能提高 α 相到 β 相的相变温度。改善 α-Ti 的高温抗氧化性(300~600 ℃),同时还改善了 α-Ti 的力学性能。而钒通过降低 α 相到 β 相的相变温度稳定 β 相,从而增加 β-Ti 合金的强度。因此,加入钼和钒的钛合金,借助于时效强化和固溶强化,提高了钛合金强度和机械性能,同时还保持其良好的抗腐蚀性能。根据上述相组织的结构,钛合金有 α 相、β 相和 α+β 双相 3 种类型。室温下 Ti 基合金是第 3 种,即 α+β 两相混合的相结构。目前认为医学上 β-Ti 合金应用不多,应用比较广泛的是 Ti-6Al-4Vi 和 Ti-5Al-2.5Fe 合金。Ti-6Al-6V 是一种广泛应用于制造植入器械的钛合金,该合金的主要合金元素是铝(5.5%~6.5%)和钒(3.5%~4.5%)。Ti-6Al-4V 合金是一个 α+β 相合金。铝被用于稳定 α 相,钒被用于稳定 β 相。图 8.1 为 Ti-6Al-4V 合金相图,当钒的含量增加时,合金结构将从单相(α)结构转化为双相(α+β)结构,此时,质量分数 4%。

用于生物医学的钛合金基本都是 α+β 钛型合金,这些合金中除含 6% 以上的 Al 和一定量的 Sn 和 Zr 外,都还含有一定数量的 Mo 和 V 等 β 稳定元素。适量的 β 稳定元素的加入可提高室温强度,由于这类合金中含有较多的 β 相,可在一定程度上进行热处理强化。钛基合金广泛用于制作各种人工关节、接骨板、牙床、头盖骨修复等许多方面。

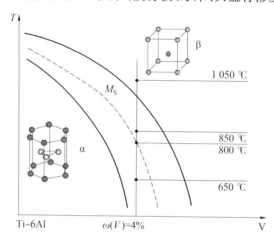

图 8.1   Ti-6Al-4V 合金相图

重金属元素离子如 Ni、Cr 离子在人体组织内含量过高时,会对人体组织产生一定的毒性。例如,铬能与机体内的丝蛋白结合;机体过量富积钛有可能诱发肿瘤的形成。合金植入体内,其合金元素会通过生理腐蚀和磨蚀而导致金属离子溶出,在一般情况下人体中只能容忍微量的金属离子存在,如果不锈钢在肌体中发生严重的腐蚀可能会引起水肿、感染、组织坏死或过敏反应。

通过在钛合金中加入一些合金元素可产生固溶强化和相变强化等效应,钛基合金的强度可达到很高的水平。钛基合金的比强度(强度/密度之比)是不锈钢的 3.5 倍。钛与氧反应形成的氧化膜致密稳定,有很好的钝化作用。因此,钛基合金具有很强的耐蚀性。在生理环境下,钛基合金的均匀腐蚀很小,也不会发生点蚀、缝隙腐蚀和晶间腐蚀。但是钛基合金的磨损与应力腐蚀较明显。总体上看,钛基合金对人体毒性小,密度小,弹性模量接近天然骨,是较佳的金属生物医学材料。

对于钛和钛合金的机械性能及临床应用,在抗拉强度和疲劳度方面,Ti-6Al-4V 合金明显地高于纯钛。纯钛中的杂质成分含量越高,其强度越高,延展越低。溶液退火和老化等处理经常用来增加精锻合金的强度;高温等静压处理则用来减少铸造合金的空隙率,并使其强度得到改善。由于骨科内植物在体内经常处于恒定的循环负荷,因此,材料的疲劳性能尤其重要。疲劳断裂经常发生在与金属静态强度相比更小的应力下。Ti-6Al-4V 合金的弹性模量大约为 112 GPa,它是钴基合金和不锈钢弹性模量数值的一半。

由于钛和钛合金具有优异的机械性能,尤其是低弹性模量和良好的生物相容性,已经成为骨科内植入材料的常用物。然而,不同的临床用途可选用不同材质,例如,可用纯钛作为骨头托架用于颚骨再造手术,可制作义齿、牙床、托环、牙桥和牙冠等,在口腔整畸、口腔种植等领域获得良好的临床效果。另外,纯钛还可制成微孔钛网,用于颅脑外科修复损坏的头盖骨和硬膜,能有效保护脑髓液系统。此外,纯钛还可制造人工心脏、瓣膜和框架。骨折内固定器材可选用 Ti-3Al-2.5Fe 合金;人工髋关节和膝关节可选用 Ti-6Al-7Nb 合金;而 Ti-6Al-4V 合金可广泛用于骨科的骨关节柄、肘关节假体、骨折内固定器材和髓内钉、骨钢板/螺钉、膝关节股骨部件和胫骨金属托、肩关节假体。

4. 镍钛形状记忆合金

镍钛形状记忆合金作为一种生物医用材料,由于其不仅具有优良的生物相容性、耐腐蚀性、耐磨性和高抗疲劳性,而且还具有奇特的相变伪弹性和形状记忆特性,因此已成为临床医学中深受欢迎的生物医用材料,目前已广泛用于心血管科、骨科、神经外科、整形外科、泌尿外科、口腔科、妇科和肝胆外科等,随着临床医学尤其是康复医学、介入医学和再生医学的发展,镍钛合金的应用将更加广泛。

5. 医用贵金属

贵金属之所以称为贵金属,是因其在地球上的含量甚少,而且价格比其他常用金属昂贵而得名。贵金属通常是指金(Au)、银(Ag)和铂族金属,如铂(Pt)、铑(Rh)、钯(Pd)、铱(Ir)、钌(Ru)和锇(Os)。医用贵金属是指常用于人体的金、银、铂及其合金。正是由于贵金属优异的物理性能、力学性能和化学性能,以及生物惰性和良好的生物相容性,同时还有附加的美观、贵重和象征意义等属性,特别能满足部分病人的心理要求。因此,医用贵金属迄今仍在医学领域中获得广泛应用。

(1)金与金合金

金是金合金的主要成分。金具有黄色光泽,密度为 19.21 g/cm^3,熔点为 1 063 ℃,线膨胀系数为 $14.2×10^{-6}/℃$,拉伸强度为 150 MPa,伸长率为 45%。其晶体结构为面心立方,具有极高的抗腐蚀性,不与氧、酸和碱作用。纯金质软,退火后更软。金的延伸性极好,用 0.5 ~ 1.0 μm 厚的纯金箔可作牙齿的全包覆牙套,但不耐磨,故常以合金的形式用于口腔整牙修复。这类合金一般以金-银-铜三元合金为基础设计,辅微量钯、铂、锌而构成。通常将此类合金根据其硬度分为 4 种类型,即软铸造金合金(Ⅰ型)、中等铸造金合金(Ⅱ型)、硬铸造金合金(Ⅲ型)、超硬铸造金合金(Ⅳ型)。

铸造金合金有良好的机械性能、化学性能和生物学性能。铸造金合金常用的热处理方法有软化热处理和硬化热处理两种。软化热处理能使金合金的结构均匀,热处理后的延展性提高,强度和硬度降低。而硬化热处理可提高金合金的机械性能,降低金合金的延展性。但在硬化热处理前,必须先进行软化热处理,目的是使硬化热处理后的金合金结构均匀。金合金的化学性质十分稳定,抗腐蚀性能优良,不易被氧化变色和变质;同样,金合金的生物学性能良好,对人体无毒、无刺激性,使用十分安全。

(2)银及银基合金

纯银质地软,延展性好,其结构属面心立方晶体,熔点为 961 ℃,临床上用纯银作植入型电极是基于其优良的导电性能。而银基合金以银为主要成分,可代替金合金用作齿科材料。银基合金可以铸造,常用的有银-钯-金-铜四元合金、银-钯-金三元合金和银-钯二元合金。

①铸造银基合金。银具有许多特点和优点,但其耐硫化性能差,与硫易形成黑色硫化银。为此在银中可添加金、铂、钯和铱以强化银的固溶度。其中,钯是防止银硫化变黑的

有效贵金属,钯的质量分数在53%以上能完全防止银的硫化,因此添加少量低于金含量的钯能有效地改善银的耐硫化性。此外,钯还具有在可降低延展性的情况下硬化和强化合金的功能,是有效且必需的添加元素。然而由于钯的熔点很高,为1 555 ℃,钯量达一定程度会使液相温度上升,导致可铸造性降低。其解决方法是添加金和铜量。加金能改善铸造流动性;而加铜能降低熔点,改善铸造性,带来时效硬化效率。但如果铜量高于20%,该合金的耐腐蚀性会明显下降。如金添加量在12%、钯添加量在20%时,可满足耐蚀性及机械性能的要求,而且比较经济实惠。银和钯在熔化或热处理时会吸收大量气体,加入锗能抑制吸气,加入少量的银或锗可细化晶粒。目前,临床医学上铸造银基合金主要用于冠桥修复体,当然也可作为替代金合金用途的代用品。

②银汞合金。银汞合金是一种历史悠久的牙科充填修复材料,也属于一种合金材料。汞在常温下为液体,与固状的金属粉末经调和后形成合金,这一过程称为汞齐化,故银汞合金也称为汞齐合金。对其成分、调制及使用方式的影响都已进行了大量系统的研究,因此,现已有相应的标准规定银汞合金的组成及含量。我国早在1988年就制定了银汞合金的国家标准,规定了其元素及含量,即 $w(Ag) \geqslant 40\%$、$w(Sn) \leqslant 32\%$、$w(Cu) \leqslant 30\%$、$w(Zn) \leqslant 2\%$ 和 $w(Hg) \leqslant 3\%$,其他非金属总含量不超过0.1%。

在银汞合金中,银当然是主要成分,它具有增加强度、降低流动的特点,并有一定膨胀性,因而有利于与洞壁的密合。锡和汞都有较大亲和力,可与银形成银锡合金使之便于汞合金化,可增加银汞合金的可塑性;铜可取代一部分银,可改善银锡合金脆性,使之能均匀粉碎;而锌在其中的作用是减少银锡合金脆性而增加其可塑性,在合金冶炼过程中起净化作用,并与氧结合将其他金属的氧化物减至最低限度。

(3)铂和铂基合金

铂是一种银白色金属,俗称白金。其结构是面心立方晶体,铂具有高熔点、高沸点和低蒸气压的特点.其化学性能稳定,常温下通常对单一酸和液体碱等均有耐腐蚀性,但用热硫酸或熔融苛性碱会产生较高腐蚀。铂也不会被直接氧化,是金属中唯一能够抗氧化直至熔点的金属。此外,铂还具有优良的热电性能。在铂中添加金、钯、铑和铱等元素所制成的合金具有极佳的抗腐蚀性和加工性,而且具有美观的色泽。医学上常用的铂合金有铂金合金、铂银合金和铂铱合金等。用其制造的微探针广泛用于人体神经系统的各种植入型检测和修复用电子装置、心脏起搏器等。它们都具有极为优异的耐腐蚀性能和十分稳定的物理化学性能。此外,镀铂的钛阳极可用于血液净化处理,磁性铂合金可用于眼睑功能修复及假牙定位和矫形,含铂植入电极能直接在动脉内测量血液成分及性能变化等。然而由于铂及铂基合金成本高、价格昂贵,因而大大限制了其在临床医学中的推广应用。

(4)医用钽、铌和锆

①医用钽。纯钽为银灰色金属,晶体结构为体心立方,熔点高达2 950 ℃,因此是一个十分难熔的金属。但钽是化学活性很高的金属,在生理环境下,甚至完全缺氧的其他环境状态下,其表面都能立即形成一层纯化膜,该膜的化学性能十分稳定,因而使钽具有极佳的抗生理腐蚀性。钽的生物相容性试验和动物实验都表明,钽具有优良的生物学性能。例如,多孔金属钽在其表面进行生物活化处理后,植入动物体内,孔内有新骨生成,即具有

诱导成骨性。钽可加工成板、带、丝和箔,用于制造骨板、夹板、颅盖骨、骨螺钉及缝合线等外科植入器械,临床上钽片用于修补颅盖和腹肌,钽丝、钽箔可缝合神经、肌腱和血管,钽板和钽条用于修补骨缺损,钽网用于修补肌肉组织。另外,如在血管金属支架表面镀一层钽,能明显提高该支架的抗血栓性能。

②医用铌。金属铌也是一种难熔金属,熔点为 2 467 ℃,其晶体结构为体心立方,纯铌密度为 8.5 g/cm³,弹性模量为 103～116 GPa,拉伸强度为 300～1 000 MPa,延伸率为 10%～25%。铌和钽化学性能很近似,具有良好的化学稳定性和抗腐蚀性。常温下,铌在许多种酸和盐溶液中都十分稳定,但溶于氢氟酸、氢氟酸和硝酸的混合液以及浓碱溶液中。医用铌通常采用高纯铌,其用途与钽类似,如制造髓内钉等,但由于其来源及经济等原因,用途十分受限。

③医用锆。锆为银色金属,其熔点为 1 952 ℃,低于钽和铌,常温下晶体结构为密排六方,但在 862 ℃时会转化为体心立方。化学性能活泼,高温下容易与氧、氢等气体反应,在表面形成氧化膜。锆在室温下有良好的延展性,可加工成各种板、带、线材等,同样锆因具有很强的耐腐蚀性和优良的生物相容性,可在临床医学上与医用纯钛等同使用,但由于其价格昂贵,也大大限制了其临床推广应用。

8.3.2　生物医学陶瓷材料

生物医学陶瓷材料是指主要是用于人体硬组织修复和重建的陶瓷材料。与传统陶瓷材料不同的是,它不仅指多晶体,而且包括单晶体、非晶体生物玻璃和微晶玻璃、涂层材料、梯度材料、无机与金属复合、无机与有机或生物材料的复合材料。在临床上已用于髋、膝关节、人造牙根、颌面重建、心脏瓣膜、中耳听骨等,从而在材料学和临床医学上确立了"生物陶瓷"这一术语。

1.生物医学陶瓷材料的特点、类型与应用范围

陶瓷是经高温处理工艺所合成的无机非金属材料,它具备许多与金属和高分子材料不同的特点。首先,其结构中包含结合力很大的离子键和共价键,所以它不仅具有良好的机械强度、硬度,而且在体内难溶解,不易腐蚀变质,热稳定性好,便于加热消毒,耐磨性能好,不易产生疲劳现象,满足种植学的要求。其次,陶瓷的组成范围比较宽,可以根据实际应用的要求设计组成,控制性能变化。第三,陶瓷成形容易,可以根据使用要求,制成各种形态和尺寸,如颗粒型、柱型、管型;致密型或多孔型,也可制成骨螺钉、骨夹板;制成牙根、关节、长骨、颅骨等。第四,通常认为陶瓷烧成后很难加工,但是随着加工装备及技术的进步,现在陶瓷的切削、研磨、抛光等已是成熟的工艺。近年来又发现了可以用普通金属加工机床进行车、铣、刨、钻孔等的"可切削性生物陶瓷",利用玻璃陶瓷结晶化之前的高温流动性,制成了铸造玻璃陶瓷。用这种陶瓷制作的人工牙冠,不仅强度好,而且色泽与天然牙相似。图 8.2 是生命材料与生命组织界面随时间形成骨的关系。

2.生物陶瓷的分类和制备

根据目前生物陶瓷与人体组织的效应及临床应用的现状,生物陶瓷材料主要分为生物惰性陶瓷(Bioinert Ceramic)、生物活性陶瓷(Bioactive Ceramic)及可吸收生物陶瓷(Resorbable Ceramic)等几大类。

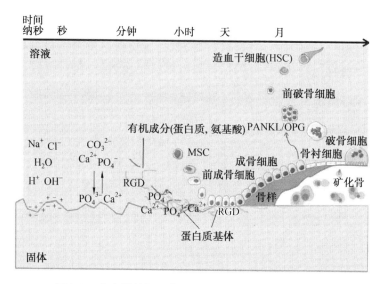

图8.2 生命材料与生命组织界面随时间形成骨的关系

各种生物陶瓷在临床上有以下应用:

①能承受负载的矫形材料,用在骨科、牙科及颌面上。用于这类用途的材料有 Al_2O_3 陶瓷、稳定 ZrO_2 陶瓷、具有生物活性的表面涂层(生物微晶玻璃、生物活性玻璃)的相应材料等。

②种植齿、牙齿增高。用于这类用途的材料有 Al_2O_3 陶瓷、氟聚合物/金属基复合材料、生物活性玻璃、自固化磷酸盐水泥和玻璃水泥、活性涂层材料等。

③耳鼻喉代用材料。用于这类用途的材料有 Al_2O_3 陶瓷、生物活性玻璃及生物活性微晶玻璃、磷酸盐陶瓷。

④人工肌腱和韧带。用于这类用途的材料有 PLA-碳纤维复合材料。

⑤人工心脏瓣膜。用于这类用途的材料的有热解碳涂层(抗凝血,摩擦系数小)。

⑥可供组织长入的涂层(心血管、矫形、牙、颌面修复)。用于这类用途的材料有 Al_2O_3 陶瓷。

⑦骨的充填料。用于这类用途的材料有磷酸钙及磷酸钙盐粉末或颗粒。

⑧脊椎外科。用于这类用途的材料有生物活性玻璃或生物活性玻璃陶瓷。

⑨义眼。用于这类用途的材料有生物玻璃、多孔羟基磷灰石。

(1)生物惰性陶瓷材料

生物惰性陶瓷材料是一类暴露于生物环境中,与组织几乎不发生化学变化的材料,所引起的组织反应主要表现为材料周围会形成厚度不同的包裹性纤维膜。生物惰性陶瓷主要用于人体骨骼、关节及齿根的修复和替换以及人工心脏瓣膜等。

①氧化铝陶瓷。在植入材料中氧化铝是一种一直使用得很满意的实用生物材料,氧化铝生物相容性良好,在人体内稳定性高、机械强度较大。根据制造方法的不同,用于生物医学的氧化铝分为单晶氧化铝、多晶氧化铝和多空质氧化铝 3 种。

就多晶氧化铝而言,只有高纯度(99.5%)、高密度(3.90 g/cm³)、晶粒细小且均匀(平均晶粒尺寸小于 7 μm)的氧化铝陶瓷才能显示出 Al_2O_3 作为生物陶瓷的优越性,即优良的生物相容性、摩擦系数小、耐磨损、抗疲劳、耐腐蚀等特性。高纯度和高致密度保证了 Al_2O_3 的硬度,因而耐磨且抗腐蚀。如果 Al_2O_3 晶界析出的第二相(MgO 等)会降低生理条件下的抗腐蚀性能和抗疲劳的能力,作为人工关节抗疲劳性能十分重要,因此要求高纯度。Al_2O_3 陶瓷的抗疲劳和机械强度,除与纯度和致密度有关以外,与晶粒大小的关系更为密切。当纯度(质量分数)大于 99.7%、平均晶粒小于 7 μm 时,其抗疲劳和耐腐蚀性更佳。因为氧化铝陶瓷是沿晶断裂,晶粒越小,断裂的路程越长,它的机械强度和抗疲劳性能就越好,所以用于承受负载的氧化铝陶瓷必须是细小而又均匀。

另外晶粒大小还关系到表面粗糙度,这会直接影响到摩擦系数。同多晶氧化铝陶瓷相比,单晶氧化铝陶瓷的力学性能更为突出,单晶氧化铝在 c 轴方向具有相当高的抗弯强度(1 300 MPa),因而临床上应用于负重大、耐磨要求高的部位,如高强度螺钉、人工骨、人工牙根、人工关节和固定骨用的螺栓,但其加工较多晶体困难。图 8.3 是惰性生物陶瓷螺纹型牙种植体示意图。

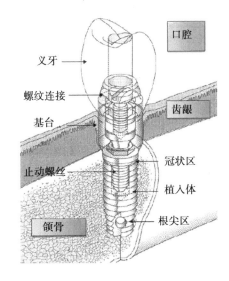

图 8.3 惰性生物陶瓷螺纹型牙种植体示意图

但是,氧化铝也存在几个问题:①与骨不发生化学结合,时间一长,与骨的固定会发生松弛;②机械强度不高;③弹性模量过高(380 GPa);④摩擦系数、磨损速度不低。采用多孔氧化铝则可较好地解决氧化铝陶瓷与骨头结合不好的问题,把氧化铝陶瓷制成多孔质形态,多孔氧化铝陶瓷可使骨组织长入其空隙而使植入体固定,保证了植入物与骨头的良好结合。但这样会降低陶瓷的机械强度,多孔氧化铝陶瓷的强度随空隙率的增加而急剧降低,因此,只能用于不负重或负重轻的部位。为改善多孔氧化铝陶瓷植入体的强度,可采用将金属与氧化铝复合的方法,在金属表面形成多孔性氧化铝薄层,这种复合材料既能保证强度,又能形成多孔性。孔隙大小对于骨长入十分重要:孔径为 10~40 μm 时,只有少量组织长入,而没有骨质长入;当孔径在 75~100 μm 时,则连接组织长入;骨质完全长入的孔径为 100~200 μm。图 8.4 是蓝宝石晶体结构示意图。

②氧化锆陶瓷。部分稳定化的氧化锆和氧化铝一样,生物相容性良好,在人体内稳定性高,而且比氧化铝的断裂韧性值更高,耐磨性也更为优良,用作生物材料有利于制成小

植入物的尺寸和实现低摩擦、磨损,因而在人工牙根和人工股关节制造方面的应用引人注目。对于承受负载的生物医用氧化铝陶瓷、氧化锆陶瓷等材料国际标准化组织(ISO)对其组织、力学性能、物理性能已制定了相应的标准。

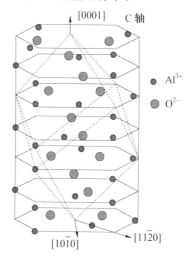

图8.4　蓝宝石晶体结构示意图

氧化锆属萤石型结构,具有优良的耐热性、绝缘性、耐蚀性等。用于生物医学材料的氧化锆陶瓷具有优良的生物相容性,而在力学性能方面比氧化铝陶瓷有着更加突出的特点,如用氧化钇或氧化铈稳定的氧化锆陶瓷抗弯强度达 1 200 MPa,断裂韧性可达15 MPa · m$^{\frac{1}{2}}$。

氧化锆优良的力学性能主要来自于它的多晶转化,氧化锆共有单斜晶、四方晶及立方晶 3 种晶型。图8.5 为氧化锆晶型转化过程。

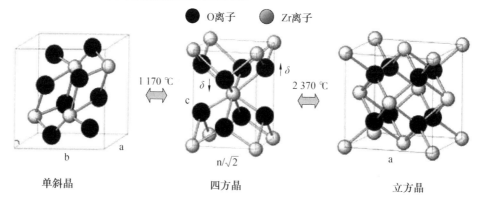

图8.5　氧化锆晶型转化过程示意图

单斜晶型与四方晶型之间的转化属于马氏体相变,伴随着 7% ~9% 的体积变化,所以未经稳定化处理的氧化锆粉无法制备制品。稳定化处理就是氧化锆中加入 Y^{3+}、Ce^{4+}等,其离子半径与 Zr^{4+}半径之差小于12%,这些阳离子可置换 Zr^{4+}形成置换固溶体,阻止晶型转化。而在常温下,稳定的四方相在材料使用过程中由于外力诱导会向更稳定的单斜相转化,从而消耗能量,缓解应力场,同时相变粒子的体积增大效应在一定程度上会抑制裂纹扩展。另一方面,如果相变使材料内部产生微裂纹,只要裂纹的尺寸足够小,则均匀分布的微裂纹也会起到应力分散作用,提高材料的韧性。这两方面都是氧化锆陶瓷优良的力学性能的原因。图8.6是氧化锆陶瓷的微裂纹增韧机理示意图。

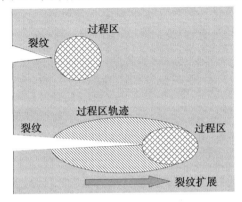

图8.6 氧化锆陶瓷的微裂纹增韧机理示意图

③碳素材料。碳素材料在1967年被开发并用作生物材料,虽历史不长,但因其独特的优点,发展迅速。碳素材料质轻而且具有良好的润滑性和抗疲劳特性,弹性模量与致密度与人骨的大致相同,碳材料的生物相容性好,特别是抗凝血性佳,与血细胞中的元素相容性极好,不影响血浆中的蛋白质和酶的活性。在人体内不发生反应和溶解,生物亲和性良好,耐腐蚀,对人体的组织力学刺激小,因而是一种优良的生物材料。根据不同的生产工艺,可得到不同结构的碳素材料,其主要类型有3种:

a. 玻璃碳材。玻璃碳材是通过加热预先成型的固态聚合物使易挥发组分挥发掉而制得。材料的断面厚度一般小于7 mm。

b. 热解碳(LTI碳)。热解碳是将甲烷、丙烷等碳氢化合物通入硫化床中,在1 000~2 400 ℃热解、沉积而得。沉积层的厚度一般为1 mm。热解碳(LTI碳)抗弯强度高,韧性好,比氧化铝陶瓷高25倍。图8.7为热解碳(LTI碳)在人体心脏的应用于双叶瓣人工心脏瓣膜的合适的选择。

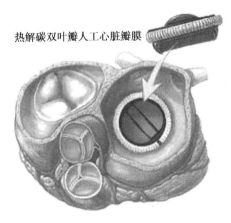

热解碳双叶瓣人工心脏瓣膜

图8.7 热解碳双叶瓣人工心脏瓣膜

c. 低温气相沉积碳(ULTI 碳)。低温气相沉积碳是用电弧等离子体溅射或电子束加热碳源而制取的各向同性的碳薄膜,其膜厚一般在 1 μm 左右。

碳素材料的力学性能与它的显微结构密切相关。碳材料耐磨性好,且抗疲劳,能承受大的弹性应变,本身不至擦伤和损伤。碳材料没有其他晶态材料的可移动缺陷,故其抗疲劳性能好。ULTI 碳具有高密度和高强度,但仅作为薄的涂层材料使用。ULTI 涂层与金属的结合强度高,加上涂层的耐磨性良好,逐渐成为制造人工机械心脏瓣膜的理想材料。

碳素材料是用于心血管系统修复的理想材料,至今世界上已有近百万患者植入了 LTI 碳材的人工心脏瓣膜。另外,碳纤维与聚合物相复合的材料可用于制作人工肌腱、人工韧带、人工食道等。碳素材料的缺点是:在机体内长期存在会发生碳离子扩散,对周围组织造成染色,但至今尚未发现由此而引发的对机体的不良影响。

(2)可吸收生物陶瓷

生物吸收材料是一种暂时性的骨代替材料。植入人体后材料逐渐被吸收,同时新生骨逐渐长入而替代之,这种效应称为降解效应。具有这种降解效应的陶瓷材料称为可吸收生物陶瓷。生物降解可吸收生物陶瓷在生物医学上的主要应用为脸部和颌部的骨缺损,填补牙周的空洞,还可作为药物的载体。

最早应用的生物降解材料是石膏,石膏的相容性虽好,但吸收速度太快,通常在新骨未长成就消耗殆尽而造成塌陷。可吸收生物陶瓷在生物体内,随着时间逐渐降解而被周围组织吸收,用作骨缺损的填充材料。可吸收生物陶瓷从 20 世纪 80 年代开始得到广泛的应用。目前广泛使用的生物降解陶瓷材料为 β-磷酸三钙,其化学式为 $Ca_3(PO_4)_2$,简称 β-TCP。β-TCP 的结构属于三方晶系,分为多孔型和致密型两种。致密型 β-TCP 生物陶瓷的弹性模量为 87 ~ 95 GPa,抗弯强度为 120 ~ 130 MPa,断裂韧性为 1.14 ~ 1.30 MPa·$m^{1/2}$。但仅为生物惰性陶瓷 Al_2O_3 陶瓷的 1/5 ~ 1/3,钛合金的 1/70 ~ 1/40,故不适合用于承力部位的修复。在生理环境中,致密 β-TCP 可保持稳定,而多孔型 β-TCP 则发生生物降解和吸收,并被新骨逐步替代。

β-TCP 的制备通常是先用沉淀法合成钙磷原子比为 1:5 的磷酸钙盐,然后在 800 ~ 1 200 ℃煅烧,使磷酸钙盐转变成 β-TCP,最后将 β-TCP 成型制坯后在 1 200 ℃烧结即可制得可吸收的 β-TCP 陶瓷植入体。β-TCP 的降解过程与材料的溶解过程及生物体内细胞的新陈代谢过程相联系,一般来说,降解过程主要分为以下几个方面:①材料的晶界被侵蚀,使其变成粒子被吸收;②材料的天然溶解形成新的表面相;③新陈代谢的因素,如吞噬细胞的作用,导致材料的降解可吸收生物陶瓷材料。依据材料物理化学原理,控制 β-TCP 的成分组成和微观结构,可以制备出不同降解速度的可吸收生物陶瓷材料。

β-TCP 可吸收生物陶瓷具有较好的生物相容性,植入体内后血液中钙磷比保持正常,无明显毒性反应和副作用。可吸收生物陶瓷植入骨内后,伴随材料降解的进行,新骨逐步长入并替换植入体。控制 β-TCP 的微观结构及组成,可以制备出具有不同降解速率的材料,如随表面积增大,材料结晶度降低,晶体结晶完整性下降,晶粒减小以及被 CO_3^{2-}、F^-、Mg^{2+} 等离子取代而使降解加快等。可吸收生物陶瓷的降解和吸收除受上述因素影响外,还受宿主的个体差异、植入部位等因素的影响,因此,要实现可吸收生物陶瓷的降解吸收与新骨替换同步进行是相当困难的,常出现溶解速度与新骨生长速度不匹配,导致局部塌陷,这些都抑制了 β-TCP 生物陶瓷材料的使用。

可吸收生物陶瓷植入体内后的降解过程是材料先被体液溶解和组织吸收,解体成小颗粒。然后这些小颗粒不断被吞噬细胞所吞噬,其具体机制如下:①生理化学溶解是一种体液介导过程,其溶解速率决定于多种因素,包括周围体液成分和 pH 值、材料的比表面大小、材料物相组成和结构、材料的结晶度和杂质的种类及含量(如 Mg^{2+} 有稳定 β-TCP 的作用)以及材料的溶度积等;②物理解体是体液浸入陶瓷,导致由于烧结不完全而残留的微孔,使连接晶粒的"细颈"溶解,从而解体为微粒的过程;③生物因素的作用主要是细胞介导过程,如吞噬或迁移被解体的陶瓷微粒。在 β-TCP 可吸收生物陶瓷降解过程中,在其邻近的淋巴核中发现陶瓷颗粒,表明生物降解主要是植入体解体为小的颗粒,被吞噬细胞迁移至邻近组织并被全部或部分吞噬的过程。Groot 等人研究表明,β-TCP 的降解产物是以"粒子"而非"离子"形态进入血液,会引起邻近淋巴结增生,可能造成脏器组织的损害及病理性钙化,对人体不利,因而在 1990 年停止对 β-TCP 人工骨的研究,这是一个值得关注的问题,有待进一步的深入研究。

随着生物陶瓷材料的发展,其制备方法也在不断地发展与更新,相信不久的将来,会有更多新颖、高效的制备方法出现,以适应生物陶瓷发展的需求。

(3)生物活性陶瓷

生物活性陶瓷在生物体内与周围组织甚至软骨组织形成较强的化学键,用于骨组织修复。从 20 世纪 60 年代末和 70 年代初开始,生物活性材料得到了较广泛的应用,典型的生物活性陶瓷材料有羟基磷灰石(HAP)、生物活性玻璃陶瓷等。

①羟基磷灰石(hydroxyapatite,HAP)。其化学式为 $Ca_{10}(PO_4)_6(OH)_2$,晶体属六方晶系,结构为六角柱体,与 c 轴垂直面是一个六边形,a,b 轴夹角为 120°,晶胞常数 $a=b=0.942$ nm,$c=0.688$ nm,HAP 结构复杂,如图 8.8 所示在(0001)面上的投影。钙磷原子的理论比为 1.67,密度为 3.16 g/cm^3,微溶于水,水溶液呈弱碱性,易溶于酸,难溶于碱、醇。HAP 可用作牙种植体、经皮器件、人工血管、骨缺损填充、五官矫形、脊柱融合以及人工关节表面涂层等。HAP 生物活性陶瓷脆性大,在生理环境中抗疲劳性能差,故不用于人体承力部位的修复。

HAP 是人体内骨和齿的主要无机物质,人骨组成中 HAP 的质量分数为 65%,牙齿釉质中为 95% 以上。HAP 的生物相容性和界面生物活性均优于各类医用钛合金、硅橡胶、植骨用碳素材料及其他生物惰性陶瓷。致密型 HAP 生物活性陶瓷抗压强度为 400 ~ 920 MPa,但抗弯强度仅为 80 ~ 195 MPa。近年来人们对多孔 HAP 陶瓷更加关注,人体的骨组织就是一种多孔的组织,这样可以适应一定范围的应力变化,而多孔 HAP 的设计就是出于模拟人体骨组织结构的想法。对多孔 HAP 生物陶瓷而言,孔径、孔隙率及孔的内部连通是骨长入方式和数量的决定因素。孔隙的大小应当满足骨单位和骨细胞生长所需要的空间。种植体内部为连通气孔:孔径为 5 ~ 40 μm 时,允许纤维组织长入;孔径为 40 ~ 60 μm 时,允许非矿化的骨样组织长入;孔径尺寸大于 150 μm 时,能为骨组织的长入提供理想场所;孔尺寸大于 200 μm 是骨传导的基本要求。200 ~ 400 μm 最有利于新骨生长。对孔隙率而言,孔隙率越高,越有利于新骨的长入,从满足临床应用对力学性能的要求而言,种植体的孔隙率一般为 45% ~ 55%。

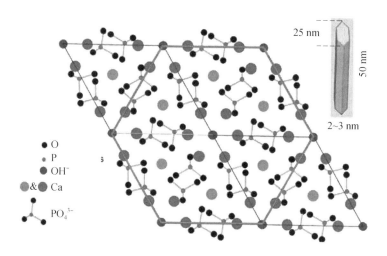

图 8.8 羟基磷灰石（HAP）晶体结构示意图

HAP 具有传导成骨功能，能与新生骨形成骨键合，植入肌肉、韧带和皮下后能与周围组织密合，无明显炎症和其他不良反应。HAP 生物陶瓷和骨键合机制不像生物玻璃陶瓷那样需要通过在其表面形成富硅层，进而形成中间键接带以实现键合。致密 HAP 陶瓷植入骨内后，由成骨细胞在其表面直接分化形成骨基质，产生一个宽为 $3 \sim 5 \mu m$ 的无定形电子密度带，胶原纤维束长入此区域和细胞之间，骨盐结晶在这个无定形带中发生。随着矿化的进行，无定形带缩小至 $0.05 \sim 0.2 \mu m$，HAP 植入体和骨的键合就是通过这个很窄的键合带实现的。HAP 与骨形成化学键合的表现为：在光学显微镜下，新骨和 HAP 植入体在界面上直接接触，其间无纤维组织存在；HAP 植入体骨界面的结合强度等于甚至超过植入体或骨自身的结合强度，如果发生断裂，则往往是发生在陶瓷或骨的内部，而不是在界面上。图 8.9 是牛骨制备的 HAP 及牛骨显微形貌。

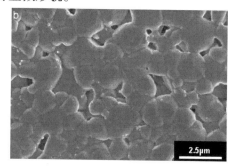

图 8.9　牛骨制备的 HAP 及牛骨显微形貌

②生物活性玻璃陶瓷。生物活性玻璃陶瓷又称为生物活性微晶玻璃，是一类有磷灰石微晶相的陶瓷材料。亨奇（Hench）等人发现，$Na_2O-CaO-SiO_2-P_2O_5$ 系列玻璃能与自然骨形成化学键结合，这是首次发现人造材料能与自然骨形成链结合。生物活性玻璃陶瓷的制备工艺较简单，首先是通过混料和熔化得到均质玻璃熔体，然后根据对制品性能的要求选择不同的成型方式制成植入体，如浇注成型法、粉末烧结法等。在临床实践上，生物玻璃已成功地用于作听骨、胯骨、脊椎及骨的填充物。

通过磷灰石层与骨的结合，是生物活性材料的本质，非生物活性陶瓷材料均不能形成磷灰石层。人造磷灰石与生物骨的磷灰石的结构较为相近，所以骨细胞能优先增殖，使新生骨与种植生物体活性陶瓷材料直接相连，当骨内的磷灰石与种植体表面磷灰石直接接触时，两者形成化学键，从而减少了生命材料与非生命材料之间的界面能，使界面结合良好。

(4)可治疗癌症的生物陶瓷

生物陶瓷不仅可用来替代损伤的组织，还可以通过原位杀死癌细胞，消除被损伤的组织使其康复，而不必切除受损害的组织。生物陶瓷的生物相容性与铁磁性，可作为治疗癌的热源。例如，由 $LiFe_3O_5$ 和 $\alpha-Fe_2O_3$ 与 $Al_2O_3-SiO_2-P_2O_5$ 玻璃体复合材料制得的高密度玻璃具有热磁性。将上述玻璃微珠注射在肿瘤的周围，并置于频率 10 kHz、磁场强度达 39.78×10^3 A/m 的交变磁场中，通过磁滞损失，使肿瘤部位加热到 43 ℃以上，达到有效治疗癌症，并且骨组织的功能和形状均得到恢复。

耐腐蚀又能发射 β 射线的生物陶瓷也可以用于治疗癌症。例如，$Al_2O_3-SiO_2-P_2O_5$ 玻璃体复合材料，它可以被激发或发射 β 射线，半衰期为 64.1 h。

(5)双相生物陶瓷材料

随着生物陶瓷材料研究和发展的深入，对材料性能提出了更高的要求，上述几种典型的生物陶瓷材料已不能满足临床要求。双相生物陶瓷的概念渐渐形成。所谓双相生物陶瓷材料是由混合不同比例的 HAP 和 β-TCP 而得到的生物陶瓷材料。相对于单相陶瓷，双相生物陶瓷具有适宜的生物降解性，有利于引导成骨作用。HAP 陶瓷材料有着优良的生物相容性，较快地引导骨再生性，不通过中间介质直接与骨键合，然而由于烧结后 HAP 晶体结晶度提高，所以它在体内很难降解。β-TCP 比 HAP 有着更好的溶解性和降解性，但研究表明，β-TCP 的降解速度太快，不能形成良好的骨键合，且过快的降解速度不利于体内生物组织在材料上的附着，从而不利于诱导成骨。β-TCP/HAP 双相磷灰石陶瓷的降解速度介于 HAP 和 TCP 之间，植入体内后，逐渐降解并被体液缓慢地吸收，为新骨的生成提供丰富的 Ca 和 P，在体内可通过新陈代谢途径，促进新骨组织生成。据报道，通过调节单相 HAP 和 TCP 陶瓷的比例，有望实现材料在体内的降解速度与骨组织生长速度的匹配问题。目前，国内也有相关机构对双相生物陶瓷进行了研究，发现恰当比例的 β-TCP/HAP 陶瓷具有较好的引导成骨性能，认为其中的材料因素(如相组成、孔结构和结晶度等)与引导成骨作用密切相关。图 8.10 为 β-TCP/HAP 复合生物陶瓷降解前、后显微形貌。

3. 生物陶瓷材料的应用

生物相容性好的陶瓷材料在外科手术中的成功应用大大提高了人们的生活质量，生物陶瓷材料作为一种修复或替代人体骨骼、牙齿、心脏瓣膜等已被应用于外科手术中。国内外学者对生物陶瓷的性质以及体内的行为进行了深入的研究，可以说，从生命攸关的心脏瓣膜到改善人类生活质量的牙根替代等方面，生物陶瓷材料都发挥了重要的作用。以下介绍了生物陶瓷材料的几个典型的临床应用。

(1)作为硬组织修复、替代、填充材料

生物陶瓷材料因其较好的力学性能及良好的生物相容性而主要用于硬组织的修复。

图 8.10　β-TCP/HAP 复合生物陶瓷降解前、后显微形貌

硬组织修复主要包括人造骨、人造关节、人造齿根、种植牙、骨填充材料、骨替代材料及骨结合材料等。纯刚玉材料(即氧化铝陶瓷)及复合材料可以作为人工关节,部分稳定的氧化锆陶瓷也可作为指关节及髋关节。高度创伤和骨瘤常常造成骨缺损,而 HAP 是一种骨缺损的优良的填充材料。TCP 和 HAP 相比,组成、物理性质上相似,但溶解速率和骨置换速率均比 HAP 大一些,因此 TCP 降解性能更好一点。近来新发展的双相陶瓷材料因有 HAP 和 TCP 的共同优点而逐渐被人们所认识。在人造齿根、种植牙、牙槽增高及重建颌面骨中氧化铝陶瓷材料和 HAP 陶瓷材料均有报道,而近来复合生物陶瓷材料的研究也开始受到关注。

(2)用于耳鼻喉科的生物陶瓷材料

用于耳鼻喉科的生物陶瓷材料主要有氧化铝陶瓷、HAP 陶瓷等,其中 HAP 陶瓷听小骨临床应用效果优于其他各种听小骨,具有优良的声学性质,平均提高病人的听力 20 ~ 30 dB。同样,HAP 陶瓷引流管具有导音效果好等优点,在临床应用中取得了较好的效果。

(3)用于治疗癌症的生物陶瓷材料

最近的研究发现了一种理想的用于癌症治疗的方法,就是使用一种具有放射性的陶瓷微球,直接注射到病变部位,在病变部位释放放射物,这样可以直接对体内的病变部位起到治疗的作用,从而表现出非常高的靶向性,而对其他部位的损伤则非常小,是较理想的治疗癌症的方法。

(4)为医学植入装置的经皮封接

烧结致密的 HAP 也可作为连续腹膜透析的经皮切口辅助装置。在全球范围内,有成千上万的肾透析病人得益于连续腹膜透析,减少了对传统透析的依赖性,但是腹膜炎的发病率严重限制了连续腹膜透析的使用。目前所用的腹膜导管是使用硅胶制得,它不能与皮肤组织和皮下组织形成完整的封接,从而为细菌的入侵提供了通道,所以使腹膜炎的发病率较高。烧结致密的 HAP 种植体能与皮肤和皮下组织紧密结合,提供了稳定的封接并避免了表皮下陷和细胞浸润,而这正是硅胶经皮导管所带来的通病。HAP 制作的连续腹膜透析与经皮切口辅助装置配合使用于临床,明显延长了病人的寿命。

8.3.3　生物玻璃

作为生物材料重要组成部分的生物活性玻璃和微晶玻璃具有良好的生物相容性、生物活性和可加工性,不同于惰性生物陶瓷和可吸收生物陶瓷,生物活性玻璃和微晶玻璃是表面活性材料,能与人体骨或软组织形成生理结合。

生物活性玻璃一般含有 CaO、P_2O_5,部分含有 SiO_2、MgO、K_2O、Na_2O、Al_2O_3、B_2O_3、TiO_2 等,玻璃网络由硅氧四面体或磷氧四面体构成,而碱金属及碱土金属氧化物为网络调整体,网络形成体之间通过桥氧连接,非桥氧则连接网络形成体和网络调整体原子,桥氧和非桥氧的比例决定了玻璃的生物活性,因为碱金属和碱土金属离子在水、酸等介质存在时易被溶出,释放一价或二价金属离子,使生物玻璃表面具有有限溶解性,即为玻璃生物活性的基本标志。

1. 生物玻璃的结构特点

生物玻璃的结构特点如下:①玻璃形成范围大。随碱金属和碱土金属氧化物含量增加,玻璃网络结构逐渐由三维变为二维、链状甚至岛状,玻璃的溶解性增强,生物活性也增强;②基本结构单元磷氧四面体中有 3 个氧原子与相邻四面体共用,另一氧原子以双键与磷原子相连,该不饱和键处于亚稳态,易吸收环境水转化为稳态结构,表面浸润性好。③向磷酸盐玻璃中引入 Al^{3+}、B^{3+}、Ga^{3+} 等三价元素,可打开双键,形成不含非桥氧的连续结构群,使电价平衡、结构稳定、生物活性降低。相对于其他生物材料,生物活性玻璃和微晶玻璃具有以下特征。

(1)生物活性高

不同的生物活性玻璃和生物微晶玻璃之所以能在临床上获得成功,均归因于其能与骨组织形成稳定且高机械强度的界面结合。根据生物材料活性不同,可将其分为两类:①具有促骨生长作用的 A 类生物活性材料,如 Bioglass 自植入体内后其表面快速反应并伴随 Si^{4+}、Ca^{2+}、P^{3+} 和 Na^+ 溶解的产物在细胞水平上增强骨细胞增殖;②具有骨传导作用的 B 类生物活性材料,如合成羟基磷灰石(HAP)烧结陶瓷,骨沿着其表面爬行生长。使用 A 类生物活性材料 Bioglass 填充骨缺损时,新骨增殖速度较快,主要原因在于生物玻璃具有促进原始细胞增殖和分裂的特征。

(2)组成的可设计性和性能的可调节性

与单组分材料相比,生物玻璃可通过改变其成分或微晶玻璃中晶相的种类和含量来调节生物活性、降解性和机械性能等,以满足不同的临床需求。如在 $CaO-SiO_2$ 玻璃系统中加入少量磷,能显著提高材料的生物活性;在玻璃相中加入氟金云母和磷灰石相,能提高材料的可切削性能,并可保持材料的生物活性;通过对 Bioglass 玻璃晶化,虽然材料的生物活性稍有降低,机械性能却大幅度提高。

近年来的研究表明,生物玻璃通过激活成骨细胞的一些基因,可增强成骨细胞的分化和增殖。相对于传统熔融法制备的玻璃而言,溶胶-凝胶法制备的玻璃或多孔生物玻璃显著提高了比表面积并影响着网络结构,加速了生物玻璃的降解。因此,通过玻璃结构、组成、形貌等调控,研制具有增强组织再生自我修复能力,而不是简单替代缺损组织的生物玻璃,可达到玻璃降解和组织生长速度的一致。

2. 常见的生物玻璃和生物微晶玻璃

常见的生物玻璃和微晶玻璃能与骨组织形成生理结合,这种结合力往往大于生物玻璃或骨组织的内部结合力。测试组织与生物玻璃的结合强度时,断裂往往发生在骨组织或生物玻璃内部,而不是二者的结合界面上。一些生物玻璃甚至能与软组织结合。生物活性玻璃或微晶玻璃的显著特点在于植入后表面溶解,并生成与组织紧密结合的碳酸羟基磷灰石(HCA)界面,其化学组成和结构上均与骨组织中的矿化相相近,表面溶解出的 Si^{4+} 能为 HCA 形成提供合适成核位置,而体液中的溶解产生的 Ca^{2+}、P^{3+} 则沉积生成富 Ca、P 无定形层,并最终转化为结晶 HCA。生物惰性材料植入体内后,纤维细胞在其表面增殖,最终形成纤维组织包囊;而生物活性玻璃或微晶玻璃植入体内后,表面形成结晶 HCA 层,成骨细胞较纤维细胞更易在 HCA 层表面增殖,从而和新骨直接结合而不会在界面处产生纤维组织包囊。

生物玻璃和微晶玻璃种类很多,如 Hench 教授等研制的 Bioglass® 生物活性玻璃;Kokubo 教授等研制的 Cerabone,即 A/W 生物微晶玻璃;Bromer 教授等研制的 Ceravital 微晶玻璃、Bioverit 可切削微晶玻璃等。图 8.11 为生物玻璃在体液中的转换示意图。

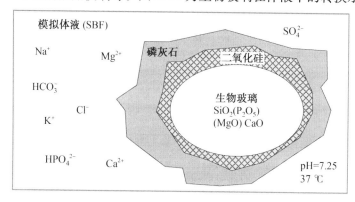

图 8.11 生物玻璃在体液中的转换示意图

(1)Bioglass 生物活性玻璃

1971 年,Hench 教授首先采用熔融法制备出一种能在生物体内与自然骨牢固结合的玻璃(45S5),商品名为 Bioglass®。该玻璃不同于日用钠钙硅系统玻璃,在组成上有 3 大特性:高钙磷比、SiO_2 的质量分数少于 60%、Na_2O 和 CaO 含量较高。这些特性使得该类生物玻璃接触水相介质如模拟体液时具有相当高的反应活性。以 45S5 玻璃组成为基础,使用 5% ~15% 的 B_2O_3 替代 45S5 中的 SiO_2,或使用 12.5% 的 CaF_2 取代 CaO 或部分晶化 45S5 对材料与骨键合的性能影响均很小。但是,当 45S5 中 Al_2O_3 的质量分数达到 3% 时,生物玻璃即失去生物活性。

熔融法是制备生物玻璃最常用的方法之一,采用该方法制备的生物玻璃密实无孔、比表面积小、活性较高。但研究发现,当 SiO_2 的质量分数超过 60%,玻璃就不再具有生物活性。

采用溶胶-凝胶法制备生物玻璃,各组分前驱物一般为醇盐,溶胶混合物经过水解和密实化后形成凝胶,经过老化、干燥,最后在 600 ~800 ℃热处理后得到 SiO_2-CaO-P_2O_5 系统、CaO-SiO_2 系统等生物玻璃。采用该法制备的玻璃含有大量 5 ~100 nm 的中孔,其比表面积是熔融法所制备生物玻璃的上万倍。更大的比表面能为无定形 $Ca_3(PO_4)_2$ 的形成提供更多的 Si-OH 成核空间,因而其降解速度和表面形成 HCA 层的速度也更快,具有更高的生物活性。该法制备的玻璃当 SiO_2 的质量分数达 77% 时,仍然具有较高的生物活性,并具有处理温度低和结构性能易控制的优点。

块状 Bioglass® 广泛用于中耳骨修复、拔牙后的颚骨缺损修复、面部整容和神经性耳聋的医治,而颗粒状 Bioglass® 则在治疗牙周病方面获得了成功。

(2) Ceravital® 生物微晶玻璃

1973 年,Bromer 教授等人首先制备了 Ceravital® 生物微晶玻璃,其组成变化范围较宽,不同的组成可以得到不同晶相组成的玻璃和微晶玻璃。该硅酸盐玻璃或微晶玻璃的碱金属氧化物含量低,能与骨形成紧密结合。植入后,晶相逐渐溶解,1 μm 左右颗粒易被巨噬细胞所吸收。少量添加 Al_2O_3、Ta_2O_3、TiO_2、SrO、La_2O_3 或 Gd_2O_3 会降低玻璃的降解性,并影响其与软硬组织的结合,但此种微晶玻璃的机械性能不太理想,不能直接用于负重部位;同时,玻璃在体液作用下会发生较多溶解,可能扰乱人体的生理环境,在一定程度上限制其在临床上的应用。

(3) Cerubone® A/W 生物活性微晶玻璃

20 世纪 80 年代,日本 Kokubo 教授等基于 $CaO-MgO-SiO_2-P_2O_5-CaF_2$ 系统中制备出 A/W 生物微晶玻璃。玻璃粉末经等静压、1 050 ℃热处理后,得无裂纹且密实均一的微晶玻璃,所析出的磷灰石和 β-硅灰石晶体的质量分数分别为 38% 和 34%,粒径为 50~100 nm,呈谷粒状,均匀分布在玻璃基质中。残余玻璃相成分:$w(MgO) = 16.6%$,$w(CaO) = 24.2%$,$w(SiO_2) = 59.2%$。经 1 200 ℃热处理后,部分磷灰石转变为 β-CaO,商品名为 Cerubone® A/W。植入体内后,因 A/W-GC 中玻璃相和硅灰石晶相的溶解释放出 Ca^{2+} 和 SiO_3^{2-},在表面形成一层类骨磷灰石结构的 Ca、P 界面层,而磷灰石晶相在 A/W-GC 与骨组织的结合中则不起作用。A/W-GC 与自然骨紧密结合,拉伸断裂面位于骨内部,其生物活性高于烧结 HAP 陶瓷。体内实验中发现,A/W-GC 颗粒在 4 周内就有超过 90% 的表面为新生骨所覆盖;而烧结羟基磷灰石陶瓷颗粒在 16 周内表面仅有 60% 被覆盖。

现有生物活性玻璃中,A/W-GC 机械性能最佳,并具有良好的可加工性。在大气中其抗弯强度为 215 MPa,高于人体骨密质(160 MPa),几乎是烧结羟基磷灰石(115 MPa)的两倍。微晶玻璃之所以具有如此高的机械性能,是因为粗糙的 A/W-GC 断裂表面和 β-硅灰石晶体的析出,促使裂纹转向或分支,有效地抑制了裂纹扩张。在体液环境中,因应力侵蚀而引发的裂纹缓慢扩展使 A/W-GC 的机械性能降低,但其疲劳速度明显低于母体玻璃和烧结羟基磷灰石陶瓷。通过对其进行 Zr 离子交换表面改性,可进一步降低其疲劳速度。

晶相和组分的变化对 A/W-GC 系列微晶玻璃的机械性能和生物活性影响显著。在不含 CaF_2 的 A/W-GC 系统中,随着 SiO_2 的增加和 P_2O_5 的降低,磷灰石晶相含量降低,硅灰石晶相含量增加,机械性能增强;生物玻璃的活性并不取决于磷灰石晶相的含量,而是取决于体内环境中表面形成磷灰石层的能力。玻璃中 P_2O_5 含量越少,则生物活性越强。在 A/W-GC 体系中引入 Al_2O_3,则会影响 Ca^{2+} 和 Si^{4+} 溶解,使材料失活。同时,Al^{3+} 和 Mg^{2+} 的溶解也阻止了磷灰石形成。但是,在模拟体液(SBF)中,将含 Al_2O_3 的 A/W-GC 或其他的生物惰性陶瓷、金属和树脂放置在溶解 Ca^{2+} 和 Si^{4+} 的玻璃周围,其表面也有磷灰石生成。因此,玻璃中溶解的 Ca^{2+} 和 Si^{4+} 是磷灰石层形成的必需条件。块状 A/W-GC 能应用于椎体成形、大段骨缺损的修复;而颗粒 A/W-GC 则可用于填充骨肿瘤切除后形成的骨缺损。

（4）可切削生物微晶玻璃

可切削微晶玻璃（Bioverit®）主要是基于 $MgO-CaO-SiO_2-P_2O_5-Al_2O_3-Na_2O-K_2O-F$ 系统的微晶玻璃,其晶相主要为各种类型的云母和磷灰石晶体。由于云母晶体的层状结构,使这种微晶玻璃具有优良的机械加工性。目前已有 Bioverit I、Bioverit II 和 Bioverit III 3 种微晶玻璃用于人工听小骨、人工齿根的临床使用,其中前二者具有生物活性,后者是生物惰性玻璃。虽然 Bioverit 中包含 Al_2O_3,依然能与骨结合,存在于晶相中的 Al_2O_3 不影响其表面反应。

（5）可溶解磷酸盐玻璃

可溶解磷酸盐玻璃基于 $P_2O_5-Na_2O-CaO$ 体系,其网络形成体为 $[PO_4]^{3-}$,不同于上述以 $[SiO_4]^{4-}$ 为网络形成体的玻璃。其溶解度可通过 CaO 和 Na_2O 的相对含量来调节, Na_2O 含量增加则溶解度提高且 pH 值升高,其溶解产物沉积生成透钙磷石并最终转化为磷灰石。

（6）多孔生物玻璃或微晶玻璃

多孔材料的高孔隙率和较大的孔径导致材料比表面积增大,进而提高了材料与人体体液或组织的作用面积,增强了材料与组织的界面结合强度,这种结合称为生物固定,相对于密实植入体的形态固定能够承受更大和更复杂的应力。但是,为了维持组织的正常生长,对长入多孔生物材料中的连接组织需提供充分的血液,而血管组织不能长入孔径小于 100 μm 的孔隙中,所以植入材料的孔径必须大于 100 μm。Ikeda 等人比较了不同孔隙率的 A/W-GC 颗粒对骨传导性的影响。结果表明骨组织只在孔径较大（50 ~ 500 μm）的颗粒孔隙内形成,而在孔径较小（1 ~ 50 μm）的孔隙内则无骨组织形成。

孔隙率的高低和孔径的大小最终取决于材料的制备工艺。多孔生物玻璃的制备方法主要有溶胶-凝胶法、添加造孔剂法、有机泡沫浸渍法和球形颗粒堆积烧结法等。采用有机泡沫体浸渍法制备的 A/W-GC 已有广泛应用。华东理工大学利用添加造孔剂法制备出气孔率高达 82% 的多孔 A/W-GC。Ylanen 等人在 $Na_2O-KO-MgO-CaO-P_2O_5-SiO_2$ 体系中,采用球状颗粒堆积烧结法制备出孔隙率为 30% 的生物活性玻璃。体外实验表明,相对于密实玻璃多孔玻璃的溶解速度明显加快,玻璃的球体化和二次烧结对此高硅生物玻璃的活性并无影响。

多孔生物玻璃在组织工程支架和生长因子载体方面有良好的应用前景,但对生长因子的缓释、材料的降解速度调控以及因此引起局部离子浓度改变对其功能的影响等还需深入研究。

（7）含生物玻璃相的复合生物材料

相对于人体骨,多数生物玻璃或微晶玻璃脆性大、断裂韧性较低且弹性模量高,其中因材料与骨组织弹性模量不匹配引起应力屏蔽是造成骨修复失败的最主要原因之一,而复合材料的设计则是解决两者强度和弹性模量不匹配的有效方法。目前,研究者采用生物活性玻璃或微晶玻璃增强生物相容性聚合物,如 A/W-GC 或 Bioglass® 颗粒与聚乙烯复合,Bioglass® 或部分晶化的微晶玻璃颗粒与聚砜复合,不仅解决了生物玻璃与人体骨机械性能的匹配问题,而且提高了聚合物的生物活性,促进了材料与骨的紧密结合。

8.3.4 生物医用高分子材料

生物医用高分子材料是指用于生物体或治疗过程的高分子材料。生物医用高分子材料按来源可分为天然高分子材料和人工合成高分子材料。由于高分子材料的种类繁多、性能多样,生物医用高分子材料的应用范围十分广泛。它既可用于硬组织的修复,也可用于软组织的修复;既可用作人工器官,又可用作各种治疗用的器材;既有可生物降解的,又有不降解的。与金属和陶瓷材料相比,高分子材料的强度与硬度较低,作软组织替代物的优势是前者不能比拟的;高分子材料也不发生生理腐蚀;从制作方面看高分子材料易于成型。但是高分子材料易于发生老化,可能会因体液或血液中的多种离子、蛋白质和酶的作用而导致聚合物断链、降解;高分子材料的抗磨损、蠕变等性能也不如金属材料。

1.用于人工器官和植入体的高分子材料

在医学上高分子材料不仅被用来修复人体损伤的组织和器官,恢复其功能,而且还可以用来制作人工器官来取代全部或部分功能。如用有机玻璃修补损伤的颅骨已得到广泛采用;用高分子材料制成的隐形眼镜片,既矫正了视力又美观方便。用可降解的高分子材料制作的骨折内固定器植入体内后不需再取出,这可使患者避免二次手术的痛苦。医用高分子材料的种类繁多、应用面很广。

由于医用高分子材料的发展,使得过去许多的梦想变成了现实。但是医用高分子材料本身还存在一些问题,与临床应用的综合要求还有差距,有些材料性能还达不到要求、起到代替人体器官的作用。有些材料还不够安全,世界上曾出现不少过材料使用过一段时间之后才发现它对人体的副作用的例子。因此,还需对医用高分子材料进行深入研究,以使材料更加安全、更具有接近人体自身的组织与器官的功能与作用。

2.用于药物释放的高分子材料

(1)药物的控制释放体系

药物在体内或血液中的浓度对于充分发挥药物的治疗效果有重要的作用,按一般方式给药,药物在人体内的浓度只能维持较短时间,而且波动较大。浓度太高,易产生毒副作用;浓度太低又达不到疗效。比较理想的方式是在较长的一段时间维持有效浓度。药物释放体系(Drug Delivery System,DDS)就是能够在固定的时间内,按照预定的方向向体内或体内某部位释放药物,并且在一段时间内使药物的浓度维持在一定的水平。

药物释放的方式有多种,常见的有储存器型 DDS、基材型 DDS。前者是将药物微粒包裹在高分子膜材里,药物微粒的大小可根据使用的目的调整,粒径可从微米到纳米。基材型 DDS 则是将药物包埋于高分子基材中,此时药物的释放速率和释放分布可通过基材的形状、药物在基材中的分布以及高分子材料的化学、物理和生物学特性控制。例如,通过聚合物的溶胀、溶解和生物降解过程可控释在基材内的药物。

(2)用于药物释放体系的高分子材料

药物释放体系中常用的高分子材料有水凝胶、生物降解聚合物、脂质体等。

①水凝胶是制备 DDS 的重要材料。常见的水凝胶有聚甲基丙烯酸羟乙酯、聚乙烯醇、聚环氧乙烷或聚乙二醇等合成材料及一些天然水凝胶,如明胶、纤维素衍生物、海藻酸

盐等。水凝胶的生物相容性好,孔隙分布可控,能实现溶胀控制释放机理。图8.12为胶原蛋白示意图。

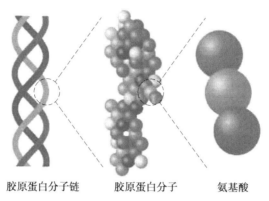

胶原蛋白分子链　　　　胶原蛋白分子　　　　氨基酸

图8.12　胶原蛋白示意图

②生物降解聚合物。通常天然高分子(如多糖和蛋白质等)可为酶或微生物降解,而合成高分子的降解是由于水解而使化学键断裂而进行的。不同的可生物降解聚合物的降解速度不同,因此,可方便地控制药物释放的时间。

③脂质体主要是由卵磷脂的单分子壳富集组成的高度有序装配体。在水中,脂质双分子膜闭合成装配体,形成脂质体,其结构与生体膜类似。在脂质体内部,脂质分子的疏水性长链富集,可内包各种低极性物质;在脂质体表面,脂质分子的亲水基富集。利用脂质双分子膜的外层和内层性质不同,可用来控释各种生理活性物质。因脂质体可生物降解,易于制备,而且能负载许多脂质和水溶性药物,固脂质体是有效的药物载体,例如,毒性大而不能大剂量应用的抗生物质二性霉素,用脂质体作为载体时,能大幅度减少其副作用。

8.4　生物医学材料的制备

原则上生物医学用材料的制备方法与其相关的材料是一致的。但在生物医学用材料的制备方面很重要的一个原则,就是如何解决材料与人体的相容性。本节简要介绍几种生物医学用材料的制备。

8.4.1　金属表面生物活化医用材料的制备

由于医用金属材料的结构和性质与骨组织相差很大,通常不能像生物活性材料那样与骨组织发生化学键性结合,即它不是生物活性材料。此外,由于金属与骨组织的弹性模量相差悬殊,植入体生物力学相容性欠佳,易产生应力集中和骨吸收等不良后果。为了赋予金属材料以生物活性,常用各种工艺技术进行表面活化处理。这些处理方法或是直接在金属材料表面涂覆HAP或其他磷酸盐涂层;或是使金属处理后置于生理环境或模拟生理环境,在表面诱导形成。表面活性处理后,金属骨替换材料既保持了金属材料高的力学强度,又有生物活性。HAP涂层植入体内后与生物环境作用,表面层会溶解,然后在涂层表面重新沉积一层类骨磷灰石,其成分和结构都与天然骨组织十分类似。新骨不但生长在周围骨组织表面,也在 HAP 涂层表面生长,即形成双向生长。这种生长方式加快了新骨生长,并促使植入体与骨组织间形成直接的化学键性结合,有利于植入体早期稳定,缩短手术后的愈合期。HAP 涂层还可以提高植入体-骨界面的结合强度,在 HAP 涂层表面粗糙度与钛表面相等或略小的情况下,界面结合强度要大得多。如果使生物活性涂层中各成分呈一定的梯度分布,则骨组织与金属材料中的负荷经由这一活化梯度层传递,更有利于减少应力屏蔽作用。金属表面生物活化医用材料制备方法如下:①针对钛和钛合金进行特有的生物活化处理,即在钛表面制备活性二氧化钛层;②在医用金属材料表面上涂覆 HAP 或其他磷酸盐涂层。

1. 钛和钛合金的生物活化处理

钛表面的二氧化钛是致密的钝化层,诱导磷酸盐沉积的能力级差,甚至不能诱导。所以钛和钛合金与骨组织往往是形成骨整合。但是若经适当处理,例如表面二氧化钛被生物活性化,它们能与骨组织形成骨键合。通常认为,表面钛羟基(TiOH)在这一过程起着重要作用。因此,对医用钛和钛合金进行生物活化处理,除直接在表面涂覆磷酸盐层外,研究更多的是在钛和钛合金表面制备活性二氧化钛及其溶胶,再在体外进行生物模拟或体内植入,以考察 HAP 的沉积及其与骨组织的作用。活化方法主要有以下几种。

(1)阳极氧化法

以铁合金作电解阳极,含少量水的硝酸钠甲醇溶液为电解液。电解导致钛表面生成的钛酸甲酯 $Ti(OCH_3)_4$ 迅速水解,形成无定形二氧化钛,然后进行加热处理,使无定形层转化为锐钛矿型二氧化钛微晶层,晶粒为纳米级。二氧化钛微晶层较软,含物理吸附水,既有钛凝胶,又富含羟基,因此具备了生物活性。将其置入模拟生理体液(SBF)中表面就可沉积 HAP。

(2)溶胶-凝胶法

在钛和钛合金表面制备钛凝胶,使钛具生物活性。通常在钛酸酯(钛酸甲酯、钛酸乙酯或钛酸丁酯)的醇溶液中加入少量水,酯水解并聚合形成聚合胶体。有时还加入少量酸作催化剂。若在此溶液中浸提钛,钛凝胶涂覆于钛表面,在 0 ℃涂覆后再于室温下干燥形成凝胶膜,经高温热处理后得到锐钛矿型二氧化钛晶体。浸提次数不同,相应的氧化膜厚度就不同。热处理后将其浸入 SBF,表面有 HAP 沉积。经 SBF 实验后,表层为缺钙碳酸化羟基磷灰石,与其相邻的是磷酸钙与钛胶的中介层。Ca、P 的含量由外向里逐渐减少,钛的含量则相反。植入体内后,骨与钛植入体之间可形成直接的骨键合,无纤维组织。如果在二氧化钛溶胶中加入钙盐和膦酸酯,可制得含 Ca、P 的复合涂层。选用不同的Ca/P/Ti 配比,多次浸提,涂层中各成分即呈梯度分布。涂层厚度可控制,范围为 0.5 ~15 μm。通过添加某种稳定剂(如戊酸),可增加凝胶稳定性。

(3)碱处理法

将钛或钛合金置入 60 ℃下 NaOH 或 KOH 溶液 1 ~ 24 h,清洗、干燥后进行热处理,然后浸入 36.5 ~ 37 ℃和模拟体液 SBF 中 1 ~ 4 周。在钛或钛合金表面形成含 HAP 的梯度结构层,厚度为 10 ~ 20 μm,成分分布为 $Ti-TiO_2-HAP$。体内试验发现,碱处理并浸入模拟体液 SBF 后的试样与骨之间能形成直接结合,无软组织层介入,结合强度明显高于未处理的试样。这是因为碱处理后金属表面生成无定形 $NaTiO_3$ 层,在生理环境中,Na^+ 与 H^+ 交换使表面成为富含 OH^- 的钛溶液。从而增进骨组织与植入体间化学键合,尤其是在植入早期。

(4)酸-碱两步法

酸-碱两步法就是用酸处理后再用较低浓度的碱处理。首先将钛或钛合金在等量的 98%(质量分数)H_2SO_4 和 48% H_2SO_4 中侵蚀 30 min,然后在 140 ℃下 0.2 mol/L 的 NaOH 溶液中煮沸 5 h,再浸入过饱和的磷酸钙溶液(SCS)。几天后在钛表面沉积的磷酸钙层达 20 μm。与之对照的未处理试样,仅由酸或碱处理的试样,在 2 周后并无 Ca、P 沉积。此法与用强碱处理和用钛酸酯处理相比,优点在于后者得到 TiO_2 凝胶后,需几百摄氏度高温处理,前者则一般不做高温处理。在酸碱处理后还可加入预钙化步骤,即在浸入过饱和的磷酸钙溶液(SCS)之前用饱和的 Ca(OH)$_2$ 溶液浸泡,也可以在酸处理后就预钙化。预钙化处理能提高 Ca、P 的沉积速度。

(5)表面诱导矿化

表面诱导矿化(Surface Induced Mineralization,SIM)是模拟生物体内含阴离子的大分子促进无机矿物相形成核的过程。在金属底材表面引入离子基团,能得到从水溶液中诱导异相成核的"表面模板(Surface Templates)"。表面模板分为聚合物表面化学改性膜、聚合物电化学沉积膜、Langmuir - Blogett 膜和自组装膜(Self - Asssembling Monolayers,SAM)4 种。在钛和钛合金表面制自组装膜 SAM 的程序是:清洗→羟基化→硅烷化,制得 SAM 膜,端基功能化(磺化、羟基化、磷化、氨化等)得自组装膜 SAM 膜板,再进行诱导矿化。根据各种磷酸钙相的溶解等温线,选择过饱和溶液的钙磷比值和 pH 值,可沉积不同的磷酸钙晶粒(HAP、OCP 等),膜厚达 10 ~ 15 μm,整个过程在常温中进行。此外,还可采用双氧水氧化、用化学气相渗透等方法对钛合金进行表面处理。

2. 金属植入材料的功能涂层制备

金属植入材料的功能涂层制备的目的是在植入体金属表面制作一层生物活性陶瓷涂层,新生骨与涂层直接形成化学镀性结合而达到固定的效果。等离子喷涂技术是生物活性陶瓷涂层商用产品的主要制作方法,它具有效率高(几分钟即完成一只人工关节涂层的制作)、涂层均匀、重复性好和适合工业化生产等优点。早在 20 世纪 80 年代中期,等离子喷涂技术就用于在钛金属表面制作 HAP 涂层。这种 HAP 涂层材料在临床上取得了较好的效果,现已广泛用于人工髋关节和人工牙种植体。

(1)HAP 在等离子喷涂中的相变和涂层微观结构

等离子喷涂技术是利用两直流电极间产生的电弧,使通过电极间的气体电离而形成热等离子体,温度可达 3×10^4 K。将粉末材料送入等离子焰中加热熔融(或部分熔融),并高速喷射在金属基体上快速凝固而形成涂层。HAP 涂层是由等离子焰熔融或部分熔融的 HAP 颗粒高速撞击金属基体表面,发生变形并快速凝固而形成的。HAP 颗粒间以熔融部分由内聚力结合在一起,涂层和金属基体靠表面黏结力及 HAP 颗粒熔融部分变形与粗化的金属表面形成机械嵌锁而结合。颗粒间未被熔融部分变形完全填满的空隙就成为涂层的孔隙。孔隙率和孔隙尺寸决定于粉料粒度及喷涂工艺条件,粉料越细,喷涂功率越高,粉粒熔融程度也越高,涂层则更致密。

HAP 粉粒在高温等离子焰的作用下会发生相变。相变过程通常包括晶态向非晶态的相变和 HAP 向其他磷酸钙相的相变。等离子喷涂所用粉料通常都由结晶态的 HAP 颗粒构成。在高温等离子焰中,HAP 颗粒部分熔融(较细的颗粒完全熔融),仅内核仍保持原来的结晶态。HAP 颗粒随等离子焰与金属基体高速碰撞,在碰撞变形的同时迅速凝固(金属基体温度通常保持 150 ℃ 以下),冷却速度可高达 $10^8 K/s$。在如此高的冷却速度下,绝大部分熔融的 HAP 来不及重新再结晶,而是以无定形态(非晶态)凝固下来。由于 HAP 热传导不好,冷却速度较慢,仅颗粒内层的熔融 HAP 能重新结晶成再结晶相。因而,喷涂得到的 HAP 涂层是由快速凝固的无定形相、颗粒内层的再结晶相和内核未熔融的原结晶相 3 部分组成。涂层的显微结构是由无定形相包围的结晶核堆集而成,结晶核分散浸没在无定形相基质中。结晶核的大小和形状决定于粉粒大小和喷涂条件,对涂层在体内降解特性有直接影响。

(2)热处理过程中 HAP 涂层的相变

为了消除 HAP 涂层中易降解的无定形态 $Ca_3(PO_4)_2$,最有效的方法是进行热处理。物质的无定形态是亚稳态,无定形态 $Ca_3(PO_4)_2$ 总是趋向于再结晶。这是一个包括成核和生长阶段并由扩散控制的相变过程。成核率和晶体生长速率均与原子或分子的扩散系数成正比,加热可以加快扩散过程,从而加快再结晶过程。水分子的存在也可加速再结晶过程。其可能的机理是:水分子同无定形磷酸钙反应,羟基团重新进入磷酸钙晶格,填充等离子喷涂时失水产生的空位,使分子更完整,有助于降低扩散激活能。

(3)HAP 涂层的性质

HAP 涂层的厚度与其力学性能有密切关系。涂层越厚就越接近脆性的块状 HAP,一般使厚度小于 100 μm,以提高涂层强度。

金属基体和 HAP 涂层间的热膨胀性能差别较大,因而 HAP 涂层中有残余应力,且随涂层厚度增加而增大,这会使涂层和基体界面的结合强度下降,这也是选用薄涂层的原因之一。此外,增加基体表面粗糙度,通过增大涂层和基体接触面积及机械嵌合作用,也可提高涂层和基体界面结合强度。

涂层的结晶度是指涂层中结晶相所占比例。为了保证 HAP 涂层在生物环境中有足够的稳定性,通常规定结晶度应大于 60%。高结晶度有利于涂层植入体内保持稳定,但结晶度过高会使涂层生物活性降低,不利于细胞的黏附和生长,从而影响与骨组织形成骨键合,所以应使 HAP 涂层保持适当的结晶度,不要过高或过低。

8.4.2 生物陶瓷的制备

1. HAP 生物材料的制备

早在 1871 年 HAP 就已被人工合成,目前合成 HAP 的方法主要有:①水溶液沉淀法,用于大量制造 HAP 粉体;②固相反应法,即高温下通过固相反应合成;③水热法,如通过水热反应用 PO_4^{3-} 置换($CaCO_3$)中的 CO_3^{2-} 用于复制珊瑚多孔结构的 HAP 陶瓷,以及制备大的 HAP 单晶。

将 HAP 粉体用一般的陶瓷烧结工艺进行成型,即可制备出 HAP 生物活性陶瓷部件。通常羟基磷灰石生物活性陶瓷可制成多孔和致密的颗粒及各种形态的块状修复体。由于

HAP 在空气中于 1 200 ℃以下稳定,所以在 1 200 ℃以上烧结高强度 HAP 生物活性陶瓷必须在含水气氛中进行。此外,高温煅烧去掉有机质的动物骨骼,也是多孔陶瓷的一种制备方法。一些新的陶瓷制备技术,如溶胶凝胶法、微波烧结法和爆炸烧结法等,也已应用于制造以生物陶瓷。

2. 组织工程支架材料的制备方法

利用组织工程技术制得的器官或组织具有生物活性,能很好地与人体相容,具有被取代受损器官的功能。用组织工程制得的器官常常需要制备一个临时性的多孔支架。支架的功能是指导种植的细胞或迁移到支架周围的细胞生长、繁殖。因此支架首先应是能使细胞黏附、分化、增殖或迁移的底物。为此,需仔细研究,选择合适的材料和加工方法,通常选择生物降解材料。天然的胶原或合成的聚 α-羟基酸或酸酐都是很好的降解材料。聚 α-羟基酸如聚乳酸(Poly Lactic Acid,PLA)、聚乙丙交脂共聚体(PLGA)以及聚乙交酯 PGA)均为线形非交联聚合物。它们是生物相容性的,是美国食品和药物管理局(FDA)批准的专用材料。这些材料可使某些细胞黏附、增殖和保留分化功能。支架的多孔性是非常重要的,因为它能使细胞迁移或增殖。孔径的大小影响细胞的长入和支架的内表面面积。具有较大内表面积的支架可培养更多的细胞,为再生器官提供足够的细胞。支架的强度对修复硬组织(如软骨或骨)尤为重要。支架的拉伸强度、不规则的三维几何形状及支架对生物活性物质的释放,都是设计研究中应考虑的重要因素。图 8.13 是 PLGA 纳米微粒对损伤脊髓的组织修复的应用示意图。

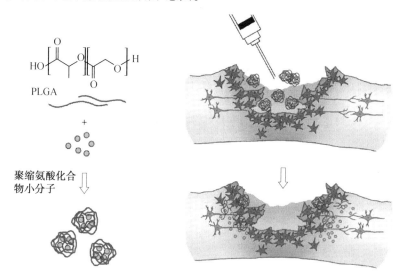

图 8.13 PLGA 纳米微粒对损伤脊髓的组织修复的应用

聚合物支架的制备和加工质量直接关系到器官功能的优劣。近年来发展了很多制备和加工方法,每种方法均有其特点和优势,但没有一个是通用的,还要研究新的方法以满足不同器官的特殊需要。

(1)纤维连接法

利用聚合物的溶解或熔融,将聚乳酸二氯甲烷溶液灌注到聚乙交酯网状纤维上,经热处理后,制成聚乙交酯增强的网状支架。此法制成的支架有较大强度和高的比表面积,但无法调节和控制孔隙率。

（2）溶剂浇铸和孔隙制取法

将细粉状 NaCl 分散到聚乳酸氯仿溶液中,然后在玻璃板上浇铸成膜,用水将 NaCl 提取出来,制成孔隙,溶剂挥发后得到多孔膜。膜的结晶通过热处理调控。用此法制备膜时,可以控制孔隙率(一般大于 90%)和孔径,这对制备支架是非常重要的。本法的缺点是只能制备膜材,无法获得三维空间支架。

（3）层压膜法

软骨或骨的修复需要三维空间支架,用溶剂浇铸法制成多孔膜后,再将其层压成具有三维空间支架,然后按设计的几何形状切割,即核解剖学制成可降解的聚乳酸或其共聚物支架。

（4）熔融膜压法

熔融膜压法是将聚合物加热熔融后加压制成膜材。聚乙丙交酯聚合物用熔融膜压法制三维多孔性支架时所用的制孔剂为明胶微球或其他水溶性物质。用水提取制孔剂后,得到多孔性支架。此法可用于以聚乙交脂或聚乳酸为原料的支架制备。

（5）纤维增强法

设计骨再生支架,首先要设计三维多孔性、形状不规则的聚合物支架,其次要求其具有高强度,能承受损骨应力,直到长出新骨。虽然聚 α-羟酯已用于骨的矫形,但制成的多孔性材料强度不够好。将 HAP 的短纤维均匀混入聚合物中可提高强度。但是,欲将无机纤维与有机聚合物混合均匀是非常困难的。可用溶剂浇铸法将 HAP 与制孔剂和聚合物溶液混合均匀。然后将溶液挥发,制成增强的多孔膜,再经层压制成三维多孔结构支架。用 HAP 纤维增强的聚合物多孔支架与未增强的材料相比,其抗压强度显著增强。

（6）相分离法

相分离法是制备支架的一种新方法。支架中引入的活性物质植入人体后进行释放,对组织的生长和细胞的功能都有巨大作用,制造多孔性聚乳酸支架时为了使活性物质避免化学、高温的恶劣环境,可采用相分离法。将聚合物溶于溶剂,加入活性分子,冷却后形成液-液相,急冷,使其固化,再升华除去溶剂,可得到含有活性因子的多孔性支架。此法对小分子药物释放是有利的,但对大分子蛋白还需研究解决通透问题。

（7）原位聚合法

上述方法都是在体外预先制成支架,然后植入体内。有些情况下(如手术进行中)需要修补损伤部位。这时可用原位聚合的方法实现,即将单体置于损伤处进行聚合。

综上所述,组织工程支架的制备工艺是多种多样的。有的支架材料具有多孔性、高强度,有些材料可释放生物活性因子,但目前尚无理想的通用支架。如何制备高强度聚合物支架,以解决硬组织所承受的应力,同时释放出蛋白和生长因子等促进细胞生长是今后研究的课题。发现新型支架材料和发展制备方法,将是开发新一代人工器官的基础。

参考文献

［1］朱敏.功能材料［M］.北京:机械工业出版社,2002.

［2］曹茂盛.纳米材料导论［M］.哈尔滨:哈尔滨工业大学出版社,2001.

［3］赵国刚,王振廷.机械工程新材料［M］.哈尔滨:东北林业大学出版社,1999.

［4］田莳.功能材料［M］.北京:北京航空航天大学出版社,1995.

［5］何开元.功能材料导论［M］.北京:冶金工业出版社,2000.

［6］周馨我.功能材料学［M］.北京:北京理工大学出版社,2002.

［7］曲远方.功能陶瓷材料［M］.北京:化学工业出版社,2003.

［8］贡长生,张克立.新型功能材料［M］.北京:化学工业出版社,2001.

［9］金建勋.高温超导体及其强电应用技术［M］.北京:冶金工业出版社,2009.

［10］林良真.超导电性及其运用［M］.北京:北京工业大学出版社,1998.

［11］胡子龙.储氢材料［M］.北京:化学工业出版社,2002.

［12］齐宝森,李莉,房强汉.机械工程材料［M］.哈尔滨:哈尔滨工业大学出版社,2013.

［13］宛德福,马兴隆.磁性物理学［M］.成都:电子科技大学出版社,1994.

［14］郝虎在,田玉明,黄平.电子陶瓷材料物理［M］.北京:中国铁道出版社,2002.

［15］陈国良,惠希东.块体非晶态合金［M］.北京:化学工业出版社,2007.

［16］任卫.红外陶瓷［M］.武汉:武汉工业大学出版社,1993.

［17］施剑林,冯涛.无机光学透明材料:透明陶瓷［M］.上海:上海科学普及出版社,2008.

［18］候朝霞.透明玻璃陶瓷材料组成、结构与光学性能［M］.沈阳:东北大学出版社,2008.

［19］张克从,张乐潓.晶体生长科学与技术［M］.北京:科学出版社,1997.

［20］杨大智.镍-钛形状记忆合金在生物医学领域的应用［M］.北京:冶金工业出版社,2003.

［21］杨杰,吴月华.形状记忆合金及其应用［M］.合肥:中国科学技术大学出版社,1993.

［22］王一禾,杨膺善.非晶态合金［M］.北京:冶金工业出版社,1989.

［23］邢建东.工程材料基础［M］.北京:机械工业出版社,2004.

［24］李玲,向航.功能材料与纳米技术［M］.北京:化学工业出版社,2002.

［25］雷永泉.新能源材料［M］.天津:天津大学出版社,2000.

［26］郑子樵,李红英.稀土功能材料［M］.北京:化学工业出版社,2003.

［27］陶宝骐.智能材料结构［M］.北京:国防工业出版社,1999.

［28］赵连城,蔡伟,郑玉峰.合金的形状记忆效应与超弹性［M］.北京:国防工业出版社,2002.

［29］徐祖耀.形状记忆材料［M］.上海:上海交通大学出版社,2000.

［30］樊新民,张聘,蒋丹宇. 工程陶瓷及其应用［M］. 北京：机械工业出版社, 2006.

［31］傅正义,李建保. 先进陶瓷及无机非金属材料［M］. 北京：科学出版社,2007.

［32］周玉.陶瓷材料学［M］. 北京：科学出版社,2004.

［33］王零森. 特种陶瓷［M］. 长沙：中南大学出版社, 2005.

［34］刘维良. 先进陶瓷工艺学［M］. 武汉：武汉理工大学出版社, 2004.

［35］张玉军. 结构陶瓷材料及其应用［M］. 北京：化学工业出版社, 2005.

［36］谭毅, 李敬锋. 新材料概论.［M］北京：冶金工业出版社, 2004.

［37］曾黎明. 功能复合材料及其应用［M］. 北京：化学工业出版社, 2007.

［38］李廷希.功能材料导论［M］.长沙:中南大学出版社,2011.